全球美丽国家发展报告 2017

美丽生态

理论探索指数评价与发展战略

李世东　刘某承　陈应发　著

科学出版社

北　京

内 容 简 介

　　美丽生态是美丽中国建设的核心要义。本书包括五章：第一章美丽国家与美丽生态，主要研究了美丽国家的基本理论体系、美丽生态的基本内涵、历史演变、理论基础与美丽国家的基本关系。第二章美丽生态指数构建，主要研究美丽生态指数构建原则、构建方法、体系结构、权重计算、数据获取与计算、阶段划分。第三章全球美丽生态指数评价，主要研究全球美丽生态指数计算与分析、发达国家和发展中国家对比分析、美丽生态指数洲际对比分析、基本统计分析、聚类分析、动态分析，以及典型国家美丽生态案例分析。第四章中国美丽生态指数评价，主要研究中国美丽生态指数计算与分析、空间分析、历史时期分析、聚类分析，以及典型省、自治区、直辖市美丽生态案例分析。第五章美丽生态建设战略对策，主要研究美丽生态建设的战略思路、战略目标、战略关系、总体战略布局、西部战略布局、主要任务、战略重点、战略对策等。

　　本书可供生态、环保、林学、农学和地学等相关专业科教部门和政府机关工作人员，以及关注美丽国家和生态文明建设的各界人士参考。

图书在版编目（CIP）数据

美丽生态：理论探索指数评价与发展战略 / 李世东，刘某承，陈应发
著. —北京：科学出版社，2017.11
　（全球美丽国家发展报告. 2017）
　ISBN 978-7-03-055578-6

Ⅰ. ①美⋯　Ⅱ. ①李⋯　②刘⋯　②陈⋯　Ⅲ. ①环境生态评价–研究
Ⅳ. ①X826

中国版本图书馆 CIP 数据核字(2017)第 285915 号

责任编辑：杨帅英　李久进 / 责任校对：张小霞
责任印制：张　伟 / 封面设计：图阅社

科学出版社 出版
北京东黄城根北街 16 号
邮政编码：100717
http://www.sciencep.com

北京教图印刷有限公司 印刷
科学出版社发行　各地新华书店经销

*

2017 年 11 月第 一 版　　开本：787×1092　1/16
2017 年 11 月第一次印刷　　印张：19
　　　　　　　　字数：433 000
　　　　　　定价：**99.00 元**

（如有印装质量问题，我社负责调换）

《美丽生态：理论探索指数评价与发展战略》课题组

科学顾问：沈国舫　中国工程院原副院长、院士

北京林业大学原校长、教授

李文华　中国工程院院士、国际欧亚科学院院士

中国科学院地理科学与资源研究所研究员

核心成员：李世东　国家林业局信息中心主任、教授级高工

国家生态大数据研究院院长

刘某承　中国科学院地理科学与资源研究所副研究员，

资源生态与生物资源研究室副主任

陈应发　国家林业局退耕还林办公室高级工程师

参与人员：顾兴国　中国人民大学环境学院博士

杨　伦　中国科学院地理科学与资源研究所博士

王佳然　中国科学院地理科学与资源研究所硕士

前　　言

建设美丽中国是我国作出的重大战略决策，是对人类社会发展规律的深邃认识和重要贡献。美丽生态是美丽中国建设的核心要义。美丽国家有狭义和广义之分，狭义的美丽国家主要是指生态美，是自然资源美、自然景观美、自然生态美、自然环境美等，是生态健康良好的体现。

世界著名生态学家、林学家沈国舫院士和李文华院士为该研究的科学顾问，集中相关领域高层次专家学者，采取多学科、宽领域、全方位、深层次、开放式的战略研究方法，在研究过程中，把美丽生态指数研究置于世界生态社会经济发展的大背景和国家经济社会发展的全局中，广泛开展国内外相关调查研究，掌握大量的第一手资料，在与相关部门协调，征询各方面知名专家学者意见的基础上，进行综合分析，反复探讨，精益求精。研究遵循"两个并重，三个结合"的主要思想，即学术价值与实用价值并重，整体发展战略与区域发展战略研究并重；理论研究和实践需要相结合，定性研究和定量研究相结合，研究者和决策者、管理者相结合。研究过程中坚持"有主有从、讲究后果、权衡利弊、有取有舍"的原则。

本研究坚持立足中国，放眼世界，从五个方面对美丽生态进行了研究。一是美丽国家与美丽生态，主要研究了美丽国家的基本理论体系、美丽生态的基本内涵、历史演变、理论基础、与美丽国家的基本关系。二是美丽生态指数构建，主要研究了美丽生态指数构建原则、构建方法、体系结构、权重计算、数据获取与计算、阶段划分。三是全球美丽生态指数评价，主要研究了全球美丽生态指数计算、全球美丽生态指数分析、发达国家和发展中国家对比分析、美丽生态指数洲际对比分析、基本统计分析、聚类分析、动态分析，以及典型国家美丽生态案例分析。四是中国美丽生态指数评价，主要研究了中国美丽生态指数计算与分析、空间分析、历史时期分析、聚类分析，以及典型省区市美丽生态案例分析。五是美丽生态建设战略对策，主要研究了美丽生态建设的战略思路、战略目标、战略关系、总体战略布局、西部战略布局、主要任务、战略重点、战略对策等。

本研究报告是继首部《全球美丽国家发展报告2015》之后的第二部，也是第一次全面系统研究评价全球各国美丽生态状况。研究过程中，参考了大量国内外研究成果和著名国际国内权威机构数据，得到了国家林业局、中国科学院、中国绿色碳汇基金会等方面的大力支持，得到了中国人民大学环境学院顾兴国博士、中国科学院地理科学与资源研究所杨伦博士、王佳然硕士，清华大学王继龙教授、黄震春副教授，北京林业大学林震教授、高兴武副教授等的大力帮助，在此一并表示衷心感谢！

美丽生态研究是一个全新的课题，涉及面非常广，研究难度非常大，认识角度非常多，对不少问题目前尚难以统一意见。由于作者水平、数据资料与时间所限，研究还有许多不足之处，有待于今后深入研究、不断完善。

不妥之处，敬请读者批评指正。

作　者

2017 年 10 月

目　　录

第一章

美丽国家与美丽生态

一、美丽国家理论体系概述

美丽国家有不同的尺度，有不同的层面，有狭义和广义之分，通常说的美丽国家是狭义上的概念，主要是指生态美，是自然资源美、自然景观美、自然生态美、自然环境美等，是生态健康良好的体现。这既表现为形式美，如天蓝、地绿、水清等，是人类得以诗意的栖息在大地上的前提和保障；还体现为物质美，如山川美、田园美、景观美等物质美，是人们生活美好的物质保证。

广义上的美丽国家，是指以国家为审美对象，建立一套完整的审美评估体系，包含了国家的生态美、经济美、社会美、文化美、政治美等，属于宏观美学的范畴。美丽国家是形式美与内容美的统一，也是物质美与精神美的统一，还是国内美和国际美的统一。

2015 年，国家林业局与清华大学、北京林业大学等有关专家学者研究出版了《美丽国家：理论探索、评价指数与发展战略》，作为首部全球美丽国家发展报告，对美丽国家的理论体系、评价指数、发展战略进行了全面探索（李世东等，2015）。美丽国家基本理论体系如图 1.1 所示。

（一）美丽国家建设五大支柱

五大支柱指美丽国家建设的五大基本内容，即经济美、社会美、文化美、政治美、生态美，每一大类又包含了众多的内容。美的本义"羊大为美"，还可以解释为"财多为美"的追求，这与丛林法则、胜者为王、好猫法则、实力法则等是一致的，都是由人类的生存本能决定的永恒法则。经济美是根本，政治美是保障，生态美是基础，文化美是动力，社会美是环境。

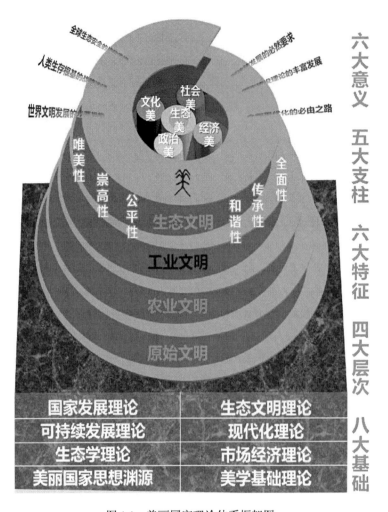

图 1.1　美丽国家理论体系框架图

1. 生态美，生态和谐为美

　　美的本义是"羊大为美"，就要求人们最大限度地创造财富。工业文明虽然创造了大量物质财富，但却出现了"文明异化"，到 20 世纪 70 年代之后，全球出现了严重的生态危机，森林和自然资源遭到破坏，空气、土壤和水质严重污染，生态环境严重恶化，威胁着人类的生存和发展的根基，经济发展和财富创造难以为继。生态危机使人们认识到，自然界为人类的生存发展提供了宝贵的自然财富和生存条件，人类在社会经济发展中也受到自然规律的支配和约束，人类只有尊重自然，建立与自然长期和谐共处的关系，才能使人类的文明得以延续和发展。可见，生态美是经济社会发展的基础。

　　生态美，包括自然资源美、自然景观美、自然生态美、自然环境美等，其中自然资源是基础，自然资源决定生态服务的功能和水平，也对生态是否和谐产生决定性影响。生态和谐是指生态资源或生态系统处于平衡的稳定状态，生态良性循环，包含两重含义：

一是生态资源群类丰富，各类生态系统自身结构完善，功能和谐；二是生态系统所提供的多样性的生态服务，能满足人类的各种生存需要，生态服务与人的需求之间平衡和谐。

值得一提的是，森林资源及其生态系统，在生态美中起着关键作用。森林被誉为大自然的总调节器，维持着全球的生态平衡。地球上自然生态系统可划分为陆地、海洋生态系统。其中森林生态系统是陆地生态系统中组成最复杂、结构最完整、能量转换和物质循环最旺盛、生物生产力最高、生态效应最强的自然生态系统，是构成陆地生态系统的主体，是维护地球生态安全的重要保障，在地球自然生态系统中占有首要地位。森林在调节生物圈、大气圈、水圈、土壤圈的动态平衡中起着基础性、关键性作用。因此，森林中的村落是人们追求的回归自然的生活方式（图1.2）。

图1.2 森林环抱的生态和谐（林逸摄）

2. 经济美，创造财富为美

从"美"字的来源看，"羊大为美"，羊是当时人们生活资料的重要来源，对人类生存来说是可亲的对象。对处于低级生理需要动机阶段的原始人类来说，还有什么东西比又肥又大的羊能使其感到美呢？因此，美是与经济财产密不可分的。"羊大为美"，其实也就是"财多为美"，因为大羊的价值高，财富多。马克思在《1884年经济学哲学手稿》中说："劳动创造了美。"劳动创造美，劳动也创造财富，可见，美与财富追求，几乎可以画等号。为什么"财多为美"呢？这是由人类生存本能决定的。

经济美，是经济的发展水平的体现，包括人均经济总量、人们的收入水平、消费支出水平等，其中人均经济总量，是经济美的主要因素，它决定了人们的收入水平，以及人们消费支出情况。

经济发展水平是指一个国家经济发展的规模、速度和所达到的水准。反映一个国家经济发展水平的常用指标有国内生产总值、人均国内生产总值、国民收入、人均国民收入、经济发展速度、经济增长速度。经济发展水平是衡量经济发展状态、潜力的标志。一个国家的经济发展水平，可以从其规模（存量）和速度（增量）两个方面来进行测量。

首先是经济规模，又称经济总体规模，是一个反映国家或地区经济总量的指标。在对经济规模的测量中，最常用的指标是国内生产总值（GDP），也可以用国民生产总值（GNP）。GDP 综合性地代表了一个国家或地区在一定时期内所生产的财富（物品和服务）的总和。GDP 作为一国经济规模的数据，是目前使用最为普遍的评估方法。对经济规模的测量又分为绝对规模 GDP 和相对规模人均 GDP 的测量。

其次是国民收入（NI），同样也是反映经济规模的一个重要指标，只不过是成分指标。NI 是一个国家一年内用于生产的各种生产要素所得到的全部收入，即工资、利润、利息和地租的总和。国民收入是反映一个国家国民经济发展水平的综合指标，人均国民收入则是直接反映这个国家社会生产力发展水平和人民生活水平的综合指标。国民生产净值叫 NNP，NNP=GNP−社会折旧总额。国民收入为 NI，NI=NNP−企业间接税。

再次是经济发展速度，是指一定时期内社会物质生产和劳务发展变化的速率，根据国民收入计算的发展速度有其特殊的意义，可以与根据社会总产值计算的发展速度结合起来观察研究国民经济的发展状况。在经济发展速度方面，最常用的指标是"GDP 年增长率"。

最后是个人收入和个人可支配收入。作为美丽国家，还要考虑个人的生活质量，国富民穷的发展模式是不可取的。个人收入（PI），即家庭和非公司企业所得到的收入额，PI=NI−公司未分配利润−社会保障支付+政府转移支付。DPI 是个人可支配收入（DPI），是在个人收入中减去个人对政府的税收支付和某些非税收支付，即 DPI=PI−个人税收和非税收支付。

3. 文化美，技艺高超为美

文化创造，怎样才能符合美的规律，这是文化美学必须回答的首要问题。科技是第一生产力，科技能最大限度地创造财富。"羊大为美"，财富越多越美，那么，能够提高财富创造的生产技术、工艺、专利等科学技术，都是美的体现，可谓是"技高为美"。这也就说明，人间的文化创造，并不只是仅为满足审美需要而展开的，很可能首先是为满足实用需要，甚至可能把交换需要放在首位。实际上，文化产品的实用价值、交换价值、审美价值是相互统一的。

文化美，类似于通常说的文化软实力，是相对于其他"硬实力"来说的，它的地位也就相当重要，却非常难以界定。文化美，可以理解为历史文化的美和现实文化的美这两大方面，而现实文化美又可以包括文化发展水平和文化产业两个方面。文化美，包括历史文化遗产、教育的发展水平、科技的发达程度、文化产业等内容。

首先是历史文化的美，指历史遗留和延续下来的宗教、民俗以及文物、古迹、名胜等历史文化资源。历史文化资源是一种宝贵的财富，在市场经济条件下，要依托自身独具特色的历史文化资源，把文化资源转化为文化产业。从宏观的角度，历史文化的美，可以用世界物质遗产和非物质文化遗产的数量来评估。例如，埃及金字塔成为世界十大文化遗产之一（图 1.3）。

图 1.3　世界十大文化遗产之一的埃及金字塔（林逸摄）

其次是文化发展水平，指一个国家教育、科技等文化发展的高低程度。文化发展水平是表示一个国家人口素质、教育质量、科技水平的重要指标，可以从教育和科技投入、科技在 GDP 中的贡献率、世界大学排名、标准专利数量等统计指标中得到反映。

再次是文化产业。按照联合国教科文组织的定义，文化产业指按照工业标准生产、再生产、储存以及分配文化产品和文化服务的一系列活动。文化产业的概念一直在不断被修改，形成了“学院派”和“应用派”之分。学院派通常从“理论意识形态”的角度来界定文化产业，应用学派则从社会经济实践中关注文化产业的市场性。文化产业是以生产和提供精神产品为主要活动，以满足人们的文化需要作为目标，是指文化意义本身的创作与销售，狭义上包括文学创作、音乐创作、摄影、舞蹈、工业设计与建筑设计等。文化产业美，可以用文化产业占经济产业的比例来衡量。

4. 社会美，社会公平为美

社会美研究的核心，是探索什么样的社会是美的。“羊大为美”，要求人人都诚实劳动创造财富，"技高为美"，要求人人都重视技术创新科技。从因果关系的角度看，只有公平的社会，人们机会平等，人们诚实劳动，凭本事赚钱，凭技术创新，靠勤勉致富。只有公平的社会，城乡、官民差别小，人们接受教育、医疗、福利的程度公平，这样的社会才是和谐的。可见，只有公平的社会，人们才有创造财富的动力。

社会美，是指存在于社会事物、社会生活和社会现象中的美。社会美的类型主要有三大类：人的美、人文环境的美和日常生活的美等。

人之美，主要体现在人的内在心灵与外在形象两方面。人的内在心灵表现，主要体现在人的内在品质、人格、情感、趣味和理想等人性因素方面。人的外在形象表现，主要包括人的身体姿态、服饰、语言、风度、寿命等。

人文环境的美，主要由人所赖以生存和发展的时代、民族、群体的社会关系以及物质生活环境所构成。人文环境美，主要指一个人所处公平的社会环境，如社会提供的教育、医疗、福利等社会保障的公平程度，国家的工业化、城镇化水平，以及个人所在社会阶层的收入差别、所处地域的城乡差别、所处性别的男女差别、所处民族的地位差别等。

日常生活的美，存在于人的生活的各个具体方面。在中国及世界传统的审美中，在我们先辈们眼中，吃得好、穿得暖、住得好、外出平安，就是美好的生活，生活美就应当如此。随着经济水平的提高，生活中的美不再单指我们所说的衣、食、住、行，人们在物质生活注重需求不断提高的同时，精神文化的需求也日益增长了。

5. 政治美，民主政治为美

经济美学中"羊大为美"，文化美学中"技高为美"，社会美学中"公平为美"，那么有没有一种政治制度，能够保障社会公平，全体成员和谐相处，并高效地创造财富，激情地创新技术呢？经过几千年的探索和实践，人们终于找到了民主政治这样一个制度，实行政治民主化，才能减少决策失误和腐败，实行经济市场化，才能激发竞争和创新。

政治美，简单地说就是制度美。没有人能够质疑现代政治制度是人类文明与进步的体现。人类的每一步的发展，伴随的都是政治制度的逐步完善与进步，随着人类的社会发展愈加文明，现代政治制度的轮廓也愈加明晰。具体来说，现代政治制度的体现主要有如下几点：首先，使公共权力的过渡最大可能的免于暴力；其次，把局部利益和公共利益做到有效的结合；最后，把一个相互冲突的社会整合到一个统一的秩序中去。有了这样的政治制度，这个地区乃至国家的发展才能稳定而持久。

政治美，其根本是体现民主，体现民意，国家所做的事情是国民都愿意做的事情，不是哪一个人或几个人乃至某个利益共同体根据自己利益需要做的事情。现代社会的政治制度、首脑选举、行政执法等，都是全民参与的过程，是诉诸人们"理性世界"的结果；同时，也是政治审美的过程，也是诉诸人们"情感世界"的结果。事实上，政治美学中的行政美学、执法美学、决策美学等，有这样 3 个基本的技术维度：一是公开与透明；二是规则与秩序；三是廉政与反腐（秦德君，2009）。

政治美的内容很广泛，主要是指国家权力的获得、权力的合法与稳定、权力的运用及效益、权力的结构及制衡等制度。此外，政治美也包括了政治家美。

（二）美丽国家发展六大特征

美丽国家发展六大特征是指美丽国家的六个基本特性，即唯美性、崇高性、公平性、和谐性、传承性、全面性。美丽国家，作为千百年来人类孜孜不倦的理想追求，应有一些直观的和内在的特征：一是美丽国家首倡唯美性，形式上的美感是第一位的；二是美丽国家突出崇高性，要与人类的理想梦想相一致；三是美丽国家注重公平性，"大道之行，天下为公"是中国及世界人民的追求；四是美丽国家强调和谐性，温暖和谐的社会令人神往；五是美丽国家发扬传承性，继承并发扬一切优秀的历史文化传统；六是美丽国家要有全面性。

1. 美丽国家的唯美性

美丽国家的唯美性非常重要，美丽国家的审美维度以唯物主义的实践存在论为基本，是对实践美学的继承和发展。因此，美丽国家至关重要的是，必须给人以美的感觉。反之，如果理论说得天花乱坠，指标算得高高在上，只会适得其反。总而言之，美丽国家必须要有美的客体、美的物体、美的形式、美的存在，才能给人以美的感觉、美的体验、美的享受、美的情感。

当然，"金无足金，人无完人"，美有多个方面，如自然之美、经济之美、文化之美、社会之美、制度之美等，一个国家不可能方方面面都美，不可能是全能之美，但根据自身特点，着重培育几个亮点，做一个特色之美的国家，也不是太难的事。如世界旅游组织评选的世界十大美丽国家，个个都美在特色景观上：多米尼加，最棒的海滩；埃塞俄比亚，最佳探险动物园；洪都拉斯，最佳潜水胜地；老挝，最佳观光胜地；纳米比亚，全家出游理想之地；塞舌尔群岛的北岛，一个让你挥金如土的地方；阿曼，最实惠的旅游目的地；巴拿马，最佳生态游胜地；阿根廷，最佳品酒胜地；斯里兰卡，最佳蜜月胜地（图 1.4）。

2. 美丽国家的崇高性

美丽国家是一种社会实践，也是一种理想追求，还是一个奋斗目标。党的十八大首次将"美丽中国"写入报告。习近平总书记在十八大闭幕后同中外记者见面时，进一步阐明了美丽中国内涵："在漫长的历史进程中，中国人民依靠自己的勤劳、勇敢、智慧，

图 1.4　美丽的塞舌尔群岛

（资料来源：https://baike.baidu.com/item/%E5%A1%9E%E8%88%/3028298?fr=aladdin）

开创了各民族和睦相处的美好家园"，"人民对美好生活的向往，就是我们奋斗的目标"。

美丽中国是党的十八大报告中提出的一个新观点，与生态文明建设一样，美丽国家建设，引人关注，充满期待，是中国人民长期的奋斗目标，必将成为引领中国未来发展的关键词。美丽国家，既要体现生态环境的自然之美，人与自然的和谐之美，更要体现13 亿公民的人文素养和精神气度之美。这可谓天地间的大美。它是每一个中国人的向往、期盼和希望，它关乎全国人民生活质量和幸福指数。

3. 美丽国家的公平性

公平正义是人类社会的共同追求，也是衡量社会文明与进步的重要尺度。在美丽国家建设中坚持公平原则，就要把社会公平、机会平等、权利平等、民族平等、男女平等、城乡平等作为国家目标，消除各种不平等的政策，以实现社会经济的和谐发展。

美丽国家所体现的还是一种更广泛更具有深远意义的公平，它包括人与自然之间的公平、当代人之间的公平、当代人与后代人之间的公平。当代人不能肆意挥霍资源、践踏生态，必须留给子孙后代一个生态良好、可持续发展的地球。

4. 美丽国家的和谐性

美丽国家必然是和谐的国家，是人与自然的关系、人与社会的关系、人与人的关系全面和谐。美丽国家，一方面要摆正人与自然的关系，实现人与自然的和谐发展，同时要从国家发展全局和最广大人民的根本利益出发，调节并处理好各社会阶层的利益关系，促进整个社会和谐发展。

党的十七大描绘了全面建设小康社会宏伟蓝图，对构建和谐社会提出了新的目标要求。这就是：现代国民教育体系更加完善，终身教育体系基本形成，全民受教育程度和创新人才培养水平明显提高。社会就业更加充分。覆盖城乡居民的社会保障体系基本建立，人人享有基本生活保障。合理有序的收入分配格局基本形成，中等收入者占多数，绝对贫困现象基本消除。人人享有基本医疗卫生服务。社会管理体系更加健全。这些目标要求，适应了国内外形势的新变化，顺应了各族人民过上更好生活的新期待。

5. 美丽国家的传承性

美丽国家要坚持传承发展的原则，既要继承和保护世界各国传统的优秀文化，弘扬尊重自然、道法自然的朴素历史生态观，又要发扬人与自然和谐的生态伦理、生态道德等现代生态文化观。

美丽国家的传承性，就是要继承保护一切自然、历史和文化遗产。物质和非物质文化遗产，反映的是一国的历史与文化传统，对于国人了解自己国家的国情有着不可替代的作用。同时物质和非物质文化遗产均属于不可再生资源，一旦这些遗产消失将会产生不可挽回的后果。所以，美丽国家建设，必须要加强对物质和非物质文化遗产的保护。中国是一个历史悠久的文明古国，中国历史文化源远流长，中华民族对人类文明进步作出了巨大贡献，保护这些物质和物质文化遗产意义重大。

美丽国家的传承性，就是要吸收工业文明导致生态恶化、危及人类自身生存的异化恶果，突出强调了人的自律性，重拾尊重自然的历史传统，重新确立人与自然的关系，真正做到用文明的方式对待自然。美丽国家的建设过程，是人类不断认识自然、适应自然的过程，也是人类不断修正自己的错误、改善与自然的关系的过程。只有感恩自然、仰望自然，人类才能适宜地栖息在地球上。

6. 美丽国家的全面性

正如广义的美丽国家概念所强调的，美丽国家不仅是指狭义上的生态美，也包括了经济美、社会美、文化美、政治美等，是一个国家的大美、泛美，也是全面美、综合美。

美丽国家是生态之美、发展之美、文化之美、生活之美、社会之美、时代之美等的综合，是全面之美。首先是生态健康的美，自然资源和生态环境是国家发展的基础；其次是科学发展的美，追求物质财富是人类永恒的动力；再次是优秀文化的美，优秀文化是一个国家和民族的灵魂；再次是社会公平与和谐的美，温暖感人的人文美和生活美令人神往；最后是政治制度的美，优越的政治和制度保障是必不可少的。

（三）美丽国家发展四大层次

美丽国家发展的四大层次，指美丽国家经历的四个不同的文明发展阶段，即原始文明、农耕文明、工业文明、生态文明。美丽国家作为一种社会理想，一种奋斗目标，在不同的社会发展阶段，有不同的内涵。

1. 原始文明，大同的氏族社会

原始社会是人类社会的起点。迄今为止，还没有发现世界上有哪个民族没有经历过原始社会。人类出现，原始社会也就产生了。处于原始社会的人类生产力水平很低，生产资料都是公有制的。随着生产力水平的提高，出现产品的剩余之后，就出现了贫富分化和私有制，原先的共同分配和共同劳动的关系被破坏，而被剥削与被剥削的关系所代替。在原始文明阶段，经济之美表现为共同劳动、共享自然，文化之美表现为石器时代、万物有灵，政治之美表现为氏族公社、人人平等，社会之美表现为氏族习惯、群居生活，生态之美表现为崇拜自然、畏惧自然。

原始文明留给人类的最大文化遗产，是平等自由的氏族文化，即民主的议事制度和平等的公社制度。古今中外历史上的文化理论，如中国人追求的大同文化、世外桃源文化、西方文明中讴歌的集产主义、黄金时代、克里达纪、乌托邦主义等，其本质都是氏族文化的遗留。近代的社会主义、共产主义运动，从名字就可以看出，这是对原始共产主义的回归。当代的民主政治，也不过是氏族议事制度的翻版。

美国最杰出的社会科学家之一、伟大的民族学先驱摩尔根发现，在印第安人氏族中，"自由、平等、博爱，虽然从来没有明确表达出来，却是氏族的根本原则，而氏族又是整个社会制度的单位，是有组织的印第安人社会的基础"（摩尔根，2007）。恩格斯在《家庭、私有制和国家起源》一书中，高度称赞氏族的议事会："它是氏族的一切成年男女享有平等表决权的民主集会。"恩格斯还感叹道："这种十分单纯质朴的氏族制度是一种多么美妙的制度呵！没有大兵、宪兵和警察，没有贵族、国王、总督、地方官和法官，没有监狱，没有诉讼，而一切都是有条有理的。"

氏族文化，先入为主的文化，也是影响最深最远的文化。中国哲学家黎鸣在《人性的双螺旋》一书中，提出了一条"先入为主"的文化公设，即：愈是出现得早的文化，它的影响愈大，它的惰性愈大，也即它发生变化的可能性或能动性愈小，而且这种惰性与它出现的时间成正比。人类学研究表明，氏族文化是人类历史上出现的第一个制度文化，包括母系和父系氏族社会大约产生于旧石器时代后期，并贯穿新石器时代，直至奴隶制社会的出现，其间经历了数百万年的时间。按照先入为主的文化影响公设，几百万年的氏族社会文化，与几千年的文明社会相比，氏族社会的影响是巨大的。

2. 农业文明，高效的产权制度

随着生产的发展，人类利用自然的能力得到进一步提高，特别是种植业和养殖业的发展，生产中出现了剩余产品，集体劳动逐渐被个体劳动所取代，由此产生了私有制，随之也出现了阶级，原始氏族社会解体，原始文明被农业文明所取代。农业文明是人类发展史上的第二种文明形态。原始农业和原始畜牧业、古人类的定居生活等的发展，使人类从食物的采集者变为食物的生产者，是第一次生产力的飞跃，人类进入农业文明。四大文明古国（中国，古印度，古巴比伦，古埃及）就是农业文明的典型代表。在农业文明阶段，经济之美表现为手工劳作、田园经济，文化之美表现为青铜文明、铁器文化，政治之美表现为君主制度、权威统一，社会之美表现为阶级形成、革命更迭，生态之美表现为依赖自然、尊崇天地。

氏族文明是人类最初的文明，给人类留下了魂牵梦绕的两大文化遗产，即民主的议事制度和平等的公社制度。但生产力发展了的农耕文明，可谓是对氏族文化的全面背叛，氏族中的民主议事变成了君主集权，平等的共产制度变成了不平等的私有财产制度。但私有财产在推动社会发展过程中功不可没，也是当代产权制度的基础。

私有制的产生是人类社会生产力发展的结果。原始社会的末期，随着社会生产力的发展，人类社会出现了第一次社会大分工，即农业和畜牧业的分工。社会分工提高了劳动生产率，剩余产品的出现使奴役他人成为有利可图的事。同时，由于原始社会末期的生产工具极其简单，土地也不缺少，最大最值钱的生产资料就是生产者人了，因此，原始社会私有化的重要对象就是生产者奴隶，只有占有奴隶才能创造最大价值。因此，战俘舍不得杀了，犯人舍不得砍了，统统变成奴隶去创造财富吧。

私有制的形成是人类社会一个巨大的进步。继原始共产制之后，人类便进入了漫长的私有制社会（奴隶社会、封建社会、资本主义社会）。私有制社会的本质含义就是社会财富，包括人类本身的一部分都被私人（个人）所占有，因此，社会就被分裂为两大对立的部分：剥削者阶级和被剥削者阶级，占有财富的人是剥削者，不占有财富的人是被剥削者。人类的历史就是两大对立阶级的对抗、斗争的历史。

私有制推动了社会资源的高效配置。关于私有制高效率的问题，有一个叫科斯定理的理论。关于科斯定理，一种比较流行的说法是：只要财产权是明确的和可以转让的，其交易成本为零或很小，则无论将产权赋予谁，市场均衡的最终结果都是有效率的。这个定理假定所有资产的财产权都能明确归属，都能转让并使交易成本为零或很小，都能实现资源的最优配置，因而都能实现最优经济效率。

私有制是现代产权理论形成的基础。产权理论产生于20世纪30年代，是西方经济学的一个新的分支。1937年11月，科斯在英国《经济学》杂志发表的《企业的性质》一文，成为产权理论产生的重要标志。1960年，科斯又发表的《社会成本问题》一文，则是现代西方产权理论发展或逐步成熟的标志。追根溯源，现代西方产权经济理论的主要渊源有两个：一是古典经济学和新古典经济学。尽管科斯等是在对他们的交易摩擦不存在的市场假定的反思中建立自己的理论的，但事实上他们仍然禀承了传统经济学的自由竞争理论和"经济人"的假定，也接受了它们的"局部均衡理论"和边际分析方法。二是制度经济学或制度学派。比如，制度学派的集大成者康芒斯在其经典名著《制度经济学》中，将"交易"一般化，从而为产权理论创立"交易费用"提供了素材。

3. 工业文明，快速的物质积累

18世纪80年代以来，一场史无前例的、意义深远的革命从英格兰展开。"从那时起，世界不再是以前的世界了。"英国工业革命标志着人类社会发展史上一个全新时代的开始，拉开了整个世界向工业化社会转变的"现代化"帷幕。工业革命是近代工业化的实际开端，是传统农业社会向近代工业社会过渡的转折点。工业革命是人类历史的伟大飞跃，工业革命所建立起来的工业文明，成为延续了几千年的传统农业文明的终结者，它不仅从根本上提升了社会的生产力，创造出巨量的社会财富，而且从根本上变革了农业文明的所有方面，完成了社会的重大转型。经济、政治、文化、精神，以及社会结构和人的生存方式，等等，无不发生了翻天覆地的变革。

在工业文明阶段，经济之美表现为高速发展、机器生产，文化之美表现为科技创新、文化繁荣，政治之美表现为民主法治、自由平等，社会之美表现为天赋人权、流动自由，生态之美表现为改造自然、利用自然。

工业文明就是以工业为主的文明。通过劳动分工，规模化合作，大量生产民众需要的各种物品。快速地生产大量物品的能力，只能通过频繁交易和创造新的民众需求完成，最终达到赢利的目的。为了保证财富的私有权，不得不制定诚信、契约的商业精神，使大家遵守。因此，工业文明在政治方面采取民主宪政，国家存在的基础必须是保证公正、诚信，私有财富不容侵犯的原则，为了防止权力滥用抢夺私人财富，只有实行民众选举、分权制衡的政治体制。

4. 生态文明，和谐的生态社会

生态文明是迄今为止人类文明发展的最高形态。在我国，提出建设生态文明，正是基于生态环境问题日益突出、资源保护压力不断加大的新形势。生态文明的提出，涉及生产方式、生活方式和价值观念的变革，是不可逆转的发展潮流，是人类社会继农业文明、工业文明之后进行的一次新选择，是人类文明形态和文明发展理念的重大进步。

在生态文明阶段，经济之美表现为协调发展、集约发展，文化之美表现为生态文化、和谐自然，政治之美表现为生态政治、环境运动，社会之美表现为和谐共生、良性循环，生态之美表现为尊重自然，保护自然（图1.5）。

生态文明的最高境界是实现人与自然的和谐发展，这是人类总结、反思人与自然关系史得出的历史经验，因而成为生态文明的基本准则。生态文明是指人们在改造客观物质世界的同时，不断克服改造过程中的负面效应，积极改善和优化人与自然的关系，建设有序的生态运行机制和良好的生态环境，实现经济社会的可持续发展。因此，生态文明是社会和谐和自然和谐相统一的文明，是人与自然、人与人、人与社会和谐共生的文化伦理形态，是人类遵循人、自然、社会和谐发展这一客观规律而取得的物质与精神成果，生态的稳定与和谐是自然环境的福祉，更是人类自己的福祉。

图 1.5　生态文明保护自然（林逸摄）

生态和谐是对传统文明形态特别是工业文明深刻反思的基础上产生的，它与全球日趋严重的生态环境问题密切相关。在原始文明和农业文明时期，人类主要靠天吃饭，改造客观自然的能力非常弱，对自然生态的破坏和影响微乎其微。而在社会化大生产的工业文明时代，人类改造生态环境的能力和范围不断扩大，改造客观世界的高投入、高能耗、高消费，对生态环境造成了严重威胁，出现了严重的环境污染、物种灭绝、资源短缺等生态灾难。一系列全球性生态危机说明地球及其资源、环境能力已经难以支持工业文明的继续发展，需要开创一个新的文明形态来实现人类的可持续发展。于是，生态文明应运而生，被纳入了人类文明体系。因为生态文明的前提就是尊重和维护自然，维护人类自身赖以生存发展的生态平衡；生态文明的本质就是要摆正人与自然的关系，实现人与自然的和谐共生，引导人们走上可持续发展的道路。

生态文明的核心思想是在提高人们的生态意识和文明素质的基础上，自觉遵循自然生态系统和社会生态系统原理，运用高新科技，积极改善和优化人与自然的关系、人与社会的关系、人与人的关系。其中改善和优化人与自然的关系是基础，即把工业文明时代的人类对大自然的"征服"、"挑战"变为人与自然和谐相处、共生共荣、共同发展。

（四）美丽国家建设八大基础

美丽国家建设的八大基础是指美丽国家建设的八大基础理论与思潮。什么是美丽国家、如何建设美丽国家等，历史上有众多的梦想、理论及思潮。

1. 美丽国家建设的思想渊源

中华文明的基本精神与美丽国家内在要求基本一致，从政治社会制度到文化哲学艺术，无不闪烁着生态智慧的光芒。以道释儒为中心的中华文明，在几千年的发展过程中，形成了系统的美丽国家理论思想。西方文明中，也有大量憧憬和讴歌美丽国家的思潮，如黄金时代、英雄时代、轴心时代、集产主义、乌托邦、空想社会主义等，都是对原始共产主义制度的怀念。

2. 美丽国家建设的美学理论

美丽国家的核心离不开美。从美学理论来说，美丽国家包括了国家建设五大内容，即生态美学、经济美学、文化美学、社会美学、政治美学。随着经济发展和生活水平的提高，人们对美的体验的需求日益强烈，美学开始向国家和社会生活的各方面渗透。从国家建设的层面看，美学向生态、经济、文化、社会、政治等方面渗透，并结合成新的美学分支，如生态美学、经济美学、文化美学、社会美学、政治美学。当然，美学的这种渗透与结合，仍处于日新月异的型构发展之中，其概念、内容、范式等都是未定的。

3. 美丽国家建设的生态学理论

20世纪60年代，西方出现了生态觉醒，生态环境保护运动高潮迭起。西方的生态保护运动具有公众性、普遍性、科学性、政治性、国际性等特征，普通公众、社会团体、政党、科研机构、国际机构都为此倾注了大量热情。与生态运动相呼应，西方生态学术团体、学术流派、学术理论、学术思想等很多，可以说是流派纷呈，主张各异。

4. 美丽国家建设的市场经济理论

市场经济对美丽国家建设功不可没，它为人类创造了无与伦比的财富。市场经济是一种经济体系，在这种体系下产品和服务的生产及销售由自由市场的自由价格机制所引导，而不是像计划经济一般由国家所引导。中国道家2600年前提出的无为而治思想，被誉为市场经济的鼻祖（陈应发，2010）。西方则有斯密的自由经济理论、哈耶克的自发秩序理论。而自组织理论，则从理论的角度解释了"看不见手"的机制。

5. 美丽国家建设的可持续发展理论

可持续发展理论的内涵丰富，一般认为主要涉及经济、环境、资源、人口、社会发展等因素，它们形成一个密不可分、相互制约的整体系统。可持续发展非常重视生态环境保护，把生态环境保护作为它积极追求实现的最基本目的之一，生态环境保护是区分可持续发展与传统发展的分水岭和试金石。

6. 美丽国家建设的现代化理论

现代化理论从萌芽至成熟，大致经历了 3 个阶段。第一个阶段是现代化理论的萌芽阶段，从 18 世纪至 20 世纪初。这一阶段以总结和探讨西欧国家自身的资本主义现代化经验和面临的问题为主，其中主要的学者有圣西门、孔德、迪尔凯姆和韦伯等。第二个阶段是现代化理论的形成时期。从第二次世界大战后至 20 世纪 60、70 年代，以美国为中心，形成了比较完整的理论体系，主要学者有社会学家帕森斯、政治学家亨廷顿等。第三个阶段是从 20 世纪 60、70 年代至今，这一时期研究的核心是如何处理非西方的后进国家现代化建设中的传统与现代的关系。现代化研究形成了庞大的理论体系，大体上说，包括经典现代化理论、后现代化理论和第二次现代化理论等三大体系。

7. 美丽国家建设的国家发展理论

国家发展理论是探讨国家发展规律性及其具体表现形式的学说。广义上的国家发展理论包括哲学、经济学、政治学和人类学关于国家发展的研究，它探讨人类国家历史发展的一般规律性；狭义上国家发展理论特指社会学对国家发展问题的研究，它以现代社会中政治、经济、社会、文化的综合协调发展问题为对象，主要探讨国家发展的理论、模式、战略乃至具体政策。

8. 美丽国家建设的生态文明理论

生态文明就是指人类在物质生产和精神生产中充分发挥人的主观能动性，按照自然生态系统和社会生态系统运转的客观规律建立起来的人与自然、人与社会的良性运行机制、和谐发展的社会文明形式。生态文明的核心是人与自然的协调发展，其内涵包括生态物质文明、生态意识文明、生态制度文明、生态行为文明等方面。

（五）美丽国家建设六大意义

美丽国家建设的六大战略意义是指从多维的视角去看待、把握、理解美丽国家建设所具有的丰富内涵和意义。美丽国家建设既是维持人类生存根基的需要，也是文明形态的一种进步，还是国家和社会发展目标的一种完善；既是全球生态安全的战略选择，也是经济发展方式的一种转变，还是全面现代化的重要举措。

1. 美丽国家建设是世界文明发展的必然趋势

文明是一个"人造"的世界，人类社会在过去 300 年中所获得的工业文明是人们创造的结果。但是其所获得的巨大成果在很大程度上却是以牺牲和破坏生态环境为代价的。全球性的生态危机使地球没有能力支持工业文明的继续发展时，就表明它是一种不可持续的文明形态了，人类需要开创一种新的文明形态来延续它的生存。

生态文明是取代传统工业文明的一种最合理的文明形态。这种文明形态进步的象征是：它高度重视包括自然和人类社会在内的全面而立体的生态建设与生态发展；在对人、对社会、对自然的关系上，摆脱了单纯的实用性和功利性；它能够顺应自然规律，以人与自然的和谐为基础，以寻求人与自然之间长期稳定的关系为目标，从而可以消解工业文明中所固有的人与自然等多方面的矛盾和冲突。作为对工业文明的一种超越，它代表了一种更高级的人类文明形态，代表了一种更美好的社会和谐理想。

生态文明是继物质文明、精神文明和政治文明之后出现的一种新型特征文明。从结构特征看，或者说从横向拓展的角度看，社会文明又有不同的侧面特征，如从物质生产方式角度看，有物质文明；从精神文化方面看，有精神文明；从制度体制方面看，有政治文明；从生态和谐的角度看，有生态文明。因此，从"物质文明—精神文明—政治文明—生态文明"的横向拓展看，物质文明主要强调满足人民日益增长的物质需要，精神文明主要引导人们内心世界的健康发展，政治文明主要促进建立人与人之间正确的社会关系，生态文明则侧重于指向建立和谐的人与自然的关系。生态文明形态的建设与形成，必将有助于人类建设更高层次的物质文明、精神文明和政治文明。

美丽国家是生态文明建设目标，是世界文明发展的必然趋势。2012年11月，党的十八大提出："把生态文明建设放在突出地位，融入经济建设、政治建设、文化建设、社会建设各方面和全过程，努力建设美丽中国，实现中华民族永续发展"。由此可见：美丽国家是生态文明建设的新目标（图1.6）。

图1.6　美丽国家是生态文明建设的目标（林逸摄）

2. 美丽国家建设是维持人类生存根基的战略选择

自然界是人的栖身之所，是人类赖以存在和发展的基础。没有自然界，人是无法存在的。人也是自然界的一部分，是自然界长期发展的产物。随着人类的产生，纯粹的自然转变为人化的自然，自然界便因此成了人类开发和利用的对象。人作为世界上的一个重要组成部分，与自然界同处一个系统中，我们不能破坏这个系统的有序性。两者的密切关系使人们认识到，人与自然之间是协调的关系，这是社会和谐的基础，也是社会和谐的最高境界。

自然界与人类是两个不同系列的存在方式，自然界是一种自在的存在形式，而人类则是一种自觉的存在形式。但二者之间又存在着密切的关系。马克思主义认为，人与自然界的关系是一种相互依存、相互制约的关系，是一种以实践为纽带联结起来的对象性关系。

工业文明引发的全球生态危机，说到底是人与自然的关系出了问题。《拯救地球生物圈》一书认为，人与自然应定位于"四大关系"：首先，人类与自然是"一体关系，"自然是人类依存的整体，人类是自然的一部分；其次，人类与自然是"母子关系"，自然是人类的母亲，人类是自然之子；再次，人类与自然是"师生关系"，自然是人类的老师，人类是自然的学生；最后，人类与自然是"朋友关系"，自然是人类的朋友，人类也是自然的朋友（姜春云，2012）。

从世界情况来看，美丽国家建设是维持人类生存根基的战略选择。随着传统工业文明的发展，人类不断加强对自然的支配和控制能力，不断地把自然作为人类征服的对象，人与自然的关系也发生了质的变化，改造自然的力量逐渐被异化为破坏自然的力量。随着人类改造自然能力和范围不断扩大，改造自然的高投入、高能耗、高消费，对生态环境造成了严重威胁，使地球出现了严重的环境污染、物种灭绝、资源短缺等生态灾难。一系列全球性生态危机说明，自然界的资源、环境能力已经难以支持以经济为目标的工业文明的继续发展，需要开创一种新的以生态、经济并重的国家发展战略，这就是美丽国家建设战略。

从中国情况来看，美丽国家建设是维持国人生存根基的战略选择。当前我国仍处于社会主义初级阶段，发展相对落后、人口众多、人均资源紧缺、环境承载力较弱。我国耕地、淡水、能源、铁矿等重要战略资源的人均占有量均不足世界平均水平的 1/2～1/3。水、大气、土壤等污染严重，化学需氧量、二氧化硫等主要污染指数已居世界前列。生态系统整体功能下降，抵御各种自然灾害的能力减弱。这就决定了必须把资源节约和生态环境保护作为现阶段国家建设着力抓好的战略任务，力争以较少的资源和生态环境代价，支撑和实现我国国民经济又好又快发展，实现美丽国家的建设目标。

3. 美丽国家建设是维护全球生态安全的战略举措

国家生态安全，是指一个国家生存和发展所需的生态环境处于不受或少受破坏与威胁的状态。生态安全同国防安全、经济安全一样，是国家安全和社会稳定的重要组成部分，是由水、土、大气、森林、草地、海洋、生物等组成的自然生态系统，是人类赖以生存、发展的物质基础。越来越多的事实表明，生态破坏将使人们丧失大量适于生存的空间和资源条件，并由此产生大量生态灾民而冲击周边社会的稳定。

根据国际生态安全合作组织的定义，生态安全即生存的安全，是地球生命系统赖以生存的生态环境（空气、土壤、森林、海洋、水等）不被破坏与威胁的动态过程。国际生态安全合作组织是由中国牵头策划，并与俄罗斯、美国、印度等国共同发起，在联合国相关机构的支持参与下，于 2006 年在中国创建的全球性国际组织。根据国际生态安全合作组织的定义，生态安全分为三种类型：一是自然生态安全，包括火山、地震、飓风、海啸、极端天气、陨石撞击等；二是生态系统安全，包括森林生态系统安全、海洋生态系统安全、湿地生态系统安全等；三是国家生态安全，包括非传统安全、环境安全、物种安全、生命安全、城市安全、核安全与辐射、自然遗产安全、资源安全等。

美丽国家建设对自然生态安全、生态系统安全、国家生态安全至关重要，是维护全球生态安全的战略选择。首先，美丽国家建设是确保生态系统安全的保证。生态系统安全是美丽国家设的重要内容之一，是重中之重，美丽国家建设为生态系安全提供重要保证。其次，美丽国家建设是改善自然生态安全的条件。在一定程度上说，自然生态环境与自然生态安全是互为因果关系，人类不合理地开发利用自然资源，必将引起水土流失、土地荒漠化、土壤盐碱化、生物多样性减少等。最后，美丽国家建设是提高人类生态安全的基石。人类生态安全包括非传统安全、环境安全、物种安全、生命安全、城市安全、核安全与辐射、自然遗产安全、资源安全 8 个重要组成部分。可见，人类生态安全，是自然生态安全缺失后，引发的人类生存生态危机。

4. 美丽国家建设是经济可持续发展的必然要求

可持续发展是 20 世纪 80 年代提出的一个新的发展观。它的提出是应时代的变迁、社会经济发展的需要而产生的。"可持续发展"概念是 1987 年由布伦特兰夫人担任主席的世界环境与发展委员会提出来的。但其理念可追溯至 20 世纪 60 年代的《寂静的春天》、"太空飞船理论"和罗马俱乐部等。1989 年 5 月举行的第 15 届联合国环境规划署理事会期间，经过反复磋商，通过了《关于可持续发展的声明》。1992 年 6 月，联合国环境与发展大会在巴西里约热内卢召开，会议提出并通过了全球的可持续发展战略——《21世纪议程》，并且要求各国根据本国的情况，制定各自的可持续发展战略、计划和对策。

可持续发展是指既能满足现代人的发展需求，又能不以损害后代人的利益为代价的发展战略，实现人与人、人与社会、人与自然的和谐发展。可持续发展遵循六大原则：一是公平性原则，是指机会选择的平等性，代际公平性，代人之间的横向公平性，人与自然生物之间的公平性。二是可持续性原则。是指生态系统受到某种干扰时能保持其生产率的能力。三是和谐性原则。可持续发展的战略，就是要促进人类之间及人类与自然之间的和谐。四是需求性原则。可持续发展立足于人的需求而发展，要满足所有人的基本需求，向所有人提供实现美好生活愿望的机会。五是高效性原则，是人类整体发展的综合和总体的高效。六是阶跃性原则，随着时间的推移和社会的不断发展，人类的需求内容和层次将不断增加和提高，所以可持续发展本身隐含着不断地从较低层次向较高层次的阶跃性过程。

美丽国家建设是人类可持续发展的必然要求。可持续发展的核心思想是，经济发展，保护资源和保护生态环境协调一致，让子孙后代能够享受充分的资源和良好的资源环境。美丽国家建设是中国可持续发展的必然选择。实现人、社会与自然的和谐、协调发展，是马克思主义的一贯思想。我国是人口众多、资源相对不足的国家，实施可持续发展战略更具有特殊的重要性和紧迫性。要把控制人口、节约资源、保护生态环境放到重要位置，使人口增长与社会生产力的发展相适应，使经济建设与资源、环境相协调，实现良性循环。

5. 美丽国家建设是国家建设理论的丰富发展

国家建设理论是一个发展的历史范畴。以阶级斗争学说为导向的国家理论，强调国家政权的阶级性和权力功用的暴力性质，随着阶级关系和阶级斗争的发展而发展。从民族国家的理论来看，国家是单一民族的政治建构或多民族共同缔造的产物，各民族对这个政治实体的认同也就是国家认同，构成民族国家政治合法性的基础。

国家建设理论是总结国家从封建神权政治走向现代主权政治的历史经验的产物。历史上，出现过不同类型的国家。许章润教授认为按照"权势国家——权力政治"、"宪政国家——宪法政治"与"文明国家——文化政治"递次推进的国家建设，正好与我们建设一个"富强、民主与文明"的现代化国家这一伟大目标相对应；"文明国家"不仅表现为一种"国民空间"，而且是一种"包容纷繁异质性的广阔单元"，一种"公共空间"（陈颜，2011）。

美丽国家建设融入美丽化，丰富了国家建设理论。国家建设的战略目标主要是：第一，维护国家主权完整和安全，保障本国不受外来国家的侵犯；第二，维护社会公共秩序的稳定，使得国民有良好的社会安全感，为国民经济和社会的发展创造良好的条件；第三，谋求社会的公共福利最大化，发展国家经济，促进社会的公平和公正；第四，为社会和公民提供公共产品和公共服务，主要是通过国家制定和执行一系列的社会公共政策能够实现。但美丽国家建设，则提出了更高的要求，就是要将生态化、美丽化等内容，融入上述国家建设的四大战略目标，实现国家建设生态化、美丽化（图1.7）。

图1.7　美丽国家赋予国家建设生态化（林逸摄）

6. 美丽国家建设是全面现代化的必由之路

现代化常被用来描述现代发生的社会和文化变迁的现象。根据马格纳雷拉的定义，现代化是发展中的社会为了获得发达的社会所具有的一些特点，而经历的文化与社会变迁的，包容一切的全球性过程。

世界现代化可以分为两大阶段，其中，第一次现代化是从农业社会向工业社会、农业经济向工业经济、农业文明向工业文明的转变；第二次现代化是从工业社会向知识社会、工业经济向知识经济、工业文明向知识文明、物质文明向生态文明的转变，而当今某些学者认为，第二次现代化的过程应该称为后现代化。一般而言，现代化包括了学术知识上的科学化，政治上的民主化，经济上的工业化等。

美丽国家建设，是全面现代化的必然选择。现化化是一把双刃剑，既促进了美丽国家建设，又伤害了美丽国家的躯体，这主要是由于现代化的不彻底，注重经济忽视生态，注重物质轻视精神。工业文明发展，征服自然能力大增，过度的开发资源，造成资源枯竭，环境污染加大，社会贫富差距拉大。城市现代化，人口密度的增大和人口流动的加快引起了社会解组和社会纽带的弱化，不仅导致了各种犯罪越轨现象的频发，也导致了人与人之间的疏离和人类心灵的荒漠化。现代化使人们过度地追求物质享受，造成了精神层面的逐渐缺失。

二、美丽生态的基本内涵

美丽生态是一个仁者见仁智者见智的概念，目前国内外还没有这方面的研究和论述，很难给美丽生态下一个准确的定义。本研究的美丽生态有如下内涵和特征：一是美丽生态与美丽经济、美丽社会、美丽文化、美丽政治并列，作为美丽国家的"五大建设"的内容之一；二是美丽生态的审美对象，以国家为单元，评估世界不同国家的美丽生态得分；三是美丽生态审美的主体，是具有一定审美能力的专家团队，建立一整套全面、客观、公正的评估指标体系。四是为便于深化对美丽生态的了解，我们将美丽生态分成四个方面，即自然生态、资源、环境、景观。

（一）良好生态

生态（Eco）一词源于古希腊语，意思是指家或者环境。简单地说，生态就是指一切生物的生存状态，以及它们之间和它与环境之间环环相扣的关系。生态的产生最早也是从研究生物个体而开始的，生态一词涉及的范畴也越来越广，人们常常用生态来定义许多美好的事物，如健康的、美的、和谐的等事物，均可冠以"生态"修饰。

作为美丽生态四大内容之一的生态，主要是指自然生态。良好的生态是人类赖以生存和发展的基础，也是美丽生态的基础（图1.8）。森林是陆地生态系统的主体，素有"地球之肺"的美誉，湿地生态系统是陆地、水域共同与大气相互作用，相互影响，相互渗透，是兼有水陆双重特征的特殊生态系统，被誉为"地球之肾"。本研究中的生态包括森林生态系统、湿地生态系统、草原生态系统、荒漠生态系统等4大陆地自然生态系统及其野生动植物组成等指标。

（二）丰富资源

资源是指一国或一定地区内拥有的物力、财力、人力等各种物质要素的总称。资源可以分为自然资源和社会资源两大类。前者如阳光、空气、水、土地、森林、草原、动物、矿藏等；后者包括人力资源、信息资源以及经过劳动创造的各种物质财富等。马克思在《资本论》中说："劳动和土地，是财富两个原始的形成要素。"恩格斯的定义是："其实，劳动和自然界在一起它才是一切财富的源泉，自然界为劳动提供材料，劳动把材料转变为财富。"马克思、恩格斯的定义，既指出了自然资源的客观存在，又把人类劳动力和技术因素视为财富的另一不可或缺的来源。可见，资源的来源及组成，不仅是自然资源，而且还包括人类劳动的社会、经济、技术等因素，还包括人力、人才、智力等资源。

图 1.8　良好的生态是人们赖以生存和发展的基础（林逸摄）

作为美丽生态四大内容之一的资源，一般是指自然资源，没有包括难以统计的社会资源。自然资源，亦称天然资源，是指在其原始状态下就有价值的货物。一般来说，假如获取这个货物的主要工程是收集和纯化而不是生产的话，那么这个货物是一种自然资源。因此采矿、采油、渔业和林业一般被看作获取自然资源的工业，而农业则不是自然资源而是成为货物的自然财富。自然资源分可再生资源和不可再生资源。丰富的自然资源是一个国家生态良好的基本保证，也是国家经济发展坚实的基础。因此，作为美丽生态四大内容之一的资源，是指"丰富的自然资源"，如土地资源、矿产资源、森林资源、海洋资源、石油资源等。

（三）清新环境

环境是相对于某一事物来说的，是指围绕着某一事物（通常称其为主体）并对该事物会产生某些影响的所有外界事物（通常称其为客体），即环境是指相对并相关于某项中心事物的周围事物。对不同的对象和科学学科来说，环境的内容也不同。对生物学来说，环境是指生物生活周围的气候、周围群体和其他种群。对文学、历史和社会科学来说，环境指具体的人生活周围的情况和条件。对建筑学来说，是指室内条件和建筑物周围的景观条件。对企业和管理学来说，环境指社会和心理的条件，如工作环境等。对热力学来说，是指向所研究的系统提供热或吸收热的周围所有物体。对化学或生物化学来说，是指发生化学反应的溶液。对计算机科学来说，环境多指操作环境。从环境保护的宏观角度来说,就是人类的家园地球。通常按环境的属性,将环境分为自然环境、人工环境和社会环境。

作为美丽生态四大内容之一的环境,指的是狭义环境。广义的环境,既包括以大气、水、土壤、植物、动物、微生物等为内容的物质因素,也包括以观念、制度、行为准则等为内容的非物质因素;既包括自然因素,也包括社会因素;既包括非生命体形式,也包括生命体形式。因此,广义环境包括了自然环境、人工环境和社会环境。狭义的环境,一般是指环境问题如环境污染等,大部分的环境往往指相对于人类这个主体而言的一切自然环境要素的总和。作为美丽生态中的环境,指的是狭义上环境,即环境问题,如大气污染、温室气体排放、PM2.5 排放、废水、废弃物排放等的治理状况。

(四)美丽景观

景观概念非常广泛,近年来用途日益广泛,一般是指地表自然景色,也指人工创造的景观。在欧洲,景观一词最早出现在希伯来文的《圣经》旧约全书中,景观的含义同汉语的"风景"、"景致"、"景色"的词义相一致,都是视觉美学意义上的概念。地理学家把景观作为一个科学名词,定义为地表景象,综合自然地理区,或是一种类型单位的通称,如城市景观、乡村景观、梯田景观等。艺术家把景观作为表现与再现的对象,等同于风景;生态学家把景观定义为生态系统,如荒漠景观、草原景观、森林景观等;旅游学家把景观当作资源,如旅游景观;建筑师把景观作为建筑物的配景或背景,如园林景观。

作为美丽生态四大内容之一的景观,指的是一个国家的美丽景观,是一个国家有影响力的景观。但由于一个国家的美丽景观的多少、程度等很难定量表达,更难以统计,因此,一般以得到世界公认的景观遗产或保护区的数量为准,如世界自然遗产、世界人与生物圈保护区等。

三、美丽生态的历史演变

人类出现后便使自然界打上了人的实践活动的印记,从而出现了自然界的人化过程。在人类进化和自然界人化所构成的统一过程的不同阶段,产生了不同的人类文明。有些学者把人类文明划分为四种基本形态,即原始文明、农业文明、工业文明和生态文明。不同的文明形态中,人类对自然的认知、态度、情感、价值、审美等是不同的。原始文明时代,人类图腾自然,匍匐在自然的脚下。农业文明时代,人类崇天拜地,对自然进行农业开发。工业文明时代,人类以自然的"征服者"自居,社会生产虽然获得空前发展,但对自然的超限度开发又造成深刻危机。生态文明时代,人类与自然将实现协调发展,其出现具有必然性。

（一）原始文明：图腾自然为美

人类从动物界分化出来以后，经历了百万年的原始社会，通常把这一阶段的人类文明称为原始文明或渔猎文明。原始人的物质生产能力虽然非常低下，但是为了维持自身生存，已开始了推动自然界人化的过程。在这一漫长时期中，人化自然的代表性成就是人工取火和养火及骨器、石器、弓箭等。恩格斯曾说："摩擦生火第一次使人支配了一种自然力，从而最终把人同动物界分开。"

原始人的精神生产能力与其物质生产能力同样低下，他们没有文字和用文字记载的历史，其主要的精神活动是原始宗教活动。原始宗教产生于原始社会末期，其表现形式为万物有灵论、巫术、图腾崇拜等，并在此基础上产生了对自然神的崇拜。恩格斯说过："在原始人看来，自然力是某种异己的、神秘的、超越一切的东西。在所有文明民族所经历的一定阶段上，他们用人格化的方法来同化自然力。正是这种人格化的欲望，到处创造了许多神。"

原始人在自然界之外构想了一个超自然世界，认为自然界的秩序来自超自然力量的支配和安排，许多自然事物和现象，如日月星辰、风雨雷电、山河土地、凶禽猛兽等，均为超自然神灵的体现。在原始社会，尽管人类已经作为具有自觉能动性的主体呈现在自然面前，但是由于缺乏强大的物质和精神手段，对自然的开发和支配能力极其有限。他们不得不依赖自然界直接提供的食物和其他简单的生活资料，同时也无法抵御各种盲目自然力的肆虐。他们经常忍受饥饿、疾病、寒冷和酷热的折磨，受到野兽的侵扰和危害。因此，在原始文明下，人类把自然视为威力无穷的主宰，视为某种神秘的超自然力量的化身。他们匍匐在自然之神的脚下，通过各种原始宗教仪式对其表示顺从、敬畏，祈求他们的恩赐和庇佑（泰勒，1992）。

原始文明中这种对自然的神化，集中地体现为原始图腾。图腾是古代原始部落因畏惧或迷信某种自然物，而将其用作部落、本氏族的徽号或象征加以崇拜。图腾神话承袭着民族文明的生命密码，万物有灵的信仰视角表达着古人对自然的尊崇与敬畏。图腾多与当时人们的生产生活环境有关，比如北方寒冷地区民族的图腾多与熊有关；野猪、马是北方狩猎民族的崇拜对象；南方农耕民族的图腾往往有牛；沿海民族常图腾鸟。图腾崇拜具有团结群体、密切血缘关系、维系社会组织和互相区别的作用。

李泽厚在《美的历程》一书中，将中国远古的审美概括为龙飞凤舞。认为远古时期的审美与艺术并未独立或分化，它们潜藏在种种原始巫术礼仪等图腾活动中。龙是中国西部、南部部落联盟的图腾旗帜，而凤鸟成为中国东方集团的另一图腾符号。它们正是审美意识和艺术创作的萌芽。而原始歌舞正是龙凤图腾的演习形式，是巫术礼仪的活动状态（李泽厚，1982）。

（二）农业文明：祭天拜地为美

大约距今一万年前出现了人类文明的第一个重大转折，由原始文明进入到农业文明。农业文明使自然界的人化过程进一步发展，代表性的成就是青铜器、铁器、陶器、文字、造纸、印刷术等等。主要的物质生产活动是农耕和畜牧，人类不再依赖自然界提供的现成食物，而是通过创造适当的条件，使自己所需要的植物和动物得到生长和繁衍，并且改变其某些属性和习性。对自然力的利用已经扩大到若干可再生能源，如畜力、风力、水力等，加上各种金属工具的使用，从而大大增强了改造自然的能力。农业文明时代人类有了用文字记载的历史，并能用文字记录人类获取的自然知识，使其在空间和时间上便于传播。农业社会出现了体脑分工，有了专门的"劳心者"，从而提高了人类的精神生产能力。

随着农业文明的发展，自然图腾出现了瓦解与融合。一方面，随着生产力的发展，人类对自然的控制能力增强了，人类在自然界中的地位提高了，从崇拜植物到栽培收获植物，从屈服动物进入驯养使用动物，从而使人类认识到自己比动物高明，比动物优越，并把自己同动物对立起来。于是，动植物图腾崇拜就瓦解了。但对宇宙日月星辰的图腾反而增加了，集中地体现在对日月神的祭祀。另一方面，随着文化的发展，多神文化形成神谱，并发展出至上神。在万物有灵多神论中，神是有大有小的，对神的顺序排列，即为神谱。通常神谱有植物系列，如中国文化中的各种神树，动物系列，如老虎最大，宇宙系列，一般太阳神最大。在各民族的神谱演化中，都有一个最高神为主宰的神，叫单一主神教，直至相信宇宙万物乃由唯一之神所统摄的神，这就是至上神。

在农业文明时期，一方面人们改造自然的能力仍然有限，所以仍然肯定自然对人的主宰作用，主张尊天敬地，这也与农业生产受天地影响较大的原因分不开。另一方面随着主体的能动性和自信心的增强，人们已经把自己提升到高于其他万物的地位，中国的儒家认为"惟天地，万物父母。惟人，万物之灵"。道家则强调"人法地，地法天，天法道，道法自然。"认为人应当顺应、效法自然，不做违反自然的活动。总之，农业文明中，人类对动植物的图腾部分瓦解了，人的主体地位提高了，但对天地神的崇拜反而增强了。如中国文明就是这样，秦始皇统一天下后，登泰山举行封禅仪式，就算是承受了天命，就成了天子，就可以名正言顺统治天下了。秦始皇登泰山封禅的八大神中，有天神、地神、日神、月神、山神、水神等。六朝古都北京建有有天坛、地坛（图1.9）、日坛、月坛，每年皇帝要举行祭拜大典。

在农业文明时代，人类和自然处于初级平衡状态，物质生产活动基本上是利用和强化自然过程，缺乏对自然实行根本性的变革和改造，对自然的轻度开发没有像后来的工业社会那样造成巨大的生态破坏。但是这一时期社会生产力发展和科学技术进步也比较缓慢，没有也不可能给人类带来高度的物质与精神文明和主体的真正解放。从总体上看，农业文明尚属于人类对自然认识和变革的幼稚阶段，所以，尽管农业文明在相当程度上

图 1.9　生态和谐的地坛公园（林逸摄）

保持了自然界的生态平衡，但这只是一种在落后的经济水平上的生态平衡，是和人类能动性发挥不足与对自然开发能力薄弱相联系的生态平衡。

（三）工业文明：改造自然为美

随着资本主义生产方式的产生，人类文明出现第二个重大转折，从农业文明转向工业文明。工业文明是人类运用科学技术的武器以控制和改造自然取得空前胜利的时代。从蒸汽机到化工产品，从电动机到原子核反应堆，每一次科学技术革命都建立了人化自然的新丰碑。人们大规模地开采各种矿产资源，广泛利用高效化石能，进行机械化的大生产，并以工业武装农业，使农业也工业化了。从近代科学诞生到本世纪的新技术革命，在只有 300 年的工业文明时代内，社会生产部门不断更新，社会生产力飞速发展，人类在开发、改造自然方面获取的成就，远远超过了过去一切世代的总和。

工业文明的出现使人类和自然的关系发生了根本的改变。自然界不再具有以往的神秘和威力，"自然对人无论施展和动用怎样的力量——寒冷、凶猛的野兽、火、水，人总是会找到对付这些力量的手段"。人类再也无需像中世纪那样借助上帝的权威来维持自己对自然的统治。在工业文明的发源地英国，弗兰西斯·培根宣告"知识就是力量"，人类只须凭借知识和理性就足以征服自然，成为自然的主人。如果说在原始文明时代人是自然神的奴隶；在农业文明时代人是在神支配下的、自然的主人；那么在工业文明时代，人类仿佛觉得自己已经成为征服和驾御自然的"神"。

近代工业同古代农业的本质区别之一就在于它广泛采用机器进行生产，机器成了物质文明的核心。生产的机械化带来了思维方式的机械化，人们把社会、自然和人都看作机器，机械论的思潮统治着人们的自然观、社会观和价值观。机械论的自然观把自然界视为一部大机器，认为自然界具有稳定的静态结构，它是在外力作用下产生运动的，主要的运动形式是机械运动，服从于单义决定论。

工业生产与农业生产的本质区别之二在于，农业生产一般是按照自然物自身变化的自然过程生产，而工业生产则是改变自然物的自然过程的生产。农业生产一般引起自然界自身的变化，它的产品是在自然状态下也会出现的生物体；工业生产则引起自然界自身不可能出现的变化，它的产品是在自然状态下不可能出现的、人工制成的产品。恩格斯说："我们还能够引起自然界中根本不发生的运动（工业），至少不是以这种方式在自然界中发生的运动"

由于工业生产同农业生产相比与自然界的距离较远，与自然条件的关系较间接，如果说在农业文明中人们力求顺从自然、适应自然，人和自然是相互协作的关系，那么在工业文明中人们就认为自己是自然的征服者，人和自然只是利用和被利用的关系。"与这个社会阶段相比，以前的一切社会阶段都只表现为人类的地方性发展和对自然的崇拜。只有在资本主义制度下自然界才不过是人的对象，不过是有用物"。

（四）生态文明：尊重自然为美

大自然给人类敲响了警钟，历史呼唤着新的文明时代的到来。这种新的文明，有人从文明发展的顺序出发称其为后工业文明，也有人从生态价值标准出发，称其为生态文明，即人与自然相互协调共同发展的新文明。从工业文明向生态文明的观念转变是近代科学机械论自然观向现代科学有机论自然观的根本范式转变，也是传统工业文明发展观向现代生态文明发展观的深刻变革。建设这种新的文明，要求人类通过积极的科学实践活动，充分发挥自己的以理性为主的调节控制能力，预见自身活动所必然带来的近的和远的自然影响和社会影响，随时对自身行为作出控制和调节。

21世纪将是生态文明的世纪，这是社会历史发展的必然趋势。首先，生态文明是人类对工业文明造成生态危机，从而危及人类生存的深刻反思的结果。这是人类社会孕育着生态文明的内在因素和必要条件。其次，生产力的发展，特别是高科技的发展，使人类能够更加充分地发挥主观能动性，为生态文明的实现提供了可能和内在充分条件。最后，随着人类生态文明意识的不断提高和科学技术的不断发展，生态文明必将不断地向纵深发展，成为人类社会文明的主导（图1.10）。

无数惨痛教训，使人类开始认识到，人与自然的关系不应是单纯的索取，人类为自身的生存和发展也必须注意合理地利用资源、保护生态。自然界为人类的生存发展提供了宝贵的自然财富和生存条件，人类在社会经济发展中也受到自然规律的支配和约束，人类只有尊重自然，建立与自然长期和谐共处的关系，才能使人类的文明得以延续和发展。

图 1.10　生态文明是历史发展的必然趋势（林逸摄）

　　未来社会文明的发展不仅表现在科学技术和经济发展水平的提高上，也将体现在人及其生产的物质产品与自然的关系上。在工业化进程中，物质生产技术高速发展，特别是在机械化的大批量生产中，人们关注的是产品的物质功能，而产品的生态功能则被忽视了。可持续发展认为这样的产品是不完善的，是以人为核心的物质生产和消费观，是不利于人类社会经济与自然和谐发展的生产和消费模式。从可持续发展的角度，未来人类的价值观必然要从以人为核心的价值取向转移到人、社会和生态协调发展的价值取向上。因而，人对物质产品的追求和消费将不仅以其价值和使用价值作为衡量标准，还要考虑物质产品的生产和消费是否符合生态保护、有利于自然资源的合理利用。

四、美丽生态的理论基础

　　美丽生态，从其字面含义来看，美学、生态学无疑是基础的理论，美学理论包括了自然美，认为自然的就是美的，生态学理论则扩大了美的体验，认为符合生态学原理的就是美的。美学与生态学相嫁接形成了生态美学，进一步深化了美丽生态的认识。而建设美丽生态、发展生态美学，又离不开生态价值观、生态伦理观、生态道德观、生态哲学观的普及与推广。

（一）美丽生态的思想渊源

1. 天人合一，天人和睦的和谐社会

在中华传统文化中，人与自然环境的关系被普遍确认为"天人关系"，这个与生态环境保护紧密联系的哲学命题，各家学说多有论述，其中以道释儒三家最为丰富精辟。道释儒的生态智慧产生于遥远的古代，却具有跨越时代的价值，道释儒三家一系列关于尊重生命、保护生态环境的智慧，为我们今天建设生态文明提供了不可多得的思想来源。

道家首倡"道法自然"的天人关系。老子首倡"道法自然"的天人合一思想。道家理论创始人老子在 2600 多年前，为世人留下了一部主导中国文化哲学发展方向的旷世佳作《道德经》。老子在《道德经》中说："人法地，地法天，天法道，道法自然"，第一次提出人与自然的关系以及如何处理人与自然之间的关系的朴素观念，是世界上最早提出生态思想的。《庄子·齐物论》更鲜明地提出"天地与我并生，而万物与我为一"；《庄子·秋水》则认为，"以道观之，物无贵贱"。这些都明确地表达了道家对人与自然平等关系的看法，反对人类凌驾于自然界，主张以道观物，以达到天人和谐。道教继承了道家思想，以《道德经》为最高教义。道教徒的聚集场所不叫寺，也不叫庙，而叫观，意为观察研究自然，也有仰望崇敬自然之意（图 1.11）。

图 1.11 江西龙虎山是道教观察研究自然之地（林逸摄）

道家主张人类要尊重自然，凡事都应顺应自然，在人类活动中尽可能少一些人为因素。《老子》提出："道大，天大，地大，人亦大。域中有四大，而人居其一焉。"说明在道大、天大、地大、人大等宇宙四大的顺序中，道最大，是大中之大。老子要人们发挥主体能动作用，有效地控制自己的行为欲求，不能一味追求自己欲望的满足而过度开发利用资源。道家认为，要使人保持人与自然和谐相处而不违反自然规律，必须做到知足不辱、知止不殆。老子强调："祸莫大于不知足，咎莫大于欲得，故知足之足，常足矣。"庄子也主张"常固自然"、"不以人动天"，使自己的欲望顺应自然法则，以保持人与自然的和谐统一（陈应发，2014）。

儒家倡导"善待自然"的天人伦理。儒家是中国传统文化的主流。儒家生态伦理学思想也很丰富，但与道家的出发点却完全不一样，道家认为要尊重自然、顺其自然、道法自然，是从天谈人，着重从自然的视角来论述天人关系，实现"天人合一"的方式是主动的。而儒家则是注重人的德性，强调人的礼仪，要求人们善待自然、善待万物，是从人谈天，从人的角度来阐述人天关系，"善待自然"的行为虽然也达到了"天人合一"的目标，但实现方式却是被动的。儒道二家的角度虽不同，却异曲同工地肯定天与人的联系，注重人与自然和谐。

儒家的核心思想是德性，主张以仁爱之心对待自然，客观上达到了人与自然界的和谐统一和效果。所谓"天地变化，圣人效之"，"与天地相似，故不违"，"知周乎万物，而道济天下，故不过"。儒家认为，"仁者以天地万物为一体"，一荣俱荣，一损俱损。孟子最早意识到破坏山林资源可能带来的不良生态后果，并概括提炼出一个具有普遍意义的生态学法则：物养互相长消的法则。儒家还看到山林树木作为鸟兽栖息地的价值，"山林者，鸟兽之居也"，认为"山林茂而禽兽归之"、"树成荫而众鸟息焉"，反之，"山林险则鸟兽去之"。儒家对山林和鸟兽的生态关联形成了这样一个共识："养长时，则六畜育，杀生时，则草木殖。"儒家还看到树木能净化环境、补充自身营养，提出"树落粪本"的思想。不仅如此，儒家更为注重山林对人类的价值，提出"斧斤以时入山林，林木不可胜用也"儒家的这些主张尽管是从政治和经济的角度考虑，但客观上使生物得以保护和永续利用，促进了自然保护。

佛家"众生平等"的天人关系。佛家来源于西域，后来逐步融入了中国传统文化。佛家生态伦理学思想也很丰富，但与道家的出发点也是完全不一样的，道家认为自然界万事万物不分高低贵贱，人类社会也没有高低等级之分，人类只不过是自然界的一部分，人们的行为要尊重自然、顺其自然、道法自然，是从尊重自然、敬畏自然的视角来论述天人关系，实现"天人合一"。而佛家则是注重"众生平等"，强调人与鸡鸭、花草等生命都是平等的，是从平等的视角来阐述天人关系，以达到了"天人合一"的目标。但值得指出的是，佛家追求"众生平等"，本质是人与猪狗等异类的平等，对人类社会高低贵贱现象，用"前世积德"来解释，采取忍耐、行善等方式来对待，客观上达到了维护皇权等级制的效果。也正因为如，佛家在唐朝传入中国后，立即受到了皇权的青睐，并得以迅速发展（图1.12）。

图 1.12　佛家普渡众生之地龙泉寺（林逸摄）

　　在中国传统文化中，关于尊重生命的思想表述得最为完整的是佛教禅学。在生态问题上，佛教认为，宇宙本身是一个巨大的生命之法的体系，无论是无生命物、生物还是人，都存在于这个体系之内，生物和人的生命只不过是宇宙生命的个体化和个性化的表现。在佛教理论中，人与自然之间没有明显界限，生命与环境是不可分割的一个整体。佛教提出"依正不二"，即生命之体与自然环境是一个密不可分的有机整体。佛教主张善待万物和尊重生命，并集中表现在普度众生的慈悲情怀上。佛教教导人们要对所有生命大慈大悲。所有生命都是宝贵的，都应给以保护和珍惜，不可随意杀生。佛教中"不杀生"的戒律乃是约束佛教徒的第一大戒。在今天看来，佛教信仰虽然带有宗教神秘的内容，不能从根本上解决人类保护生物的问题，但它所表现出来的对生命的尊重和关爱，对于我们今天更好地保护生态环境显然有其积极的意义。

　　道家"天人合一"思想的真理性。中国文化和哲学的核心是"天人合一"思想及其哲学思辨，诸子百家"天人合一"思想的内涵都比较丰富。但秦汉以后，墨家和法家消亡，兵家名存实亡，道家在苦苦支撑，唯有适时吹捧"君权天授"、"替天行道"的儒家，受到了皇权的青睐而成为中国主流文化。但儒家的"天人合一"思想是虚伪的，因为儒家说的天道并不是真正的天道，而三纲五常之道，是宗法礼节之道，非自然规律，儒家说的"人道服从天道"，其目的是维护纲常礼节，是独尊人伦小道，为皇权等级制服务。在中国历史上，唯有道家历经劫难，自始至终坚持"天人合一"、"道法自然"、"尊道贵德"等思想，实在难能可贵。

2. 道德合一，尊道贵德的道德社会

　　中国具有 5000 年文明史，素有"道德之邦"、"礼仪之邦"之称，中国人也以其讲道德、重风貌而著称于世。从中国文化的脉络看，道与德是有不同含义的。道者，本指自然规律，是天地之道，而德则是人类的行为规范，是人伦之道。老子的《道德经》，可谓是集中国道德文化之大成，是中国道德文化的圣经。《道德经》81章分为两大部分，1～37章为道经，讲述道的理论，道是指天道，是世界万物运动普遍规律；38～81章为德经，德是指人道，是人类行为伦理的规范。因此，《道德经》是一部天人关系著作，也是一部道德文化的圣典。

天人合一，缺少本体论思想。天人合一，是中国传统文化的一个基本信仰，但天人合一，并没有明确说明谁大谁小、谁本谁末的本体论问题。天人合一大意是天人互相影响，强调人与自然的统一，实现人和自然的和谐发展。季羡林先生对其解释为：天，就是大自然；人，就是人类；天人合一，就是互相理解，结成友谊。

老子是本体论大师，老子首次从哲学本体论的角度，来看待"天人关系"，强调在天道与人道关系中，天道是本体、本根、本底，人道要无条件服从天道，首次明确提出了"天道决定人道、人道服从天道"的文化定式。这一点几乎从老子《道德经》的每一个章节都能看出，老子惯用的一种表述形式是"先天道、后人道"。从道经与德经关系看，道经是德经的基础和本体，德经是应用道经的结论。可以说，《道德经》是一部依据天道的普遍规律，来指导人道行为的著作，其依据就是"天道决定人道、人道服从天道"哲学定式。图1.13为老子故里老君台。

图1.13　老子故里河南鹿邑老君台（林逸摄）

老子倡导的"尊道贵德"的人类行为的准则，也是现代生态哲学先驱。老子对"遵道贵德"思想的经典论述有：《老子》第21章曰："孔德之容，惟道是从"，意为大的道德形态，唯道是遵。《老子》第51章："是以万物莫不尊道而贵德。道之尊，德之贵，夫莫之命而常自然。"老子在《道德经》中反反复复地说明人类的行为为准则，告诫圣人统治者，最高、最大、最好、最善的德，就是尊道的行为。2008 年 10 月 20 日在河南省召开的老子国际文化节，其主题是"遵道贵德·和谐发展"。

儒家逐步形成了"存天理去人欲"的本体论思想。儒家是一种政教文化，先秦儒家仅局限在具体的仁义说教上，其鼓吹的君君臣臣、父父子子、夫夫妇妇等礼节，都只是一种自然关系，并没有上升到天道人道、天人合一的高度，这点从孔子弟子的言论可以得到证实。子贡曰："夫子之言性与天道，不可得而闻也"。曾子曰："夫子之道，忠恕而已矣。"可见，孔子罕言天道，偶尔说一句天道，还是指仁义说礼节（宫哲兵，2004）。

西汉大儒董仲舒一改孔子罕言天道的习惯，承继了道家"籍天道论人道"的理论框架和逻辑思维定式，通过对源自道家的阴阳五行、天人感应观念的系统阐释和发挥，提出"君权天授"、"替天行道"等思想，迎合了皇权的需要，取得了"废黜百家、独尊儒术"的地位，从此拉开了 2000 多年的文化专制。董仲舒新儒学为三纲五常等儒家的仁义制度觅得了"天道"上的宇宙论根据，这弥补了早期儒学体系哲学上的不足。但董仲舒学说的重点在天人感应论，天道论、人道论的论述不充分，儒家哲学本体论只能说有了个初步框架（汪高鑫，1997）。也正是由于董仲舒采纳了道家"推天道立人道"的本体论等思想，董仲舒新儒学到底归于道家还是儒家，成了近年来学术界争论的一大热点。

宋明时期的程朱道学才真正建立了儒家哲学本体论。程朱道学，顾名思义是对道家思想是发挥和扭曲。二程即程颢和程颐模仿道家的天道本体论，提出"天理论"，并牵强附会地将儒家的纲常礼节说成是天理；朱熹采用道家道生论提出"理一分殊"的思想，并把理无限抽象拔高，以达到把封建纲常道德也全纳入天道天理的目标，宣扬"存天理、去人欲"的反动思想，鼓吹"饿死事小，失节事大"。程朱理学还带有严重的防民、仇民倾向，甚至把"禁欲见理"作为政府工作的内容，以致丰年多有饿死人。

儒家从"孔子罕言天道"，到董仲舒提出天人感应，韩愈提出道统论，程朱提出天理论，儒家接受并发挥了道家"天道决定人道，人道顺从天道"的逻辑定式，提出"君权天授"的天道思想，也为儒家的纲常礼节找到本体论依据。但儒家的"天人关系"哲学是虚伪的，因为儒家倡导的天道天理就是三纲五常三从四德，并不是真的天道。更糟糕是，程朱道学鼓吹"存天理、去人欲"，把天理与人欲对立起来，这就不是"天人合一"了，而是"天人对立"。

法家提出了"因道制法"的本体论哲学。法家是最早接受道家"天道决定人道、人道服从天道"哲学思想，法家的核心思想是"因道制法"，法家的天道与道家类似，法家的人道就是法，法家的主要人物有申不害、慎到、商鞅等，他们提出了因天道而任法的思想。《黄老帛书·法经》曰："道生法"；《管子·心术上》曰："法出乎权，权出乎道"；《慎子》曰："因道全法、因道变法"；《韩非子·饰邪》说："以道为常，以法为本"。因道制法与尊道贵德，可谓异曲同工。由于法来源于道，因此法家的"天人关系"哲学思想与道家是异曲同工的。正因为如此，司马迁在《史记》多次认为法家应归于黄老道家。《史记·老子韩非列传》中说申不害："申子之学，本于黄老而主刑名"；说韩非："喜刑名法术之学，而其归本于黄老"。司马迁还有一段总结评语，他说："申子卑卑，施之于名实，韩子引绳墨，切事情，明是非，其极惨少恩，皆原于道德之意，而老子深远矣。"

墨家提倡"天道崇拜"的天人关系哲学。墨家在先秦诸子百家中与儒家、道家的地位相当的大家之一。《墨子》认为，这些人类社会的规范，都来自于天志与上帝，都服从于天志与上帝，这与道家天道决定人道的思想类似。但墨家天道论带有泛神论的色彩，使得其应用大打折扣。如墨子曰："老夫与儒家相悖，一生崇信天道鬼神，而且常常感到鬼神就在我们周围。"墨子又曰："天道悠远，人世苍茫。幽冥万物，人却识得几多？若天无心志，人无灵魂，何来世间善恶报应？"（朱偰，1984）

兵家提出"兵道在势"的天人关系哲学。兵家有自己的人道论，称为兵道。孙子认为，兵道为"安国全军之道"，是治军用兵的原则。《孙子兵法》的核心思想是因势、顺势、利势，这里势指国内外大势，也是局部的战场形势。可见，兵家的势与道家的道相似。正因为如此，老子在《道德经》中从未说过用兵之道，但历代兵家都尊老子及其《道德经》为始祖。世纪伟人毛泽东说："老子的《道德经》是一部兵书"。百学大师郭沫若也说："《道德经》是一部政治哲学著作，又是一部兵书"（郭沫若，1979）。

老子首创天人关系本体论。老子是本体论大师，老子首创中国也是世界哲学本体论。老子《道德经》开篇即曰"道可道，非常道"，老子之道，不是常道，不是道路、说话等常规之道，而是自然道、天道和人道，这样老子之道就摆脱了形而下的色彩，成为哲学意义上的道。更为重要的是，老子首倡"天道决定人道，人道服从天道"的伦理学，指出天道是人类行为的本体、本根、本底、根据，人的行为要服从天道，要道法自然，要尊道贵德，建立了天道决定人道的本体论（陈应发，2014）。

中国哲学史学会会长张岱年在《中国哲学大纲》中说："老子的道论是中国哲学本体论的开始，这是确然无疑的"；"在中国哲学本体论的发展过程中，道家学说居于主导地位"。哲学大师胡适说："老子是中国哲学的鼻祖，是中国哲学史上第一位真正的哲学家"（胡适，1991）。鲁迅对道家文化却情有独钟，他说："不读《老子》一书，就不知中国文化。""中国根底全在道教"。英国著名史学家阿诺德·汤因比，在其《人类与大地母亲》书中说："在人类生存的任何地方，道家都是最早的一种哲学"（汤因比，2002）。其他学者也都从不同的角度，阐述了道家的本体论贡献，如郭沫若的垄断论、宫哲兵的主题论、陈鼓应的主干说、熊春锦的绝学说、萧焜焘的圣书论、许地山的唯道论、孙以楷的根基论等，以及西方学者谢林的深层论、李约瑟根系论、黑格尔的普遍论等。

老子提出的"天道决定人道，人道服从天道"思想，已成为中华民族不需论证的逻辑定式。遵道顺道，是中国人的指导思想，也是自发行为的准则，还是价值评判的标准。中国历代帝王，无论是昏君还是明君，都自诩为天子，高唱君权天授，是替天行道。2008年北京奥运会开幕式，国人向世界展示历代皇帝祭祀的口号"朝闻道，夕可死"，表明中国人愿意为求道、得道而殉道。顺天道、立人道，这种先入为主文化公设深深地影响了历史上每一个中国人，即使生活在今天的人们，我们的举手投足仍然带着春秋战国时代的历史气息。香港、澳门历经百年殖民统治，其文化仍不失中华特色。

3. 天下大同，天下为公的大同社会

中国的天下大同思想，源于原始氏族社会，其核心是原始共产主义。

天下为公，世界大同，这是千百年来中国人民为之不懈奋斗的理想和信念，是我们魂牵梦绕的精神家园。大同是中国古代对理想社会的一种称谓，相当于西方的"乌托邦"，大同思想，也就是中国的乌托邦思想。大同思想源远流长，春秋末到秦汉之际，中国古代社会制度发生剧烈变动，在这样一个新制度产生的分娩阵痛时期，产生出各种各样的关于理想社会的设计：农家的"并耕而食"理想，道家的"小国寡民"理想和儒家的"大同"理想，是这一时期大同思想的三种主要类型。

道家大同社会，小国寡民的部落社会。道家的大同社会，就是"小国寡民"原始部落社会。中国道家学派的创始人，老子则设计了一幅没有欺压、人人平等、人人劳动的自然共产主义的大同社会。《道德经》第 80 章曰："小国寡民"。"甘其食，美其服，安其居，乐其俗。邻国相望，鸡犬之声相闻，民至老死，不相往来"。道家"小国寡民"的理想，是把人类分成许多互相隔绝的"小国"，每一个小国的人民都从事着极端落后的农业生产以维持生存，废弃文字，尽量不使用工具，人人满足于简陋低下的生活而不求改进；同外部世界断绝一切联系，即使对"鸡犬相闻"的"邻国"（实际上是邻村），也"老死不相往来"，而舟车等交通工具是根本用不着的。道家的"小国寡民"理想，实际上是一种历史倒退的幻想，是向原始共产主义的倒退。

老子小国寡民的大同社会，深受中国知识分子的青睐，世外桃源理想正是这种思潮的反映。在东方，世外桃源是一个人间生活理想境界的代名词，相当于西方的极乐世界或者天堂。千百年来，完美主义者无不苦苦追寻、刻意营造自己想象中的"世外桃源"。

儒家大同社会，天下为共的原始共产主义。儒家的大同社会，是以孔孟之道为代表的古典空想共产主义，其特征为以"安贫乐道"、"均平寡安"为标志。儒家的大同理想比农家、道家的理想更详尽，更完整，也更美好，更具有诱人的力量。因此，它在中国思想史上也有更大、更深远的影响。儒家大同理想是在《礼记》的《礼运》篇中提出来的。《礼记·礼运》说："大道之行也，天下为公，选贤与能，讲信修睦。故人不独亲其亲，不独子其子，使老有所终，壮有所用，幼有所长，矜寡孤独废疾者，皆有所养。男有分，女有归。货恶其弃于地也，不必藏于己；力恶其不出于身也，不必为己。是故谋闭而不兴，盗窃乱贼而不作，故外户而不闭，是谓大同。"

儒家追求的最高境界是"天下大同"，这是天道精神的体现。天下归一，天下大同是孔子的理想，他讲"四海之内皆兄弟也"，中华民族应该亲如一家，情同手足。"大同"也是儒家"仁"的最终归途。理解"大道之行也，天下为公"的关键是文中"公"字，按照东汉经学家郑玄的解释，"公"即是"共"的意思。"天下为公"，也即天下是全天下人共有的天下。

近代思想家康有为的《大同书》，也提出"人人相亲，人人平等，天下为公"的理

想社会。《大同书》认为"总诸苦之根源，皆因九界而已"，世间苦难源自九界，即国界、级界、种界、形界、家界、产界、乱界、类界、苦界。只要去掉这九界，即可以使人类乃至众生到达美好的"大同"世界。《大同书》描绘的"大同"社会的蓝图大致是：去掉了"国界"，军队和监狱都不存在了，全地球合成一个公政府，管理公共生产事业和人们的物质文化生活；消灭了"级界"，没有等级之分，也无种族之别，男女各自独立，全世界人类尽为平等；"家界"也毁灭了，男女"婚姻之事不复名为夫妇"，儿女由公政府抚养，人们生老病死之事，"皆政府治之"；农、工、商皆归于公，人人劳动，生产力高度发展，人们过着美好的物质生活，文教也很发达，人人有高度的文化教养和道德修养，社会风气优良（图1.14）。

图1.14　康有为《大同书》与孙文天下为公信仰（陈应发图）

中国革命的先行者孙中山先生，毕生以"天下为公"作为自己的思想信念。孙中山领导辛亥革命，正是要结束这种"天下为私"的不合理状况。孙中山大力提倡"天下为公"，自己首先身体力行，以国民公仆为己任。孙中山先生一生中曾多次题书"天下为公"四字。天下是大家共有的，所以与每个人都是息息相关的，所谓天下兴亡，匹夫有责，既然关系到每个人的切身利益，所以这一口号才有巨大的号召力。

农家大同社会，并耕而食的公平社会。农家是先秦诸子百家中注重农业生产的学派，吕思勉先生在其《先秦学术概论》中把农家分为两派：一是"言种树之事"，用今天的话说叫技术派，二是"关涉政治"，是以农治国的政治派。农家主要代表人物就是许行，他是战国时楚国人。据《汉书·艺文志》记载，农家著作原有《神农》二十篇、《野老》十七篇、《宰氏》十七篇、《董安国》十六篇、《尹都尉》十四篇、《赵氏》五篇等等，但现在均已散失。虽然农家没有一部著作能保存下来，但他们的思想还可见于《管子·地员》、《吕氏春秋》、《荀子》、《孟子》等书中。《孟子·滕文公上》记载许行的话说："贤者与民并耕而食，饔飧而治。"大致意思是说，"贤人治国者应该和老百姓一道耕种而食，一道亲自做饭。"

总的来说，农家思想的政治主张是一种小生产者的乌托邦。"并耕而食"的理想是人人劳动，没有剥削；社会生产基本上以自给自足的农业为主，但存在若干独立的手工业，并进行着农业和手工业产品之间的交换，交换按等价原则进行，没有商业欺诈；不存在脑力劳动和体力劳动之间的分工，不存在专业的脑力劳动者，连君主也和人民"并耕而食"。农家的这种理想，实质上是农民小生产者对自己落后的经济地位的理想化。

4. 生态社会主义，生态化的社会主义

生态社会主义（eco-socialism）也称生态马克思主义。生态社会主义产生于20世纪70年代，是西方生态运动和社会主义思潮相结合的产物，是当今世界十大马克思主义流派之一。在西方形形色色的生态理论当中，生态社会主义独树一帜，试图把生态学同马克思主义结合在一起，以马克思主义理论解释当代环境危机，从而为克服人类生存困境寻找一条既能消除生态危机，又能实现社会主义的新道路。

20世纪80年代，人们对生态环境问题的思索超越了生态学范围，生态运动成为集环保、和平、女权于一体的全球性政治运动。生态运动所提倡的基层性民主、生产资料的共同所有、生产是为社会需要而不仅是为了市场利润、结果的平等、社会与环境公平、人与自然和谐等主张，给一些左翼学者重要启发。他们批判地吸收了环境主义、生态主义、生态伦理、后现代主义等生态理论，把生态危机的根源归结于资本主义制度本身，试图用马克思主义来引导生态运动，为社会主义寻找新的出路。

生态马克思主义的代表人物有法国学者安德烈·高兹（存在主义哲学家让-保尔·萨特的门徒）、美国学者威廉·莱易斯、加拿大学者本·阿格尔以及德国学者瑞尼尔·格伦德曼、英国学者戴维·佩珀等。他们旗帜鲜明地主张用马克思主义透视绿色理论，不遗余力地促进马克思主义与生态学的结合，并且发动了影响深远的左翼生态运动（张时佳，2009）。

戴维·佩珀所著的《生态社会主义——从深生态学到社会正义》一书，在吸收马克思、莫里斯、克鲁泡特金和无政府–工联主义思想的基础上，对推动绿色政治和环境运动前进的且富于挑战性的人类中心主义进行了分析。通过确立一种激进生态社会主义的构成要素，作者批驳了生物中心主义以及过分简单化的经济增长极限与人口过多等观点，同时也批判了后现代政治和深生态学的绿色方法中的缺陷和矛盾（戴维·佩珀，2012）。

安德烈·高兹长期研究生态运动与政治斗争的关系。在《作为政治学的生态学》（1951）、《生态学与自由》（1977）等著作中，他从政治生态学的角度批判当代资本主义，提出资本主义存在着经济合理性——追求利润的最大化，包括生产效率、需求和消费的最大化与生态合理性——追求生态利益的最大化，包括劳动量和消费量更少而生活福利更好的矛盾，最终的结果往往是前者取代后者。

威廉·莱易斯在其代表作《自然的控制》（1972）与《满足的极限》（1976）中，阐述生态马克思主义的基本观点，初步奠定生态马克思主义的理论框架。在《自然的控制》一书中，他把人类控制或统治自然的根源追溯到古代基督教关于"在神之下，人是万物的主宰"。在叙说人类中心主义这一人本传统及其演变的基础上，他深刻地指出，人类加强对自然的控制，不是转移或削弱对自身的统治，恰恰是加剧对自身的统治。人类依靠科技手段实现对自然的控制，反过来遭到自然的反抗和报复，遭遇异化的命运。这就是生态危机的爆发。

本·阿格尔在《西方马克思主义概论》（1978）这部著作中，正式宣告生态学马克思主义的诞生。他认为，应该从马克思关于资本主义生产本质的见解出发，努力揭示生产、消费、人的需求与商品环境之间的关系，但同时要超越马克思关于工业资本主义生产领域的危机理论。在资本主义国家，今天的危机趋势已经从生产领域转向消费领域，亦即由生态危机取代经济危机。因此，要建立新的生态危机理论——生态马克思主义。马克思的传统理论没有充分分析资本主义的消费领域，所认识的资本主义生产领域及其经济危机又远离当代资本主义更富有弹性的现实。

进入 20 世纪 90 年代，生态马克思主义形成生态社会主义理论。最著名的代表人物是《马克思主义与生态学》（1991）一书的作者——德国的瑞尼尔·格伦德曼和英国的戴维·佩珀。他们号召人们努力实现生态社会主义，认为生态社会主义是人类意识自然的理性社会，是人类调控自身命运的自主社会，同时也是否定资本主义生产方式、否定发达国家把生态危机转嫁给不发达国家即反对生态殖民主义的进步社会。作为最适合人类生存的社会制度，生态社会主义"解决全球生态问题的根本途径是节制资本主义国家的生产和消费，而这是资本主义做不到也不愿意做到的"（陈学明，2000）。

美国社会生态学家、激进政治经济学的代表人物之一的詹姆斯·奥康纳，是美国当代生态学马克思主义的领军人物，他近年发表的《自然的理由——生态学马克思主义研究》一书，是当代西方生态学马克思主义的又一学术力作（图 1.15）。奥康纳指出："当今世界经济的主要轮廓几乎可以从马克思的经典文本所凸显出来的理论视域中被解读出来，"在奥康纳看来，经典马克思主义虽然存在"生态感受性"的缺失，但的确存在生态学视角的理论基因。针对有的学者攻击马克思和恩格斯在生态学问题上的人类中心主义，奥康纳辩解说，马克思"在关于社会的观点中包含有人类不再异化于自然界，人类对自然界的利用不再建立在资本积累逻辑的基础上，而是一方面以个人和社会的需要，另一方面以我们今天所谓的生态学的理性生产为直接基础"。

生态马克思主义是当代马克思主义的重要流派。它盛行于西方发达资本主义国家而不衰，是因为能够在一定程度上表达马克思主义解决人与自然问题的发展路向。它的人道主义的研究取向、"生态合理性"的分析框架与"经济–社会–生态"相统一的解释范式，为人们理解和预测未来的社会主义社会提供了重要的理论视域。它所倡导的生态社会主义运动，为人们改造现存社会、重建生活家园提供了行动指南。它激烈地批判资产阶级的唯生产力论，批评生态帝国主义和生态殖民主义，主张实行"稳态经济"，力求

图 1.15　奥康纳著《自然的理由：生态学马克思主义研究》（陈应发图）

消除"异化消费"，提倡"绿色工作道德"、"非暴力"政策和"更少地劳动、更好地生活"的新生活方式等。在西方国家的政治生活中，它必将产生越来越大的影响。在现实的新社会生活运动——生态环境保护运动中，它正在发挥越来越大的"示范"作用。它所具有的重要实践意义表明，生态马克思主义结束了西方马克思主义纯哲学的研究方式，已经切实地融入到现实生活中来。

5. 绿党政治运动，追求绿色的美丽国家

20 世纪 60 年代后期，在欧美国家出现了声势浩大的学生造反运动、和平运动、环境保护运动。在此基础上，"自然之友"、"峰峦俱乐部"、"绿色和平组织"、"世界卫士"、"布仑特兰委员会"等非政府组织蓬勃发展，推动着作为国际社会一种市民运动的"绿色政治运动"的发展，其影响日益深入，并渗透至社会的每一角落，形成所谓"绿色政治化"的局面。

国际各种非政府组织和非政府间的国际组织，如绿色和平组织，在推动国内、国际政治的"绿化"，促进建立人与自然和谐相处的发展战略与生产生活方式方面，起了积极的作用。绿色运动更是与妇女运动、和平反核运动相呼应，致力于推动建立一个平等、和谐、安全的社会。

全球的绿色革命，引起绿党作为一种政治力量在全球的崛起。从 20 世纪 70 年代开始，特别是进入 80 年代以来，在西方发达资本主义国家兴起了一种新的群众运动——绿色运动，与此相适应，也兴起了一种新的政治组织——绿党。绿党的 4 个基本主张：生态永继、草根民主、社会正义、世界和平。绿党提出"生态优先"、非暴力、基层民主、反核原则等政治主张。绿党积极参政议政，开展环境保护活动，对全球的环境保护运动具有积极的推动作用。

绿党是在 20 世纪才开始在欧洲扩散，最著名的就是德国绿党，欧洲大部分的国家都有绿党。除了欧洲之外，已经成立绿党的有新西兰、澳大利亚、北美、非洲。全球的绿党都有一个特性，就是他们提倡生态的永继生存及社会正义。这使得绿党明显地与传统的资本主义派大不相同。另一个值得注意的特性是绿党是由社会运动的行动者组成的，他们代表了政治上的弱势团体或是少数族群。简而言之，绿党是社会运动者的政治延伸。

（二）美学理论

美，是一种令人愉快的感觉体验，这从"羊大为美"的美字本义"味美"中可见一斑。享有"美学之父"德国人鲍姆嘉通在《美学》一书中说，美学是研究感性认识的科学（鲍姆嘉，1987）。哲学大师黑格尔在其巨著《美学》中也曾说，美学"比较精确的定义正是研究感觉和感受的科学"（黑格尔，1979）。康德在《逻辑学讲义》中给出的定义是：一是属于某种感觉；二是普遍令人愉快（康德，1990）。

自然美是美学研究的重要内容之一。在传统美学中，依据审美对象，人们通常把美学分为三大类：自然美、社会美、艺术美，也有研究将自然美和社会美合称现实美。自然美的形式胜于内容，社会美的内容重于形式，艺术美则要求内容与形式的统一。什么是自然美，在美学史上对这个问题有过激烈争论，至今仍未完全统一。自然美可分为两种形态：一种是经过人们直接加工改造过的自然，实际上是"人化的自然美"，一种是没有经过人们直接加工改造过的自然美，是纯自然的美（王晓萍，1987）。

1. 美的由来：羊大为美

关于美字的由来，后汉许慎在《说文解字》中解释为"羊大则美"。羊大之所以为"美"，则是由于其好吃之故："美，甘也。从羊从大，羊在六畜，主给膳也。"（图 1.16）羊确与马、犬、牛不同，它主要是供人食用的。《说文解字》对"甘"的解释也是："甘，美也。从口含一。"羊以品质优良而成为中国先民欲与上天沟通之使者，中国古代祭礼中，羊乃不可或缺之祭品。商周青铜器中，以羊为造型或纹饰者甚众，其时还有专事掌管羊牲之官员即"羊人"。"好吃"为"美"几乎成为千百年来相沿袭用的说法，就是在今天的语言中也仍有遗留，吃到美味东西，称赞曰："美！"

美的引申，国大为美。汉字是黄帝命史官仓颉发明的，不是民间自发形成的。而造字者总是从统治者的观点出发造字。"美"是帝王面对江山和人民发出的观感。帝王把自己比作牧羊人，把人民比作羊群。古代以九州之长为"牧"，"牧"是管理人民之意。东汉灵帝时，为镇压农民起义，再设州牧，并提高其地位，居郡守之上，掌一州之军政大权。如汉末刘表为荆州牧，袁绍为冀州牧。正因为人民生活在土地之上，所以代表人

图 1.16　甲骨文羊大为美

民的"羊"写在代表疆土的"大"上面。可见，对帝王来说，国大为美。古代帝王喜欢把治国与烹调相比拟，有所谓"治大国若烹小鲜"。

2. 美的本义：愉快的感觉

美是什么？每一个人心中都有自已的概念。但几千年来，没有一位美学家、哲学家、评论家能够提出一个让大多数人认同的定义。从表层看，美是指好看、漂亮、舒服等感觉，即在比例、布局、风度、颜色、声音等方面接近完美和理想境界，使人的各种感官产生愉悦。

在古希腊就对人类的心理功能进行了知、情、意三分，这种分类方式沿用至今。其中，"认知"的方面受到了最大程度的关注，在古希腊就创立了逻辑学对其专门进行研究，同样，研究"意志"方面的伦理学也已在古希腊出现，而研究"情感"的美学却姗姗来迟。直至 18 世纪的德国，在莱布尼茨–沃尔夫的理性主义哲学的影响下，美学问题才第一次被置于哲学体系的有机构成中加以考察。终于，沃尔夫的门徒鲍姆嘉通，以一名哲人的洞识与勇气，提出了美学学科的建立。鲍姆嘉通在 1735 年的博士学位论文《诗的感想》中，最早应用了"美学"（Aesthetic）一词："可理解的事物"是通过高级认知能力作为逻辑学的对象去把握的；"可感知的事物"（是通过低级的认知能力）作为知觉的科学或"感性学"（美学）的对象来感知的（鲍姆嘉，1987）。

美学，研究感性认识的科学。美学的拉丁语为"Aesthetic"，意为"感性学"。即希腊语的 Asthetik，源出 aisthetikos，意指感知、感觉。鲍姆嘉通在《美学》导论部分的开篇，开宗明义地对美学这门学科进行了界定："美学作为自由艺术的理论、低级认识论、美的思维的艺术和与理性类似的思维的艺术是感性认识的科学。"在此，鲍姆嘉通对美学下了一个总体的定义，即美学是研究感性认识的科学。鲍姆嘉通《美学（*Aesthetica*）》一书的出版，标志了美学作为一门独立学科的产生。因此，人们把鲍姆嘉通尊崇为"美学之父"（鲍姆嘉，1987）。

哲学大师黑格尔在其巨著《美学》中也曾说，美学"比较精确的定义正是研究感觉和感受的科学"，并强调说"我们把美的概念称为理念，意思是说，美本身应该理解为理念，而且应理解为一种确定形式的理念，即理想"（黑格尔，1979）。康德在《逻辑学讲义》中给出的定义是：一是属于某种感觉；二是普遍令人愉快（康德，1990）。

美学是研究人与世界审美关系的一门学科，即美学研究的对象是审美活动。审美活动是人的一种以意象世界为对象的人生体验活动，是人类的一种精神文化活动。美学属哲学二级学科，要学好美学需要扎实的哲学功底与艺术涵养。美学既是一门思辨的学科，又是一门感性的学科。美学与文艺学、心理学、语言学、人类学、神话学等有着紧密联系。

美学作为独立的学科，是从1750年鲍姆加登出版的《美学》一书开始的，但它的产生建立在自古希腊以来历代思想家关于美的理论探讨的基础上。西方美学的历史是从柏拉图开始的。尽管在柏拉图之前，毕达哥拉斯等人已经开始讨论美学问题，但柏拉图是第一个从哲学思辨的高度讨论美学问题的哲学家。

在中国，先秦是中国古典美学发展的一个黄金时代。老子、孔子、庄子的美学奠定了中国古典美学的发展方向。但中国美学的真正起点是老子。老子提出和阐发的一系列概念，如"道""气""象""无""虚""实""虚静""玄鉴"等等，对中国古典美学产生了极为重大的影响。中国古典美学的元气论、意象说、意境说等，都发源于老子的哲学。在当代，美学在人文学科当中地位日益凸显，审美体验的意象性特征被认为在应对现代人类文明的危机当中，具有一定的价值与意义。同时，美学在中国近现代历次启蒙运动中的作用也不容小觑。

中国学家李泽厚在《美的历程》一书中认为，"美作为理性与感性、形式与内容、真与善、合规律性与合目的性的统一"，将中国历史审美分为"龙飞凤舞""青铜饕餮""先秦理性精神""楚汉浪漫主义""魏晋风度""佛陀世容""盛唐之音""韵外之致""宋元山水意境""明清文艺思潮"十大部分，再现了古代中国人的审美心理结构，对审美风格、审美意境、审美理想有崭新的认识（李泽厚，1982）。

3. 美的分类：自然美、社会美和艺术美

在日常的学习、工作、劳动、生活的环境里，到处都有可供审美的对象。在传统美学中，依据审美对象，人们通常把美学分为三大类：自然美、社会美、艺术美，也有研究将自然美和社会美合称现实美。自然美的形式胜于内容，社会美的内容重于形式，艺术美则要求内容与形式的统一。

自然美，自然事物的美。什么是自然美，在美学史上对这个问题有过激烈争论，迄今仍未完全统一。大自然是存在着客观美的，而这种美又是同人类改造自然的劳动、实践及其成果分不开的。自然美可分为两种形态：一种是经过人们直接加工、改造过的自然，如绿色的田野，葱郁的人工森林，静如平镜的水库，别有洞天的苏州园林，经过驯

养并能演出的动物等等，这些自然物都会引起人们的审美兴趣，给人们带来美感，它们实际上是"人化的自然"，已经积淀了一定的社会内容（图1.17）。一种是没有经过人们直接加工、改造过的自然美，大自然给人提供了无限广阔的审美领域，如日月星辰、朝阳晚霞、春花秋月、长河落日等，都是自然美。大自然以其美景秀色，能给人以多方面的精神享受，自然美具有巨大的感染力量（王晓萍，1987）。

图1.17　人化自然美的乡村（林逸摄）

社会美，社会生活中的美。经常表现为各种积极肯定的生活形象，包括人物、事件、场景、某些劳动过程和劳动产品等的审美形态，是社会实践的直接体现。社会美和社会发展的规律、社会理想有着紧密联系。社会美侧重于内容，这是社会美的一个主要特征，常说的心灵美、性格美、内在美都是强调人的内在品质。

艺术美，艺术形象的美。艺术美是指各种建筑、雕塑、工艺、舞蹈、绘画、书法、文学戏剧等，它是社会存在的集中反映，是内容美和形式美的统一，塑美和审美的统一。它不仅显示自然和社会的美，而且表现了艺术家的心灵美。

4. 美的表现：形式美和内容美

任何事物的美都是由一定的内容和形式结合而成的。没有内容的形式和没有形式的内容都不可能产生美。美的内容和形式的关系如何，是西方美学常争论的问题之一。中国古典美学对此早就有所发现。先看孔子的"文质论"。《论语·雍也》曰："质胜文则野，文胜质则史。文质彬彬，然后君子。"孔子大意是说，本质朴胜于文饰就会显得野；

文饰采胜于本质就会显得史。文质相符、彬彬有礼，然后才能成就君子（段新桂，1997）。

康德在《逻辑学讲义》中进一步分析美的特征构成，则得出两种美的概念：形式美和内容美。前者通过简单直观的"部分"直接合成"整体"，并使"部分"之间和谐一致，使形成的"整体"具有美感。后者是"部分"以它本身用某种方式直接表象它所要呈现出与它在内涵上一致的并包涵它自身在内的"整体"，让这个"整体"在内容上直接与它的"部分"相一致，进而同时使得"部分"和"整体"具有美感，而且使这种美感异于形式美。因此，形式美也可称为感性美或纯粹美，因为它属于直观感受；内容美也可称知性美或深邃美，因为这种美是通过内在的内容表达出来的部分和整体的有机和谐（康德，1990）。

形式美是自然、社会和艺术中各种感性形式因素（色彩、线条、形体和声音等）的有规律组合所显现出来的审美特性。指构成事物的物质材料的自然属性及其组合规律（如整齐一律、节奏与韵律等）所呈现出来的审美特性。形式美是在人类长期的生产劳动实践，包括审美创造和审美欣赏活动基础上形成并发展起来的。形式美是历史文化积淀的成果，是与人相关的。

内容美具有层次性。如欣赏美术作品的内容美包括两个层次：较浅的层次一般称为"题材"，指作品中所反映的现实生活及其意义；较深的层次一般称为"主题"，指作者对这些生活及其意义的理解、评价、态度和情感，它是更重要的内容美（图1.18）。

图 1.18　形式美与内容美的和谐统一（林逸摄）

5. 美的辩证法：物质美与精神美

从辩证法看，物质的对立面是精神，任何事物总是物质性与精神性的统一。美学也是如此，任何美的对象，总是物质美与精神美的统一。

我国美学家张竞生就在其著作《美的人生观》总论中说：美无间于物质与精神之区别。"物质美"与"精神美"彼此具有相当的价值，一种美的服装与一种云霓的色彩同样宝贵。人类对于美的满足，不在纯粹的精神美的领略，也不在纯粹的物质美的实受，乃在精神美与物质美两者组成的"混合体"上。当其美化时，物质中含有精神，精神中含有物质。

张竞生认为，就美的观念看起来，物质与精神不但是一致，并且是互相而至的因果。无肉即无灵，有灵也有肉。鄙视肉而重灵的固是梦呓，重肉而轻视灵的也属滑稽。因以美化为作用，则物质的必定精神化，而肉的必定灵化，故人们所接触的肉，自然无些"土气息、泥滋味"，而有无穷的美趣与无限的愉快了。一切既美化了，则精神的不怕变为物质，而灵的不怕变为肉。不但不怕，并且要精神的确确切切变为物质，灵的显显现现变成为肉，然后灵的始无空拟虚描的幻象，而精神上才有切实的慰藉（张竞生，2009）。

我们视物质美与精神美不是分开的，乃是拼作一个，即是从一个美中在两面观察上的不同而已。并且我们要把世俗所说的物质观看作精神观，又要把世人所说的精神观看作物质观。换句话说：在世人所谓肉的，在我们则看作灵；在他们所谓灵的，在我们反看作肉。实则，我们眼中并无所谓肉，更无所谓灵，只有一个美而已（张竞生，2009）。

在传统美学自然美、社会美、艺术美三大分类中，通常以形式美与内容美的统一来描述。如对人的审美，通常关注一个人外表的形式美和内在的内容美，对艺术品审美，则关注艺术品材料造型等形式美和包含的内容美。但随着美学朝经济、文化、教育等方向发展，人们开始用物质美与精神美来审美，如企业审美，不仅要关注厂房、生产线、产品等物质美，更要关注员工素质、企业文化等精神美。

6. 美的认识论：客观与主观

从认识论看，历史上关于美是主观与客观的争论仍在继续。概括起来，主要有四种：一是主观论，认为美是观念感觉，与客观事物的美丑无关；二是客观论自然说，强调美是客观的，是一种自然特征，可以脱离人而存在；三是客观论社会说，认为美是客观的，但也是社会性的，是实践的产物；四是主客观统一论，强调审美主体与客体的关系，认为美是客观方面的物性，与主观方面的意识相融合的结果。

主观美与客观美是相辅相成的。主观美是人所认可的理念的感性反映，所以从本质上讲，任何人所看到的美首先必定是主观美。一个人只有在一个事物中发现了他所认可的观念，他才能感觉到美。正因为如此，不同民族对于美的事物的看法存在着差异，而且同一民族在不同历史时期，对事物美的看法也存在着差异，甚至在同一民族的同一历史时期的不同个人对一个事物是美还是不美的看法也有差异。但从整个人类群体，整个人类历史发展的序列来看，只有那些符合客观美的定义的主观美，才是稳定的，才能真正地站住脚跟。主观美表面上好像在不断变化，但它的核心始终是客观美，它注定只能围绕着客观美变幻，而不能偏离太远。偏离客观美太远的主观美，注定会被消亡，会被抛弃。

主观美与客观美是有偏差。既然主观美是人所认可的理念的感性显现，而理念是可以被灌输的，那也意味着人对美的主观感受同样可以是被灌输的。也就是说只要你千方百计向一个人灌输某个理念，那么只要灌输成功，这个人也就会真的觉得体现这个理念的事物是美的，尽管在不认可这个理念的别人看来，可能这个事物相当丑陋。这也意味着，只要制造一个舆论环境，向其中的人灌输某个理念，那么在这个舆论环境中成长和生活的人，如果他没有自己强烈的个性，没有自己独立的见解，那么他也势必随众从俗，把一切体现这个被灌输的理念的事物当作是美的。这一点的正确性已从中国古人以落后的儒家文化为美中得到了证明。

中国现代的几位美学大家，如朱光潜、蔡仪、李泽厚等也相继为"美"下了自己的定义。蔡仪主张美是客观的，也就是认为自然本身就是美，不依赖于欣赏者而存在。朱光潜认为美是主观性与客观性的统一，认为美不全在于物，也不全在于心，而是二者的统一。而李泽厚认为美是客观性和社会性的统一，美要在一定的社会范畴中才能体现一定的审美价值。

1999 年国际大专辩论会的辩论词，是美是客观存在/美是主观感受，正方是马来亚大学，反方是中国西安交通大学。马来亚大学认为：美的主观感受是个人的，而美是有规律的，他分为 1 形象 2 感染 3 功利，朝着进化与使用的方向来发展，需要用客观的规律来衡量，客观的规律不随着人的主观的意识为转移，对于每个人，各自的立场不同，则评价美的标准也是不一样的，所以就不存在统一的标准。而西安交通大学认为：人对于美的主观感受具有普遍性，美的存在是物质的客观存在性，他是主观美的物质基础，两者之间并不矛盾，而美是个人情感对于美的一种精神上的感受，美并不是千篇一律的，只有交流才能够产生美，美并不是物质的客观属性，组合才能够产生美，不应当有客观的束缚。

客观与主观的关系，属于认识论的范畴，构成了美学领域中的认识论模式。但现代西方美学大多选择使用审美对象，而避免使用审美客体一词，主要目标在于力图打破美学理论中的认识论模式，以便在存在论和价值论等理论视野中，来拓宽和探究各种审美现象。

7. 美的唯物论：唯物主义和唯心主义

唯物主义和唯心主义，是对思维和存在、精神和物质、主观与客观这个基本问题的回答中形成的两个哲学派别。唯物主义是主张物质是世界的本原，物质第一性、精神第二性的哲学，物质是精神的本体；唯心主义是断言精神是世界的本原，精神第一性、物质第二性的哲学，精神是物质的本体。

在美学发展的历史过程中，美究竟是唯物主义还是唯心主义的争论至今还在进行着。从唯物论的角度看，哲学体系对美的解释可分为唯物主义与唯心主义两大学派，又可分为四种流派，即主观唯心主义，客观唯心主义，直观唯物主义及唯物主义美学观。

马克思主义美学突出感性存在，可以作为唯物主义美学的经典。马克思主义美学与西方美学体系本质差异在于，不是从唯心的知性化的思维范式出发，追问超感性的美的抽象概念的实体化、终极化的最后始基，像柏拉图的美的理式、黑格尔的美的理念等，而是从人的感性存在（不仅仅限于感性认识）出发，确证人的感性存在的完善性的可能途径。马克思主义美学作为建立在实践基础上的"感性活动"的完善性理论，其出发点是关怀人的全部感性需要，关怀人的需求发展。

8. 生态美学

生态美学就是生态学和美学相结合而形成的一门新型学科。生态学是研究生物（包括人类）与其生存环境相互关系的一门自然科学学科，美学是研究人与现实审美关系的一门哲学学科，然而这两门学科在研究人与自然、人与环境相互关系的问题上却找到了特殊的结合点。生态美学就生长在这个结合点上。作为一门形成中的学科，它可能向两个不同侧重面发展，一是对人类生存状态进行哲学美学的思考，一是对人类生态环境进行经验美学的探讨。但无论侧重面如何，作为一个美学的分支学科，它都应以人与自然、人与环境之间的生态审美关系为研究对象。

生态美学产生于后现代经济与文化背景之下。迄今为止，人类社会经历了原始部落时代、早期文明的农耕时代、科技理性主导的现代工业时代，信息产业主导的后现代。所谓后现代在经济上以信息产业、知识集成为标志，在文化上又分解构与建构两种，建构的后现代是一种对现代性反思基础之上的超越和建设，对现代社会的反思是利弊同在。所谓利，是现代化极大地促进了社会的发展；所谓弊，则是现代化的发展出现危及人类生存的严重危机。从工业化初期"异化"现象的出现，到第二次世界大战的核威胁，到 20 世纪 70 年代之后环境危机，再到以"9·11"为标志的帝国主义膨胀所造成的经济与文化的剧烈冲突。总之，人类生存状态已成为十分紧迫的课题。

生态美学是生态学与美学的有机结合，实际上是从生态学的方向研究美学问题，将生态学的重要观点吸收到美学之中，从而形成一种崭新的美学理论形态。生态美学从广义上来说包括人与自然、社会及人自身的生态审美关系，是一种符合生态规律的当代存在论美学。它产生于 20 世纪 80 年代以后生态学已取得长足发展并渗透到其他学科的情况之下。1994 年前后，我国学者提出生态美学论题。2000 年年底，我国学者出版有关生态美学的专著，标志着生态美学在我国进入更加系统和深入的探讨。我国在经济上处于现代化的发展时期，但文化上是现代与后现代共存，已出现后现代现象。这不仅由于国际的影响，而且我国自身也有市场拜物、工具理性泛滥、环境严重污染、心理疾患漫延等问题。这样的现实呼唤关系到人类生存的生态美学诞生（图 1.19）。

（三）生态学理论

生态学（Ecology）是德国生物学家恩斯特·海克尔于 1866 年定义的一个概念：生态

图 1.19 生态与美的和谐统一（林逸摄）

学是研究生物体与其周围环境（包括非生物环境和生物环境）相互关系的科学。目前已经发展为"研究生物与其环境之间的相互关系的科学"。有自己的研究对象、任务和方法的比较完整和独立的学科。它们的研究方法经过描述、实验、物质定量三个过程。系统论、控制论、信息论的概念和方法的引入，促进了生态学理论的发展。

20世纪50年代以来，生态学吸收了数学、物理、化学工程技术科学的研究成果，朝精确定量方向前进并形成了自己的理论体系：一是按所研究的生物类别分，有微生物生态学、植物生态学、动物生态学、人类生态学、民族生态学等；还可细分，如昆虫生态学、鱼类生态学等。二是按生物系统的结构层次分，有个体生态学、种群生态学、群落生态学、生态系统生态学等。三是按生物栖居的环境类别分，有陆地生态学和水域生态学；前者又可分为森林生态学、草原生态学、荒漠生态学等，后者可分为海洋生态学、湖沼生态学、河流生态学等；还有更细的划分，如植物根际生态学、肠道生态学等。四是生态学与非生命科学相结合的，有数学生态学、化学生态学、物理生态学、地理生态学、经济生态学等；与生命科学其他分支相结合的有生理生态学、行为生态学、遗传生态学、进化生态学、古生态学等。五是应用性分支学科有：农业生态学、医学生态学、工业资源生态学、污染生态学、城市生态学、生态系统服务、景观生态学等。

生态学的研究，拓展了自然美的范畴，那就是生态美。美国科学家小米勒总结出的生态学三定律如下：生态学第一定律：我们的任何行动都不是孤立的，对自然界的任何侵犯都具有无数的效应，其中许多是不可预料的。这一定律是 G．哈定（G. Hardin）提出的，可称为多效应原理。生态学第二定律：每一事物无不与其他事物相互联系和相互交融。此定律又称相互联系原理。生态学第三定律：我们所生产的任何物质均不应对地球上自然的生物地球化学循环有任何干扰。此定律可称为勿干扰原理。可以说，生态美就是符合生态学理论的美，凡是符合多效应原理、相互联系原理、勿干扰原理等生态学三大原理的事物，都可以说是生态美。

1. 深生态学理论

深生态学（Deep Ecology）是由挪威著名哲学家阿恩·纳斯（Arne Naess）创立的

生态伦理学新理论，它是当代西方环境主义思潮中最具革命性和挑战性的生态哲学。深生态学是要突破浅生态学（Shallow Ecology）的认识局限，对我们所面临的生态环境事务提出深层的问题并寻求深层的答案。今天，深生态学不仅是西方众多生态伦理学思潮中一种最令人瞩目的新思想，而且已成为当代西方生态环境运动中起先导作用的价值理念。

深生态还提出对所谓主宰世界观的批判，并认为这种观点是生态危机的罪魁祸首。深生态学家找寻了一种替代的新哲学观，建立了生态哲学。深生态是生态中心论的世界观。深生态的哲理，除源于传统哲学和生态科学外，还源于道教、甘地主义、佛教、基督教和美国原始文化等的合理内核，并对"地球第一"的行动予以支持。深生态学理论的本质特点集中反映在两个"最高规范"和八个基本原则中。

深生态学的两个最高规范。深生态学理论创始人阿恩·纳斯为深生态学理论创立了两个"最高规范"："自我实现"（self-realization）和"生物中心主义的平等"（biocentric equality），或"生物圈平等主义"（biospherical egalitarianism）。这两个最高规范是深生态学的理论基础（图1.20）。

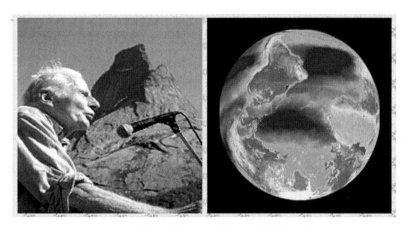

图1.20　阿恩·纳斯深生态学及生物圈平等主义（陈应发图）

深生态学的八大原则。1984年4月，阿恩·纳斯和乔治·塞逊斯在加利福尼亚州共同总结了15年来对深生态学原则的思考，提出了著名的深生态学"八大基本原则"：①人类与非人类在地球上的生存与繁荣具有自身内在的、固有的价值。非人类的价值并不取决于它们对于满足人类期望的有用性。②生命形式的丰富性和多样性是有价值的，并有助于人们认识它们的价值。③人们除非为了满足生死攸关的需要，否则无权减弱这种生命的丰富性和多样性。④人类生活和文化的繁荣是与随之而来的人类人口的减少相一致的。非人类生活的繁荣要求这种减少。⑤目前人类对非人类世界的干涉是过分的，并且这种过度干涉的情形正在迅速恶化。⑥因此，政策必须改变。这些政策影响基本的经济、技术和意识形态的结构。事情变化的结果，将与现在的情形有深刻的区别。⑦这种观念的变化主要在于对"生活质量"（富于内在价值情形）的赞赏，而不是坚持追求一种不断提高着的更高要求的生活标准。人们将认识到"大"（big）与"棒"（great）的巨大差别。⑧同意上述观点的人们有责任直接地或间接地去努力完成这个根本性的转变。

2. 生态经济学原理

生态经济学是研究生态系统和经济系统的复合系统的结构、功能及其运动规律的学科，即生态经济系统的结构及其矛盾运动发展规律的学科，是生态学和经济学相结合而形成的一门边缘学科。从本质上来说，它应当属于经济学的范畴。从经济学和生态学的结合上，围绕着人类经济活动与自然生态之间相互作用的关系，研究生态经济结构、功能、规律、平衡、生产力及生态经济效益，生态经济的宏观管理和数学模型等内容，旨在促使社会经济在生态平衡的基础上实现持续稳定发展。

生态经济学作为一门独立的学科，是20世纪60年代后期正式创建的。1962年，美国生物学家蕾切尔·卡逊出版了一部科普图书，名叫《寂静的春天》，书中首次真正结合经济社会问题开展生态学研究。1966年美国经济学家肯尼斯·鲍尔丁发表了《一门科学——生态经济学》一书，正式提出"生态经济学"的概念。

人类社会经济同自然生态环境的关系自古以来就普遍存在。社会经济发展要同其生态环境相适应，是一切社会和一切发展阶段所共有的经济规律。生态经济学是一门研究再生产过程中，经济系统与生态系统之间的物质循环、能量转化和价值增值规律及其应用的科学。生态经济学是一门研究和解决生态经济问题、探究生态经济系统运行规律的经济科学，旨在实现经济生态化、生态经济化和生态系统与经济系统之间的协调发展并使生态经济效益最大化，而这些内容正是美丽国家建设的核心思想。

3. 生态阈限理论

人地系统理论是指人类社会仅仅是地球系统的一个组成部分，是生物圈中的一个组成部分，是地球系统的一个子系统；同时，人类社会活动系统又与地球系统及各个子系统之间存在相互联系、相互制约、相互影响的密切关系。

生态阈限原理是指生态经济系统的耐受限度，当生态因子或经济因子的变化作用于生态系统而没有超过生态经济系统的耐受限度（生态阈限）时，生态系统便会在各因子的相互反馈调节下自动得到补偿，恢复自组织能力，恢复各子系统的平衡运动；而一旦人类的经济、社会活动超过了这个阈限，系统将失去补偿功能，环境破坏、生态失衡等一系列问题就接踵而至。这就要求我们在社会经济活动中，不仅要追求经济效益，更要注重生态效益。

4. 生态足迹理论

生态足迹也称"生态占用"，20世纪90年代初由加拿大大不列颠哥伦比亚大学规划与资源生态学教授里斯（William E. Rees）提出。它显示在现有技术条件下，指定的人口单位内（一个人、一个城市、一个国家或全人类）需要多少具备生物生产力的土地（biological productive land）和水域，来生产所需资源和吸纳所衍生的废物。

生态足迹通过测定现今人类为了维持自身生存而利用自然的量来评估人类对生态系统的影响。比如说一个人的粮食消费量可以转换为生产这些粮食所需要的耕地面积，他所排放的 CO_2 总量可以转换成吸收这些 CO_2 所需要的森林、草地或农田的面积。因此它可以形象地被理解成一只负载着人类和人类所创造的城市、工厂、铁路、农田……的巨脚踏在地球上时留下的脚印大小。它的值越高，人类对生态的破坏就越严重。该指标的提出为核算某地区、国家和全球自然资本利用状况提供了简明框架，通过测量人类对自然生态服务的需求与自然所能提供的生态服务之间的差距，就可以知道人类对生态系统的利用状况，可以在地区、国家和全球尺度上比较人类对自然的消费量与自然资本的承载量。生态足迹的意义在于探讨人类持续依赖自然以及要怎么做才能保障地球的承受力，进而支持人类未来的生存。

5. 复合生态系统理论

人类社会是一类以人的行为为主导、自然环境为依托、资源流动为命脉、社会体制为经络的人工生态系统。20 世纪 80 年代初，马世骏等中国生态学家在总结了整体、协调、循环、自生为核心的生态控制论原理的基础上，提出了社会-经济-自然复合生态系统的理论，指出可持续发展问题的实质是以人为主体的生命与其栖息劳作环境、物质生产环境及社会文化环境间的协调发展，它们在一起构成社会-经济-自然复合生态系统。

复合生态系统（social-economic-natural complex ecosystem）亦称社会-经济-自然复合生态系统，是由人类社会、经济活动和自然条件共同组合而成的生态功能统一体。在社会-经济-自然复合生态系统中，人类是主体，环境部分包括人的栖息劳作环境、区域生态环境及社会文化环境，它们与人类的生存和发展休戚相关，具有生产、生活、供给、接纳、控制和缓冲功能，构成错综复杂的生态关系。

（四）可持续发展理论

1. 可持续发展

20 世纪 70 年代初，在"增长极限论"的基础上，出现了一种新的发展理论-可持续发展理论。它要求改变单纯追求经济增长、忽视生态环境保护的传统发展模式，由资源型经济过渡到技术型经济，综合考虑社会、经济、资源与环境效益，积极控制人口增长。通过产业结构调整和合理布局，应用新技术，实行清洁生产和文明消费，协调环境与发展的关系，使社会经济的发展既满足当代人的需求，又不至于对后代人的需求构成危害，最终达到社会、经济、生态和环境的持续稳定发展。

1987 年，挪威首相布伦特兰夫人（G.H.Brundtland）在《我们共同的未来》中，将可持续发展定义为："既满足当代人的需要，又不对后代人满足其需要的能力构成危害的发展"，简称为"布伦特兰定义"。1992 年在联合国环境与发展大会上对"布伦特兰定义"达到全球范围的共识。从对布氏概念的分析中可以得出，可持续发展的核心思想是：健康的经济发展应建立在生态可持续能力、社会公正和人民积极参与自身发展决策的基础上。它所追求的目标是：既要使人类的各种需要得到满足，个人得到充分发展，又要保护资源和生态环境，不对后代人的生存和发展构成威胁。它特别关注的是各种经济活动的生态合理性，强调对资源、环境有利的经济活动应给予鼓励，反之则应予摈弃。在发展指标上，不单纯用国民生产总值作为衡量发展的唯一指标，而是用社会、经济、文化、环境等多项指标来衡量发展。这种发展观较好地把眼前利益与长远利益、局部利益与全局利益有机地统一起来，使经济能够沿着健康的轨道发展（图 1.21）。

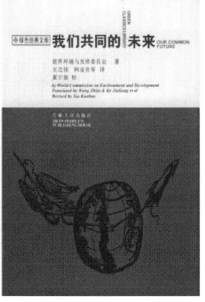

图 1.21　挪威首相布伦特兰夫人与《我们共同的未来》

2. 循环经济学

生态学在循环经济中的具体应用，就是物质链利用和循环再生原理。在资源的开发利用过程中，我们完全可以通过仿生自然界的生物链来延伸资源加工链，这样既能达到资源的合理循环利用和价值增值，又能形成共生的网状生态工业链，从而保证与生态系统和自然结构的和谐适应。

循环经济是按照生态学规律和经济学规律构建的以资源高效利用和环境友好为特征的新型经济形态。自然界中的物质沿着食物链从生产到消费，又经过微生物的分解还原到大自然中，形成物质的循环再生。长链结构比短链结构更有利于物质的循环转化利用。工业生态经济系统有类似的链状结构，称为"资源加工链"。例如，农作物的秸秆，直接用于肥田或燃料，物质利用率仅为 10%～30%。若将其加工成饲料供动物食用，再将动物排泄物投入沼气池，转化成沼气并将残渣肥田，则物质利用率可达到 60% 左右。显然，"资源加工链"的延伸，可以实现物质的充分利用和价值增值。

循环经济是一种以资源的高效利用和循环利用为核心，以"减量化、再利用、资源化"为原则，以低消耗、低排放、高效率为基本特征，是对"大量生产、大量消费、大量废弃"的传统增长模式的根本变革，符合可持续发展理念的经济增长模式，符合生态文明建设的目标和原则。

根据 2009 年初开始实施的《中华人民共和国循环经济促进法》，循环经济是指在生产、流通和消费等过程中进行的减量化、再利用、资源化活动的总称。其中减量化，是指在生产、流通和消费等过程中减少资源消耗和废物产生。再利用，是指将废物直接作为产品或者经修复、翻新、再制造后继续作为产品使用，或者将废物的全部或者部分作为其他产品的部件予以使用。资源化，是指将废物直接作为原料进行利用或者对废物进行再生利用。

3. 生态生产力

生态生产力理论是从生态学、生态哲学理论的视角研究生产力问题而提出的新概念。把生态概念引入生产力研究是 20 世纪 90 年代以来生产力理论研究在方法论上的重大变革，它扩大了生产力理论研究的视域。

生态生产力理论是生态危机催生下的生产力研究中新的理论课题。生态生产力概念提出以来，以这一问题为研究对象的学术成果不断涌现。学者们对生态生产力的本质内涵、基本特点、结构与功能、发展的基本规律、实践途径等基本理论问题进行了较为全面的探讨，其研究逐渐深入化、系统化。然而对于一个新的理论领域，其研究中也存在着一些问题，如生态生产力概念界定不统一，生态生产力的理论定位不清等，弄清这些问题是生态生产力理论科学、健康发展的前提。

生态环境也是生产力，生态建设与生产力发展是一种相生而非相克的关系，完全能够实现相互促进、协调发展。大自然赋予人类生命，是人类生存发展之基。然而，得自然之灵气的人类在传统工业化进程中却无视资源环境承载力，无止境地向大自然索取资源和倾倒废弃物。面对全球日益严重的生态环境危机，正确认识和处理人与自然的关系，推动实现人与自然在更高程度上的和谐统一，既是生产力发展进入一个新阶段的历史必然，也是当代人和子孙后代生存发展的迫切需要。

（五）生态文明理论

生态文明的核心是人与自然的协调发展，其内涵包括生态物质文明、生态意识文明、生态制度文明、生态行为文明等方面。

1. 生态物质文明

生态物质文明是指建立在人口资源环境与经济社会协调发展基础上的生态资源、生态产业、生态产品和生态服务。

生态资源。生态资源是指在一定的经济技术条件下，自然界中构成独立生态系统并可以被人类生产与生活利用的物质和能量的总称。一般指森林、草原、湿地、湖泊、海洋、沙漠绿洲等自然资源。包括生物质材料、生物质能源资源、各类食品资源以及旅游生态资源等。丰富的生态资源既是人类赖以生存发展的物质基础和基本条件，也是衡量综合国力、文明程度和可持续发展能力的重要标志。

生态产业。生态产业是按生态经济原理和知识经济规律组织起来的基于生态系统承载能力、具有高效的经济过程及和谐的生态功能的网络型进化型产业（王如松和杨建新，2002）。生态产业包括发展循环经济、节能减排，清洁生产、节约利用、高效利用、综合利用和循环利用的产业以及与之相关联的产业链。它几乎覆盖了所有社会生产领域和行业。比如：生态工业、生态农业、生态林业、生态渔业以及各类低碳产业等。

生态产品。生态产品指能满足、改善和丰富人们物质文化生活所必需的物质产品和非物质产品的总和。包括依托森林、地质地貌、山川湖泊形成的世界自然文化遗产和列入国际湿地保护名录的湿地资源。生态物质产品包括与生存环境、时间空间相关的生物多样性和环境空间质量。如森林、草原、水系、湿地、绿地以及野生动植物、微生物等；生态非物质产品包括感官直觉效果与精神享受。如视觉、嗅觉、听觉、触觉、味觉等。人们常说的明媚的阳光、清新的空气、碧绿的水面、蔚蓝的天空等。

生态服务。生态服务体现生态系统的价值功能。一般是指对人类生存及生活质量有贡献的生态系统产品和生态系统功能。它主要包括两大方面：一是生态系统产品服务，如森林生态系统提供的木材、氧气等；二是生态系统功能服务，如森林的光合作用、水源涵养、水土保持等功能。与生态系统产品相比，生态系统服务显得尤为重要，已上升为人类的第一需求。

2. 生态意识文明

生态意识文明是指建立在维护生态环境和社会公平正义基础之上的全社会生态意识、责任、义务和权益。

生态意识。牢固树立生态忧患意识，增强生态危机感和紧迫感，充分认识工业文明所带来的气候变化、森林消失、物种锐减、土地沙化等生态灾难正在显现，威胁并制约着当前和未来经济社会可持续发展。

生态责任。全社会每一个成员都必须对自己消费资源、影响环境的行为承担责任，付出代价，尽可能减少和消除对自然生态与资源环境的消耗和损失，并对所产生的各种消耗和损失，以及所造成的危害程度，依法承担相应的经济补偿和支付责任。

生态义务。每一个社会成员都必须从点滴做起、从现在做起，主动承担尊重自然、维护生态、保护环境、珍惜资源等应尽的义务，积极参与义务植树、维护绿地、节制消费等公益活动，自觉抵制危害生态环境、浪费资源、破坏环境的不良行为。

生态权益。建立在生态立法、生态政策和价值规律基础之上的生态权益保障，以体现生态价值、环境价值和资源价值的社会公平正义和不同团体的利益均衡。通过认真履行和维护法律赋予的正当权益，强化生态立法、执法和制度约束。

3. 生态制度文明

生态制度文明是指包括生态法律、法规、政策、法则和导向机制、驱动机制、约束机制在内的社会制度约束与激励。

生态法制观念。利用各种媒体和渠道，从中小学生、大学生抓起，使生态法制和生态伦理道德的宣传、教育、普及读物进教材、进课堂，进社区，进入全社会的每一个角落。

生态立法。强化国家和地方生态环境立法，制定、健全和完善自然资源、生态安全、环境保护等方面的法律，尽快补充修订现有相关自然生态与资源环境保护法律法规，形成完整的生态法律法规体系，以法律制度和社会道德规范人与自然的和谐关系。

生态执法。严格落实破坏生态、污染环境、浪费资源的法律责任追究制度，加大对违法超标排污企业的处罚力度，严惩环境违法行为。建立独立的不受行政区划限制的专门环境资源管理机构，克服生态治理中的"地方保护主义"行为。

生态政策。生态政策包括生态投入、生态补偿、政府采购、财税政策、金融信贷扶持等。科学划定全国生态功能区，加大维护国土生态安全建设和林业重点生态工程的投入，分类指导，政策引导，改变"资源开发失控，生态价值无偿"的状况，加大生态补偿的力度，拓宽生态补偿的范围和渠道。

4. 生态行为文明

生态行为文明是指建立在生态伦理道德基础上的包括生产方式和生活方式在内的行为准则、行为表达和行为判断。

生产方式。包括发展循环经济、构建两型社会、体现为社会物质生产向"生态化"发展。生态文明不仅要实现经济发展目标，更要实现节能减排、提高经济运行质量，保护生态环境的目标，实现社会物质生产生态化，即把现代科技成果与传统技术的精华结合起来，建立具有生态合理性的社会物质生产体系，降低资源能源消耗、控制主要污染物排放，实现资源节约利用、循环利用、综合利用、高效利用和永续利用。目前提出的有机食品、绿色食品、绿色设计、绿色生产、绿色包装以及无公害技术等概念，就是社会物质生产生态化的具体体现。

生活方式。倡导绿色消费、节制消费的取向。生态文明观认为，人类应改变过去那种高消费、高享受的消费观念与生活方式，提倡一种既符合物质生产的发展水平，又符合生态生产的发展水平，既能满足人的消费需求，又不对生态环境造成危害的消费观念，突出人的精神心理需求。

（六）生态哲学理论

生态美学发展中一项很重要的内容，就是在全社会牢固树立生态理念。生态理念是人们正确对待生态问题的一种进步的观念形态，包括进步的生态意识、进步的生态心理、进步的生态道德以及体现人与自然平等、和谐的价值取向，环境保护和生态平衡的思想观念和精神追求等。首要任务是在全社会树立生态哲学，大力弘扬人与自然和谐相处的生态价值观，牢固树立感恩自然的生态伦理观，为子孙后代着想的生态道德观，使生态理念深入人心，生态保护成为公众的价值取向，生态建设成为公众的自觉行动。

1. 生态价值观

生态价值观认为，人的存在不但要对社会、对他人有用，而且要对自然界的一切生命以及生命赖以生存的环境负责，承担义务和责任，而且因为人有主观能动性，所以对他所承担的义务和责任要做得更好些，这样才体现人的价值的全面性。生态文明的价值观还认为，自然界中的一切生命种群对于其他生命以及生命赖以生存的环境都有其不可忽视的存在价值。

2. 生态伦理观

生态伦理观认为，人们应该始终保持对大自然的感激之心，把自然界看作是人类的母亲，感谢大自然在人类诞生过程中的进化之功，在人类发展过程中的供养之功。始终保持对大自然的忏悔之心，在人类文明发展的历史中，人类对自然索取的实在太多，为了人类的需要和利益常常忽视自然生态系统的承受限度。始终保持对大自然的敬畏之心。一位美国生态学家说过，征服自然是哲学和科学处在幼稚阶段的体现，征服自然永远是人类妄自尊大的呓语。生态危机真正使人懂得自然意志不可违背，自然规律只能遵循，对自然规律和意志的蔑视必定招致自然的报复。始终保持对大自然的谦卑之心。人类不过是自然进化在一定阶段时出现的一个物种，与自然古老而深邃的智慧相比，人类的智慧是非常稚嫩的，人类只能成为自然界的匆匆过客，人类应该做自然的好学生，以自己的德性修养和能力延续自己的历史和文明。始终保持对大自然的珍爱之心。自然界是人类和其他物种生存与发展的源泉，人类须懂得去珍惜自然、善待自然、欣赏自然、领略自然、感恩自然、拥抱自然、融入自然，让自己真正诗意地栖居于大自然之中（徐雅芬，2009）。

3. 生态道德观

生态道德观认为，人们在生存和发展过程中，要把人类的道德认识，从人与人、人与社会的关系，扩延到人与人、人与社会、人与自然的关系，在充分认识自然的存在价值和生存权利的基础上，增强人对自然的责任感和义务感，增强人们对代内关系和代际关系的责任感和义务感，协调人与社会、自然的关系，达到三者共生共荣、共同发展。

4. 生态哲学观

生态哲学观认为，人与自然这一对立统一的矛盾体中，既有斗争性（人类向自然索取），又有同一性（人与自然同步发展），并且是以同一性占主导地位的，人可以充分发挥自己的主观能动性，来达到这一同一性的目的。在斗争性与同一性之间，如果以斗争性为主，第一步会取得胜利，但第二步、第三步常常把第一步的胜利都抵消了；如果以同一性为主，则既可以取得第一步胜利，又可以取得第二步、第三步胜利，实现可持续发展。

五、美丽生态与美丽国家的基本关系

美丽国家是人类千百年来孜孜以求的理想国家，不同的国家、不同的民族，对此有不同的理解，因此，美丽国家有不同的尺度、层面和内涵。美丽生态是指自然美、生态美，是美丽国家建设的重要内容之一。

（一）美丽生态是狭义上的美丽国家

通常说的美丽国家一般是狭义上的概念，是指生态美丽，主要是指一个国家的自然生态美，包括了自然资源美、自然景观美、自然生态美、自然环境美等，是生态健康良好的体现。如媒体上经常评比报道的世界十大美丽国家、十大富裕国家等活动，其中美丽国家指的就是自然生态意义上的美丽，为旅游观光活动提供参考。

美丽生态表现为自然之美、天然之美，如山青水绿、日升月落、春花秋实等，处处都体现着伟大的自然美。人类要善于发现自然美，自然美也是野性之美，大自然的规则给予了生活在这个大地上的动物无私的爱，这种爱就是让它们在生存中自由挥洒生命活力，无羁无绊，自由自在。失去野性对于生物来说，意味着生命的无情流逝。西方环境运动的领头羊、大地伦理学和深生态学的先驱缪尔，其代表作即为《在上帝的荒野中》（图1.22），书中崇尚中国道家荒野的精神（缪尔，2005）。

图 1.22 缪尔崇尚道家荒野的精神（陈武威图）

美丽生态还表现为自然和谐的美、生态和谐的美、生态系统和谐的美，清溪不恼鱼儿的嬉戏，因为它理解鱼儿拥抱大海的梦想；蓝天不怨鸟儿的追逐，因为它明白鸟儿翔翔蓝天的心愿。世纪伟人毛泽东词曰："鹰击长空，鱼翔浅底，万类霜天竞自由。"

（二）美丽生态是美丽国家的重要组成部分

广义上的美丽国家包括了国家建设的五大内容，如生态美、经济美、社会美、文化美、政治美。美丽生态是美丽国家建设五大内容之一，是美丽国家建设的重要组成部分。

美丽生态不仅体现为纯自然的美，这是一种没有经过人们直接加工、改造过的自然美，大自然给人提供了无限广阔的审美领域，如日月星辰、朝阳晚霞、长河落日等，都是自然美。大自然以其美景秀色，能给人以多方面的精神享受，自然美具有巨大的感染力量。大自然是存在着客观美的，而这种美又是同人类改造自然的劳动、实践及其成果分不开的。

美丽生态还与人类改造自然的劳动、实践及其成果分不开，可以是一种经过人们直接加工改造过的自然，如绿色的田野，葱郁的人工森林，静如平镜的水库，别有洞天的苏州园林等，这些自然物都会引起人们的审美兴趣，给人们带来美感，它们实际上是"人化的自然"，已经积淀了一定的社会内容。

（三）美丽生态是美丽国家建设生态化引导

美丽国家建设的目的就是要使生态建设与国家建设相统一，使人口环境与社会生产力发展相适应，使经济建设与资源环境相协调，实现良性循环，走生产发展、生活富裕、生态良好的文明发展道路，保证一代接一代永续发展。大量事实表明，人与自然的关系不和谐，就会影响人与人的关系、人与社会的关系。生态建设关系到人类繁衍生息的根本问题，影响着经济、文化、社会、政治发展的方式和方向，如果没有生态建设这种"生态化"、"美丽化"、"和谐化"、"可持续化的"制约，美丽国家的另外"四大建设"可能就会出现生态恶化、人与自然关系异化等恶果。因此说，生态建设，或者说美丽生态建设是美丽国家的另外"四大建设"即经济建设、文化建设、社会建设、政治建设的基础。

美丽生态是对国家生态建设、经济建设、文化建设、社会建设和政治建设等"五大建设"的"生态化"、"美丽化"引导和制约（图1.23）。美丽生态既是国家建设的一种独立建设内容，如植树造林，建立保护区，防治污染、节约资源等，又与国家建设的经济建设、文化建设、社会建设、政治建设等"四大建设"融为一体，是对国家"四大建设"一种"生态化"、"美丽化"的概括。美丽生态建设赋予其他"四大建设"以"美丽化"的引导、规范、限制和制约，确保其建设发展的"美丽化"和可持续性。同时，美丽生态建设与其他"四大建设"之间还相互支持和补充。

图1.23　美丽生态是美丽国家建设生态化美丽化引导（林逸摄）

绿水青山就是金山银山，深刻说明了美丽生态建设与美丽国家建设的关系。2013年4月，习近平同志在海南考察时就曾强调，"良好生态环境是最公平的公共产品，是最普惠的民生福祉"。2013年5月，习近平在中央政治局第六次集体学习时指出，"要正确处理好经济发展同生态环境保护的关系，牢固树立保护生态环境就是保护生产力、改善生态环境就是发展生产力的理念"。2013年9月，习近平在谈到环境保护问题时指出："我们既要绿水青山，也要金山银山。宁要绿水青山，不要金山银山，而且绿水青山就是金山银山。"2014年，习近平在APEC欢迎宴会上强调，"希望蓝天常在、青山常在、绿水常在，让孩子们都生活在良好的生态环境之中，这也是中国梦中很重要的内容"。

— 第二章 —

美丽生态指数构建

美丽生态指数是世界各国美丽生态建设状况的数量化反映，其重要意义不言而喻。本章重点论述美丽生态指数构建的原则、方法、结构及其计算等。

一、美丽生态指数构建原则

为了全面客观地反映世界各国在建设美丽生态方面作出的努力和成就，美丽生态指数指标体系应遵循全面性、重点性、权威性、历史性、科学性、现实性等原则。

（一）全面性与重点性

为了使美丽生态指数能够综合、全面反映一个国家在建设美丽生态上作出的努力和取得的成就，同时重点突出那些能够更好体现美丽生态建设现状的侧面，遵循全面性与重点性兼顾的原则来选择指标和构建指标体系。首先，所构建的指标体系将由生态指数、资源指数、环境指数、景观指数 4 个部分组成，全面涵盖生态、资源、环境、景观 4 个领域。其次，在这 4 个部分中，尽可能选取具有代表性的指标覆盖该领域的各个侧面，例如美丽生态指数中既有描述生态系统的森林覆盖率，又有描述自然资源富有程度的人均耕地面积、人均可再生内陆淡水，还有用于描述对环境造成压力的人均 CO_2 排放量、GDP 单位能源消耗和全国平均 PM2.5 以及用于描述国家对生态投入的自然保护区覆盖率等多个不同侧面的指标。最后，不同的指标之间具有不同的权重，这些指标经无量纲化之后通过加权平均形成最终的美丽生态指数，通过权重的方式来重点突出那些能够更好体现美丽生态建设现状的侧面，从而达到兼顾全面性和重点性的目的。

（二）权威性与可靠性

原始数据的权威性是指数权威性的基础，所以美丽生态指数将构建在各种权威发布的数据基础上，避免使用那些非正式的数据。使用这些权威机构发布的数据还能带来数据来源稳定的好处，可以避免由于数据无法获取带来的指数无法计算的问题。出于数据来源稳定可靠的考虑，不得不弃用了很多非常具有代表性却又难以获得完整数据的指标。目前指标体系大部分数据来自于联合国及其下属机构（如教科文组织、世界旅游组织、世界银行等）以及其他权威政府间国际机构，另有部分数据来自于国际知名的研究机构或非政府组织（如世界经济论坛等）。对于这些组织机构发布的数据中少量缺失的部分，从各国家官方网站上寻找相应的数据予以补足。原始数据来源的控制将为美丽生态指数提供坚实的数据基础。

（三）历史性与前瞻性

历史、现实与未来是一个无法割断的发展历程，对国家进行评价不可避免地要涉及这个国家的历史和未来发展，美丽生态指数也必须考虑到这一点。为此，在设计指标体系的过程中，遵循以现状为主，兼顾国家的历史和未来发展趋势的原则，力图对国家的历史、现状和未来有一个全景式的总结。为了达到这个目标，在指标体系的设计中不仅包括用来反映国家现状的指标，还包括了用来反映国家历史的世界遗产数量和用来反映国家未来发展情况的指标，从而使美丽生态指数能够更好地反映一个国家的历史、现状与未来。

（四）科学性与合理性

为了使美丽生态指数能够更好地反映现实状况，为政策决断提供支持意见，还必须在美丽生态指数的建模过程中保证建模方法的科学合理。一方面，在指标选取的过程中注意兼顾绝对数和相对数，从而避免国家规模对于评价结果的影响。另一方面，选择指标时还尽可能地采用各种客观指标（如森林覆盖率等）作为美丽生态指数的基础，从而避免使用主观指标带来的意识形态等方面非客观因素的影响，保证所计算出的美丽生态指数的客观性。最后，在指标构建的过程中使用了常用的加权平均法来计算最后的美丽生态指数，并在计算过程中，通过专家调查和层次分析法来生成各项指标的权重，使计算和权重的赋值更加符合现实，更加易于分析，更具有指导意义。

（五）现实性与易得性

从根本目的上来讲，提出美丽生态指数是为了通过对美丽生态指数的计算和分析，全景式地认识当前建设美丽生态所取得的成绩和面临的挑战，从而为国家治理提供决策上的帮助。为了达到这个目标，在美丽生态指数指标的选取和指数的计算过程中，充分重视这些指标和计算方法的现实意义，尽可能选取具有现实代表性的参数数据进行计算，从而方便从计算结果中分析各种成就与不足，使计算得到的美丽生态指数能够更好地为国家治理决策服务。同时，也要考虑具体数据的易得性。

二、美丽生态指数构建方法

（一）各类国家评价指数构建方法分析

常见的国家评价指数有两类：单一指数和复合指数。其中单一指数一般使用某种特定算法计算得到，不做更多处理。例如绿色 GDP 就是一种典型的单一指数，它通过从 GDP 总量中去除环境资源成本和环境资源保护服务费用得到。

单一指数由于其指标的单一性，只能用来对国家的某个侧面进行评价，不能反映国家的综合状况。绝大多数国家评价指数都是综合考虑多个用来反映国家不同侧面状况的指标分量的复合指数。而大多数复合指数都采用归一化后求组合的计算方法。

归一化是去除指标量纲影响的主要手段。归一化常见的手段有几种：比例法、极值线性归一法、阈值线性归一法和理想值法。其中，极值线性归一法使用指标的极大值和极小值作为阈值进行线性归一，对于病态数据的容许度较低，如果某指标中某个国家的数值过大或过小，会造成归一化后的结果聚集在某个数据段，无法达到应有的效果。但是极值线性归一法计算简单合理，目前使用仍旧比较广泛。

在极值线性归一法的基础上，对极大值和极小值做阈值截断，以平均数加减 n 倍标准差作为上、下阈值，并将超出阈值的部分直接置为 0 和 1（或者 0 和 100）的归一化方法就是阈值线性归一法。这种归一化方法虽然计算上相对复杂，但是对于病态数据有着比较高的容忍度，目前也被广泛使用。

与极值法、阈值法不同，理想值法归一则不依赖于已有指标的取值，而是根据指标内在的特性，获得指标理想的取值目标或范围，再根据指标的理想值对指标进行线性归一。与其他几种方法相比，理想值法更加客观、稳定，得分能够进行纵向比较，对于在一段较长时间内进行指标分析更加有利。但是，理想值的获得经常比较困难，也容易引起各种争议，故能否使用理想值法进行合理的归一化与理想值的选取有着很大的关系。本书为了突出美丽生态指数在时间上的延续性，采用理想值法对各项指标进行归一。

在指数构建的过程中，经常被将归一化后的多个指标组合成为单一指数的方法，主要有算术平均法、几何平均法、加权平均法等。其中算术平均法和几何平均法计算简单，但无法反映指数中不同分量在指数中重要性的差别，目前已经较少使用。

加权平均法计算简单，而且可以通过权重的设置来描述不同指标的重要性，因而在指标构建中得到了广泛的应用，大部分国家评价指标都使用加权平均法。对于加权平均法来说，权重的设置是最大问题。目前大部分国家评价指标采用由专家根据经验直接赋权的方法来解决这个问题，但是其权重经常受到各种质疑。国际上也有很多方法用来解决这个难题，例如层次分析法可以通过专家调查得到比对矩阵，用指标之间的两两比对来替代难以量化的多个指标的权重赋值，再通过科学的分析计算得到比传统的调查统计方法更加合理的权重。

（二）美丽生态指数构建方法选择

经认真研究，选取了分层的规范化加权平均方法作为美丽生态指数的构建方法。

美丽生态离不开生态、资源、环境、景观的和谐发展，美丽生态指数也必须反映这4个不同方面。为此，把美丽生态指数分解为4个侧面，它们分别是反映国家生态状况的生态指数、反映国家资源状况的资源指数、反映国家环境状况的环境指数、反映国家景观状况的景观指数。

对于每个分指数，更加详细地将其分成几个侧面来分别探讨，从而能够针对每个分指数给出更加完善和具有指导价值的结论。美丽生态指数包括生态、资源、环境、景观4个侧面，分别用于描述国家的生态循环情况、资源丰富程度、环境治理现状、景观状况。然后，针对每个侧面将精心选取几项具有代表性的、能够全面刻画该侧面的、易于得到权威数据的指标，使用理想值法将其归一化和无量纲化，再进行加权平均得到每个侧面的得分。

在上述工作之后，通过对每个侧面的得分的归一化和加权平均可以得到前述生态指数等分指数。最后，对这几个分指数进行加权平均，从而得到用于全面反映各国在建设美丽生态方面的现状与努力程度的美丽生态指数。这样得到的美丽生态指数既能够全面地反映国家的现实状况，又能够针对每个分指数、每个侧面进行讨论，得到有益于国家治理的指导性结论。

在使用加权平均法进行综合指数计算时，每个分指数或指标的权重对于最后的结论非常重要。当前的大多数国家评价指数或者使用权重相同的简单算术平均，或者根据经验直接为各分指数或指标进行赋权。由于这种赋权方式权重的随意性，作为其结果的综合指数也经常被提出疑义。

为了尽可能使权重科学有效，在指标权重的赋值上，使用了层次分析法来对指标权重进行赋值。首先，针对指标体系设计了一套调查问卷，邀请专家根据他们的经验填写调查问卷中的比对矩阵。然后，针对每位专家给出的比对矩阵，使用层次分析法中的几何平均法计算各分量的权重。最后，根据所有专家调查问卷计算得到的权重进行算术平均，从而得到指数计算中权重取值。这样的权重取值更加科学合理，最终计算得到的美丽生态指数也更加具有科学性、代表性和指导意义。

三、美丽生态指数体系结构

　　山川秀美，环境优雅，资源丰富，美好的生态环境是美丽生态最基本的要求，也是建设美丽国家的前提条件。美丽生态指数包括 4 个方面的内容：生态、资源、环境和景观。

（一）生态

　　循环良好的生态环境是美丽生态的基础，因此生态是美丽生态指数的第一个重要侧面。生态状况主要反映在 4 大自然生态系统（森林、湿地、草原、荒漠生态系统）和一个多样性（生物多样性）方面。在生态方面选取了 5 个指标：森林覆盖率、湿地覆盖率、草原覆盖率、荒漠覆盖率、野生动植物种类。

1. 森林覆盖率

　　"林是山之衣、水之源"，森林是陆地上最主要的生态系统，是地球生态平衡的主要调节器，生态服务价值巨大。它是地球上的基因库、碳储库、蓄水库和能源库，对维系整个地球的生态平衡起着至关重要的作用，是人类赖以生存和发展的资源和环境。为此，以森林覆盖率作为表征一个国家自然环境优劣的基本指标，加入到美丽生态指数的计算之中。

　　森林覆盖率（占国土面积百分比）数据来自世界银行的各国情况数据库（World Bank，2015），为正指标。森林覆盖率的理想值采用当前世界上森林覆盖率最高的 1/10 国家的平均值 76.77%，最差值则采用当前世界上森林覆盖率最低的 1/10 国家的平均值 0.82%（目前联合国成员国有 193 个，其 1/10 非常接近 20，故本书中所称"1/10 国家"均为 20 个国家）。

2. 湿地覆盖率

　　湿地具有不可替代的生态功能，享有"地球之肾"的美誉。湿地的功能是多方面的，它可作为直接利用的水源或补充地下水，又能有效控制洪水和防止土壤沙化，还能滞留沉积物、有毒物、营养物质，从而改善环境污染；它能以有机质的形式储存碳元素，减少温室效应，保护海岸不受风浪侵蚀，提供清洁方便的运输方式……湿地还是众多植物、动物特别是水禽生长的乐园，同时又向人类提供食物（水产品、禽畜产品、谷物）、能源（水能、泥炭、薪柴）、原材料（芦苇、木材、药用植物）和旅游场所，是人类赖以生存和持续发展的重要基础。

湿地覆盖率（占国土面积百分比）为正指标，湿地覆盖率数据由联合国环境规划署（UNEP）官方网站上环境数据浏览器（Environmental Data Explorer）所提供的"世界各国湿地面积"和"世界各国国土面积"（联合国环境规划署，2015）计算得到。湿地覆盖率的理想值采用当前世界上湿地覆盖率最高的 1/10 国家的平均值 10.545%，最差值则采用当前世界上湿地覆盖率最低的 1/10 国家的平均值 0。

3. 草原覆盖率

草原分为热带草原、温带草原等多种类型，通常位于干旱半干旱地区，属于地球生态系统的一种，是世界所有植被类型中分布最广的地区。草原上生长的多是草本和木本饲用植物，少见高大乔木。草原是地球最大的碳储库之一，占地球有机碳总量的 33%～34%，是目前人类活动影响最为严重的区域，草原生态系统对维持全球及区域性生态平衡有极其重要的作用。

草原覆盖率（占国土面积百分比）为正指标，草原覆盖率数据来自于联合国粮农组织（FAO）的 FAOSTAT 数据库（FAO，2015）。草原覆盖率的理想值采用当前世界上草原覆盖率最高的 1/10 国家的平均值 60.066%，最差值则采用当前世界上草原覆盖率最低的 1/10 国家的平均值 0.436%。

4. 荒漠覆盖率

荒漠地区气候干燥、降水极少、蒸发强烈，植被缺乏、物理风化强烈、风力作用强劲的流沙、泥滩、戈壁分布的地区。根据地理学上的定义，荒漠是"降水稀少，植物很稀疏，因此限制了人类活动的干旱区"。生态学上将荒漠定义为"由旱生、强旱生低矮木本植物，包括半乔木、灌木、半灌木和小半灌木为主组成的稀疏不郁闭的群落"。

荒漠覆盖率（占国土面积百分比）为负指标，荒漠覆盖率数据来自于世界主要国家荒漠/荒漠化面积一览。荒漠覆盖率的理想值采用当前世界上荒漠覆盖率最低的 1/10 国家的平均值 18.347%，最差值则采用当前世界上荒漠覆盖率最高的 1/10 国家的平均值 70.643%。

5. 野生动植物种类

野生动植物是指一切对人类的生产和生活有用的野生动物和野生植物的总和；包括珍贵、濒危的陆生、水生野生动物和有益的或者有重要经济、科学研究价值的陆生野生动物以及原生地天然生长的珍贵植物和原生地天然生长并具有重要经济、科学研究、文化价值的濒危、稀有植物。野生动植物资源具有很高的价值，它不仅为人类提供许多生产和生活资料，提供科学研究的依据和培育新品种的种源，而且是维持生态平衡的重要组成部分。

野生动植物种类为正指标，野生动植物种类数据来自世界资源研究所（WRI）2015年发布的《2015 世界资源报告——穷人的财富》中"PART II DATA TABLES"关于生物多样性数据表格中哺乳动物、鸟类和植物种类的和（WRI，2015）。野生动植物种类的理想值采用当前世界上野生动植物种类最多的 1/10 国家的平均值 23096.5，最差值则采用当前世界上野生动植物种类最少的 1/10 国家的平均值 1703.3。

（二）资源

丰富多样的自然资源是人类赖以生存的基础，也是美丽生态建设的重要前提条件。资源主要包括金木水火土五大资源和海洋资源。资源方面选取了 6 个指标：金——矿产和金属储量；木——林木蓄积量；水——人均可再生内陆淡水资源；火（能）——能源资源储量；土——人均耕地面积；海洋——海洋专属经济区。

1. 人均耕地面积

农业是国家的基础，农业生产与耕地息息相关，所以耕地是一个国家最基础的自然资源之一，其重要性不言而喻。人均耕地面积可以反映一个国家对耕地资源的占有情况，进而反映国家在粮食安全等方面的资源状况，是反映一个国家自然资源占有程度最有效也是最易获得的指标之一。

人均耕地面积（hm^2）为正指标，来自世界银行各国情况数据库（World Bank，2015）。人均耕地面积的理想值采用当前世界上人均耕地面积最多的 1/10 国家的平均值 0.754，最差值则采用当前世界上人均耕地面积最少的 1/10 国家的平均值 0.0146。

2. 人均可再生内陆淡水资源占有量

淡水是人类生存必不可少的资源，无论人民生活还是工农业生产都离不开淡水资源。在淡水资源中，可再生内陆淡水资源是最容易使用和最重要的一部分，人均可再生内陆淡水资源占有量指标通过对可再生内陆淡水资源的人均占有量的量度来反映一个国家在淡水资源上的富裕程度，是反映一个国家自然资源占有程度另外一个有效且易于获得的指标。

人均可再生内陆淡水资源占有量（m^3）为正指标，人均可再生内陆淡水资源占有量数据来自世界银行各国情况数据库（World Bank，2015）。人均可再生内陆淡水资源占有量的理想值采用当前世界上人均可再生内陆淡水资源占有量最多的 1/10 国家的平均值 102 699.44，最差值则采用当前世界上人均可再生内陆淡水资源占有量最少的 1/10 国家的平均值 116.987。

3. 能源资源储量

能源资源是指为人类提供能量的天然物质。它包括煤、石油、天然气、水能等，也包括太阳能、风能、生物质能、地热能、海洋能、核能等新能源。能源资源可以被分为可再生能源和不可再生能源两类。19 世纪 70 年代产业革命以来，化石燃料的消费急剧增大，带来了能源资源危机、环境污染等一系列问题。

在能源资源中，最被广泛关注的当属煤、石油和天然气。煤是非常重要的能源，也是冶金、化学工业的重要原料，主要用于燃烧、炼焦、气化、低温干馏、加氢液化等。石油也称原油，是一种黏稠的、深褐色（有时有点绿色的）液体。石油主要被用作燃油和汽油，燃料油和汽油组成目前世界上最重要的一次能源之一。石油也是许多化学工业产品如溶液、化肥、杀虫剂和塑料等的原料。今天 88%开采的石油被用作燃料，其他的 12%作为化工业的原料。天然气，是一种以烷烃为主要成分的多组分混合气态化石燃料，与煤炭、石油等能源相比，具有使用安全、热值高、洁净等优势。由于天然气具有价格低、污染少、安全等优点，被广泛用于发电、化工、日常燃气、汽车等方面。

计算中使用探明的石油和天然气储量作为能源资源储量的标识数据。数据均来自于美国中央情报局（CIA）的"The World FactBook"（CIA，2015），并根据常见的油气当量（1 桶原油=164.14m^3 天然气）换算，得到等效的能源资源储量数据，以等价石油"桶"为单位。能源资源储量为正指标。能源资源储量的理想值采用当前世界上能源资源储量最多的 1/10 国家的平均值 1335.974，最差值则采用当前世界上能源资源储量最少的 1/10 国家的平均值 0.358。

4. 林木蓄积量

林木蓄积量指一定森林面积上存在着的林木树干部分的总材积。它是反映一个国家或地区森林资源总规模和水平的基本指标之一，也是反映森林资源的丰富程度、衡量森林生态环境优劣的重要依据。

林木蓄积量（m^3）为正指标，湿地覆盖率数据来自于联合国环境规划署（UNEP）官方网站环境数据浏览器（Environmental Data Explorer）所提供的"世界各国林木蓄积量"数据（联合国环境规划署，2015）。林木蓄积量为正指标。林木蓄积量的理想值采用当前世界上林木蓄积量最多的 1/10 国家的平均值 20 700.1，最差值则采用当前世界上林木蓄积量最少的 1/10 国家的平均值 4.2。

5. 矿产和金属储量

矿石和金属包括在 SITC 的第 27 节（未加工的肥料、未列明的矿物）、第 28 节（金属矿，废料）以及第 68 节（有色金属）中。

矿石和金属储量（占世界总储量百分比）为正指标，数据来自世界银行各国情况数据库（World Bank，2015）。矿石和金属储量（占世界总储量百分比）的理想值采用当前世界上矿石和金属储量（占世界总储量百分比）最多的 1/10 国家的平均值 22.669%，最差值则采用当前世界上矿石和金属出口（占世界总储量百分比）最少的的 1/10 国家的平均值 1.024%。

6. 海洋专属经济区

专属经济区是（EEZ）第三次联合国海洋法会议上确立的一项新制度。专属经济区是指从测算领海基线量起 200 n mile、在领海之外并邻接领海的一个区域。这一区域内沿海国对其自然资源享有主权权利和其他管辖权，而其他国家享有航行、飞越自由等，但这种自由应适当顾及沿海国的权利和义务，并应遵守沿海国按照《联合国海洋法公约》的规定和其他国际法规则所制定的法律和规章。

专属经济区指沿海国在其领海以外邻接其领海的海域所设立的一种专属管辖区。在此区域内沿海国为勘探、开发、养护和管理海床和底土及其上覆水域的自然资源的目的，拥有主权权利。此外，沿海国在专属经济区还有在海洋科学研究和海洋环境保护等方面的管辖权。专属经济区从测算领海宽度的基线量起，不应超过 200 n mile。

海洋专属经济区为正指标，海洋专属经济区数据来自世界银行各国情况数据库（World Bank，2015）。联合国环境规划署和世界保护监测中心，由世界资源所编纂，根据的是各国政府提供的数据、国家立法和国际协定。海洋专属经济区的理想值采用当前世界上海洋专属经济区面积最大的 1/10 国家的平均值 48.47%，最差值则采用当前世界上海洋专属经济区面积最小的 1/10 国家的平均值 0。

（三）环境

当前，环境污染与恶化已经成为世界各国普遍面对的严重问题。失去了良好的自然环境，任何其他的进步也都会变得黯然失色。为了反映环境方面的现状，引入了 4 个指标：人均 CO_2 排放量、单位能耗 GDP 产出（购买力平价，美元/kg 石油当量）、全国平均 PM2.5 浓度、可燃性再生资源和废弃物。

1. 人均 CO_2 排放量

全球变暖的主要原因是人类在近一个世纪以来大量使用矿物燃料（如煤、石油等），排放出大量的 CO_2 等多种温室气体。由于这些温室气体对来自太阳辐射的可见光具有高度的透过性，而对地球反射出来的长波辐射具有高度的吸收性，也就是常说的"温室效应"，导致全球气候变暖。全球变暖的后果使全球降水量重新分配，冰川和冻土消融，海平面上升等，既危害自然生态系统的平衡，更威胁人类的食物供应和居住环境。为此，

将人均 CO_2 排放量作为表征国家在减轻温室效应压力、促进可持续发展方面的努力的指标加入到美丽生态指数之中。

人均 CO_2 排放量（t）为负指标，人均 CO_2 排放量数据来自世界银行各国情况数据库（World Bank，2015）。人均 CO_2 排放量的理想值采用当前世界上人均 CO_2 排放量最少的 1/10 国家的平均值 0.0825，最差值则采用当前世界上人均 CO_2 排放量最多的 1/10 国家的平均值 18.868。

2. 单位能耗 GDP 产出

单位能耗 GDP 产出（购买力平价，美元/kg 石油当量）是反映能源消费水平和节能降耗状况的主要指标，该指标说明一个国家经济活动中对能源的利用程度，反映经济结构和能源利用效率的变化。将单位能耗 GDP 产出作为一个指标引入到美丽生态指数中，可以更好地评价一个国家在降低资源消耗和保证可持续发展方面作出的努力。

使用世界银行各国情况数据库（World Bank，2015）公布的单位能耗 GDP 产出指标，该指标表示每单位能耗（每千克石油当量）产出的 GDP（购买力平价，美元），是 GDP 单位能耗的倒数，为正指标。GDP 单位能耗的理想值采用当前世界上单位能耗 GDP 产出最多的 1/10 国家的平均值 25.375，最差值则采用当前世界上单位能耗 GDP 产出最少的 1/10 国家的平均值 3.480。

3. 全国平均 PM2.5 浓度

PM2.5 即可吸入颗粒物。通常把粒径在 2.5μm 以下的颗粒物称为 PM2.5，又称为可吸入颗粒物或飘尘。可吸入颗粒物（PM2.5）在环境空气中持续的时间很长，对人体健康和大气能见度影响都很大。该指标用于表征一个国家环境受到污染的严重程度。

全国平均 PM2.5 浓度数据（微克每立方米）来自世界银行各国情况数据库（World Bank，2015），为负指标。根据世界卫生组织的规定，当 PM2.5 浓度低于 20 μg/m³ 时，可以认为空气质量为优，理想值采用当前世界上全国平均 PM2.5 浓度最小的 1/10 国家的平均值 7.429。最差值则采用当前世界上全国平均 PM2.5 浓度最大的 1/10 国家的平均值 64.053。

4. 可燃性再生资源和废弃物

可燃性再生资源和废弃物包括固体生物质、液体生物质、生物气、工业废弃物和城市垃圾，衡量其占能源使用总量的比例。

可燃性再生资源和废弃物（占能源总量的百分比）为负指标，可燃性再生资源和废弃物数据来自世界银行各国情况数据库（World Bank，2015）和国际能源机构（IEA

Statistics © OECD/IEA，http://www.iea.org/stats/index.asp）。

可燃性再生资源和废弃物的理想值采用当前世界上可燃性再生资源和废弃物最少的 1/10 国家的平均值 0.005 26%，最差值则采用当前世界上可燃性再生资源和废弃物最多的 1/10 国家的平均值 74.555%。

（四）景观

景观指某地区或某种类型的自然景色，也指人工创造的景色。泛指自然景色、景象。为了反映景观方面的现状，引入了 3 个指标：世界自然遗产数量、世界人与生物圈保护区数量、自然保护区覆盖率。

1. 世界自然遗产

《保护世界文化与自然遗产公约》规定，属于下列各类内容之一者，可列为自然遗产：从美学或科学角度看，具有突出、普遍价值的由地质和生物结构或这类结构群组成的自然面貌；从科学或保护角度看，具有突出，普遍价值的地质和自然地理结构以及明确划定的濒危动植物物种生态区；从科学、保护或自然美角度看，只有突出、普遍价值的天然名胜或明确划定的自然地带。

世界自然遗产数量为正指标，世界自然遗产数据来自联合国教科文组织（UNESCO）2016 年发布的 World Heritage List。世界自然遗产的理想值采用当前世界上自然遗产数量最多的 1/10 国家的平均值 25.6，最差值则采用当前世界上自然遗产数量最少的 1/10 国家的平均值 1。

2. 世界人与生物圈保护区

人与生物圈计划，（Man and the Biosphere Programme，MAB），是联合国教科文组织科学部门于 1971 年发起的一项政府间跨学科的大型综合性的研究计划。生物圈保护区是 MAB 的核心部分，具有保护、可持续发展、提供科研教学、培训、监测基地等多种功能。其宗旨是通过自然科学和社会科学的结合，基础理论和应用技术的结合，科学技术人员、生产管理人员、政治决策者和广大民众的结合，对生物圈不同区域的结构和功能进行系统研究，并预测人类活动引起的生物圈及其资源的变化，及这种变化对人类本身的影响。

世界人与生物圈保护区数量为正指标，世界人与生物圈保护区数据来自联合国教科文组织人与生物圈计划（MAB）。世界人与生物圈保护区的理想值采用当前世界上人与生物圈保护区数量最多的 1/10 国家的平均值 11.9，最差值则采用当前世界上人与生物圈保护区数量最少的 1/10 国家的平均值 1。

3. 自然保护区覆盖率

自然保护区是指对有代表性的自然生态系统、珍稀濒危野生动植物物种的天然集中分布、有特殊意义的自然遗迹等保护对象所在的陆地、陆地水域或海域，依法划出一定面积予以特殊保护和管理的区域。自然保护区的设立，能够保留自然本底，储备物种，推进科研和教育，保留自然界的美学价值，对促进国家的国民经济持续发展和科技文化事业发展具有十分重大的意义。自然保护区的覆盖率可以被视为一个国家对自然保护的重视程度和投入力度的表征。

自然保护区覆盖率（占国土面积百分比）为正指标，自然保护区覆盖率数据来自世界银行的各国情况数据库（World Bank, 2015）。自然保护区覆盖率的理想值采用当前世界上自然保护区覆盖率最高的 1/10 国家的平均值 32.181%，最差值则采用当前世界上自然保护区覆盖率最低的 1/10 国家的平均值 0.155%。

四、美丽生态指数权重计算

在指标权重的赋值上，使用了层次分析法计算指标权重，其中权重向量使用几何平均法生成。例如，某专家对 4 个分指数之间的相对权重给出如下权重比较意见（表 2.1）。

表 2.1　某专家给出的层次分析法权重比较意见

	1. 生态	2. 资源	3. 环境	4. 景观
1. 生态		2	1.8	2
2. 资源			0.9	1
3. 环境				1
4. 景观				

根据此意见，相应的成对比较矩阵 $A = \begin{bmatrix} 1 & 2 & 1.8 & 2 \\ 0.5 & 1 & 0.9 & 1 \\ \dfrac{1}{1.8} & \dfrac{1}{0.9} & 1 & 1 \\ 0.5 & 1 & 1 & 1 \end{bmatrix}$。

经计算，其 CI = 0.000444，对应的 CR 为 0.000397<0.01，矩阵 A 具有满意的一致性。相应的 4 个分指数的权重分别是：0.327、0.164、0.175 和 0.167。各分指数的权重计算方法相同。在针对所有专家的调查问卷进行了计算和一致性分析之后，根据各专家给出的比对矩阵计算得到的权重进行算术平均，保留 3 位小数，得到各级分指数与指标的权重（表 2.2）。

表2.2　美丽生态指数各指标权重

美丽生态指数指标		权重
生态		0.382
	（1）森林覆盖率	0.312
	（2）湿地覆盖率	0.221
	（3）草原覆盖率	0.191
	（4）荒漠覆盖率	0.102
	（5）野生动植物种类	0.174
资源		0.259
	（6）人均耕地面积	0.221
	（7）人均可再生内陆淡水资源	0.201
	（8）能源资源储量	0.141
	（9）林木蓄积量	0.201
	（10）矿石和金属储量	0.101
	（11）海洋专属经济区	0.135
环境		0.259
	（12）人均 CO_2 排放量	0.253
	（13）GDP 单位能源消耗	0.263
	（14）全国平均 PM2.5 浓度	0.221
	（15）可燃性再生资源和废弃物	0.263
景观		0.1
	（16）世界自然遗产数量	0.345
	（17）世界人与生物圈保护区数量	0.301
	（18）自然保护区覆盖率	0.354

对所有专家给出的打分表进行一致性分析表明，所有的一致性指标均满足 CR<0.1 的一致性要求，上述权重设计在一致性上是合理的。根据上述表格所列权重，就可以依照前述计算方法进行归一化和加权平均计算，得到各级分指数和最终的美丽生态指数。

五、美丽生态指数数据获取与计算

（一）数据获取

在确定了各指标之后，通过世界银行、联合国环境规划署、联合国粮农组织、联合国教科文组织、联合国经济和社会事务部、联合国工业发展组织、世界资源研究所、世界经济论坛、联机计算机图书馆中心、美国中央情报局等机构的官方网站以及各种正式出版物、公开报告等渠道对上述指标数据进行了获取，并对得到的数据予以整理。针对其中存疑的数据，还通过各国政府和权威国际组织的公开资料（包括公开报告、正式出版物和官方网站等）进行核实；对于少量缺失数据，通过从政府官方网站和正式出版物中进行查找和补缺。最后，按照国家所在大洲和国家名称的拼音首字母次序进行排序，剔除其中少量的数据大量缺失且无法弥补的国家，最终得到包括全球 6 大洲（不含南极洲）共 185 个国家的指标数据。

（二）计算方法

1. 指标的无量纲化和归一化

对于每个指标，在被使用前都要做无量纲化处理，将其取值处理到[0，100]，从而避免量纲对计算造成的影响。为了使指标得分具有纵向可比性，本书使用理想值法进行无量纲化处理。

假设国家 i 的指标（a）的取值为 X_a^i，那么，对于那些正指数（即取值越高越好的指数），其无量纲归一后的结果可以由下面公式计算得到：

$$Z_a^i = (X_a^i - \text{sub}(X_a^k)) \div (\sup(X_a^k) - \text{sub}(X_a^k)) \times 100 \qquad (2.1)$$

式中：$\sup(X_a^k)$ 为理想值；$\text{sub}(X_a^k)$ 为最差值。类似地，对于那些取值越低越好的负指数，可以通过下面公式进行无量纲归一计算：

$$Z_a^i = (\sup(X_a^k) - X_a^i) \div (\sup(X_a^k) - \text{sub}(X_a^k)) \times 100 \qquad (2.2)$$

式中：$\text{sub}(X_a^k)$ 为理想值；$\sup(X_a^k)$ 为最差值。在美丽生态指数的计算过程中，所有无量纲化和归一化过程都使用上述公式（2.1）和式（2.2）进行无量纲化处理，处理后的结果再参与分指数的计算。

2. 分指数的计算

美丽生态指数的各方面评价指标（例如生态）都采用将归一化的指标加权平均的方式得到，其中指标的权重取层次分析法计算得到的权重值。各方面评价指标的计算方法可以用下面公式表示：

$$W_{b.c}^i = \sum Z_a^i \times \varphi_a \qquad (2.3)$$

式中：φ_a 表示指标 a 在方面评价指标 b、c 中的权重，是一个位于（0，1）区间上的小数；Z_a^i 是国家 i 的指标 a 经无量纲归一化处理后得到的结果；$W_{b.c}^i$ 为国家 i 在方面评价指标 b、c（例如 1.1 生态）方面的得分。

3. 美丽生态指数的计算

美丽生态指数的各分指数（生态、资源、环境和景观）都采用将各方面评价指标加权平均的方式得到。分指数的计算方法可以用下面公式表示：

$$Y_a^i = \sum{}^b W_{a,b}^i \times \varphi_{a,b} \qquad (2.4)$$

式中：$\varphi_{a,b}$ 表示指标 a、b 在分指数 a 中的权重，是一个位于（0，1）区间上的小数；$W_{a,b}^i$ 是国家 i 的方面指标 a、b 经无量纲归一化处理后得到的结果；Y_a^i 为国家 i 分指数 a 的值。

4. 缺失数据的处理

在数据收集的过程中，某些国家的某些指标数据由于种种原因无法得到，这就要求对这些缺失数据给出一种合理的处理方法。针对不同性质的缺失指标，采用了不同的处理方法。对于那些由于各种原因而缺失的指标数据，采用的方法是在计算指标得分和分指数时将这些缺失数据予以跳过，并在加权平均时将这些缺失数据的权重按比例分配到其他未缺失数据上。而对于那些因为国家弱小等原因在统计时被忽略不计的指标数据，将其归一化之后取 0 进行计算。

（三）计算示例

根据上述计算方法，对各项指标进行无量纲化和归一化，进而计算各方面评价指标、各分指数及最终的美丽生态指数，以下举例说明。

1. 指标的无量纲化和归一化

以对中国的森林覆盖率进行无量纲化和归一化为例，中国的森林覆盖率为 22.474%，森林覆盖率的理想值采用当前世界上森林覆盖率最高的 1/10 国家的平均值 64.5%，最差值采用当前世界上森林覆盖率最低的 1/10 国家的平均值 0.759%。则根据上述公式(2.1)，中国的森林覆盖率在无量纲化和归一化后的得分：

$$Z_a^i = \left[X_a^i - \mathrm{sub}(X_a^k)\right] \div \left[\sup(X_a^k) - \mathrm{sub}(X_a^k)\right] \times 100$$

$$= (22.19 - 0.82)/(76.77 - 0.82) \times 100 = 28.135 \qquad (2.5)$$

2. 分指数的计算

以中国的"生态"指标为例，根据无量纲化和归一化的结果，中国在森林覆盖率、湿地覆盖率、草原覆盖率、自然保护区覆盖率、野生动植物种类这 5 个指标上的得分分别是 34.07、2.90、68.16、43.80 和 100.00，那么根据式（2.3），中国在"生态"方面评价指标的得分为

$$W_{b,c}^i = \sum Z_a^i \times \varphi_a = 28.135 \times 0.312 + 2.902 \times 0.221 + 68.158 \times 0.191$$

$$+ 83.243 \times 0.102 + 100 \times 0.174 = 48.33 \qquad (2.6)$$

3. 美丽生态指数的计算

以中国的美丽生态指数为例，根据各方面指标的计算，中国在"生态"、"资源"、"环境"和"景观"4 个方面指标中得分分别是 48.33、21.23、51.71 和 81.68，根据前式（2.4），中国的美丽生态指数为

$$Y^i = \sum {}^b W_{a.b}^i \times \varphi_{a.b} = 48.33 \times 0.382 + 21.23 \times 0.259 + 51.71 \times 0.259 + 81.68 \times 0.1 = 34.52 \quad (2.7)$$

六、美丽生态的阶段划分

根据上述计算方式，最后得到的美丽生态指数为 0～100，这个数字与生态的美丽程度之间呈正相关。即生态越美丽，其指数值越大，该国距离理想的美丽生态这个目标越近；指数值越小，该国在建设美丽生态方面需要的努力就越多。经过认真研究，用 85 分、60 分、40 分、25 分这 4 个分数线将美丽生态建设分成 5 个层次阶段（表 2.3）。

表 2.3　美丽生态指数阶段划分

指数划分	层次阶段	美丽生态指数
第五级	高度美丽生态	指数≥85
第四级	中等美丽生态	60≤指数<85
第三级	初级美丽生态	40≤指数<60
第二级	欠美丽生态	25≤指数<40
第一级	不美丽生态	指数<25

美丽生态指数大于等于 85 分的国家，可以认为在建设美丽生态方面非常出色，达到了很高的美丽生态标准，实现了美丽生态建设目标。

美丽生态指数为 60～85 分的国家，在建设美丽生态方面完成得比较出色，已经取得了比较大的成就，属于中等美丽的美丽生态。

美丽生态指数为 40～60 分的国家，在建设美丽生态方面完成得一般，已经取得了一定成就，属于初级美丽的美丽生态。

美丽生态指数为 25～40 分的国家，在建设美丽生态方面刚刚起步，许多方面急需加快推进，迎头赶上，属于欠美丽生态。

而美丽生态指数在 25 分以下的国家，在建设美丽生态方面基本无所作为，为不美丽生态，在建设美丽生态方面需要作艰苦的努力。

── 第三章 ──

全球美丽生态指数评价

本章从实证角度，应用美丽生态指数，分析世界各国美丽生态建设进展，探讨有关区域美丽生态建设特征。

一、全球美丽生态指数计算

在采集到的指标数据的基础上，针对这些指标数据进行归一化，并根据前述计算方法和权重设置对这些指标进行计算，得到各国的 4 个分指数和美丽生态指数（表 3.1）。

表 3.1　世界各国美丽生态指数及其排序

序号	国家	生态	排序	资源	排序	环境	排序	景观	排序	美丽生态指数	总排序
非洲											
1	阿尔及利亚	14.145	168	12.995	108	73.094	45	28.486	73	30.544	149
2	埃及	1.162	184	7.924	135	74.037	41	24.829	83	24.150	178
3	埃塞俄比亚	23.460	140	5.658	150	44.252	170	51.635	29	27.048	166
4	安哥拉	46.472	43	13.271	104	40.802	178	17.331	105	39.238	71
5	贝宁	26.289	127	9.936	128	42.090	174	31.257	67	26.646	169
6	博茨瓦纳	57.040	16	6.647	142	62.871	112	55.039	26	38.399	77
7	布基纳法索	21.586	152	16.008	87	43.815	171	22.644	92	37.502	84
8	布隆迪	13.835	169	3.979	161	43.102	172	24.185	85	25.645	172
9	赤道几内亚	45.540	46	15.755	88	58.926	124	7.061	141	42.044	49
10	多哥	19.826	156	35.133	20	56.086	137	35.639	53	34.765	106
11	厄立特里亚	38.847	64	9.821	129	47.415	163	10.431	124	30.705	147
12	佛得角	16.951	164	3.381	167	71.369	66	0.000	179	33.891	118
13	冈比亚	35.317	87	12.052	112	73.669	44	2.277	161	35.926	97
14	刚果	54.510	23	34.178	23	53.257	151	46.587	36	48.128	20

续表

序号	国家	生态	排序	资源	排序	环境	排序	景观	排序	美丽生态指数	总排序
非洲											
15	刚果民主共和国	50.301	33	33.753	24	38.249	182	30.901	68	42.332	43
16	吉布提	30.763	106	0.207	185	53.303	150	3.209	158	33.983	116
17	几内亚	39.733	61	25.231	47	72.105	57	51.106	30	45.494	28
18	几内亚比绍	51.451	29	29.797	34	75.279	34	36.720	50	50.543	15
19	加纳	40.377	59	8.154	134	62.629	113	11.316	120	30.291	152
20	加蓬	63.745	11	41.239	12	58.225	128	15.410	110	51.658	11
21	津巴布韦	34.983	91	26.163	45	44.252	169	55.028	27	35.949	96
22	喀麦隆	30.199	110	23.805	56	47.058	164	19.688	98	38.755	74
23	科摩罗	16.365	165	5.198	154	71.369	65	7.993	138	26.887	167
24	科特迪瓦	37.329	74	10.040	127	41.285	175	25.185	81	36.973	89
25	肯尼亚	22.966	142	10.523	122	51.267	154	24.484	84	27.221	165
26	莱索托	25.185	131	6.923	140	78.000	23	0.702	171	32.591	129
27	利比里亚	32.729	95	19.677	69	66.114	99	2.243	163	39.549	68
28	利比亚	3.128	181	19.688	68	63.814	109	9.534	129	23.771	180
29	卢旺达	17.572	162	3.945	162	70.817	70	33.304	60	36.306	95
30	马达加斯加	47.472	38	13.041	107	67.735	95	8.717	134	39.928	64
31	马拉维	31.499	102	10.661	120	68.678	86	22.782	91	38.307	78
32	马里	23.173	141	22.276	58	68.322	91	15.295	111	33.845	120
33	毛里求斯	13.444	170	2.496	174	78.200	21	1.610	165	26.197	170
34	毛里塔尼亚	17.664	161	15.617	90	67.505	96	4.531	151	28.727	161
35	摩洛哥	29.590	114	9.787	130	82.570	7	38.307	49	36.754	90
36	莫桑比克	54.878	22	26.623	44	51.888	152	19.539	99	43.252	37
37	纳米比亚	29.049	118	24.116	55	81.432	11	44.275	40	39.411	69
38	南非	57.903	15	24.334	53	56.224	136	28.854	71	36.674	91
39	尼日尔	28.543	122	33.557	25	51.497	153	28.589	72	38.088	80
40	尼日利亚	26.623	126	18.872	75	54.878	144	16.445	106	30.912	143
41	塞拉利昂	46.357	45	18.791	77	71.588	63	12.984	117	42.412	41
42	塞内加尔	44.298	50	19.458	70	68.103	93	32.626	62	31.361	139
43	塞舌尔	50.439	32	0.575	183	64.653	107	2.312	160	34.098	114
44	圣多美和普林西比	36.202	81	4.934	155	79.431	16	0.000	178	35.685	99
45	斯威士兰	51.716	27	6.486	144	85.457	3	13.881	114	40.354	56
46	苏丹	21.137	153	14.755	97	61.824	116	8.338	135	28.739	160
47	索马里	31.326	103	4.002	160	72.151	56	0.380	172	31.729	137
48	坦桑尼亚	61.100	13	17.400	82	39.986	179	60.939	18	44.298	31
49	突尼斯	26.002	128	10.776	119	75.417	32	25.300	80	30.188	153
50	乌干达	18.699	157	7.510	136	56.304	135	23.368	89	37.513	83
51	赞比亚	50.129	34	16.181	86	40.860	177	58.236	21	42.044	50
52	乍得	25.783	129	16.468	84	73.957	42	34.362	57	37.858	81
53	中非共和国	30.613	107	31.982	29	50.416	156	32.614	63	42.067	48

续表

序号	国家	生态	排序	资源	排序	环境	排序	景观	排序	美丽生态指数	总排序
亚洲											
54	阿富汗	22.322	145	10.074	126	39.043	181	2.864	159	24.990	175
55	阿联酋	3.174	180	25.530	46	34.972	185	28.980	70	19.780	182
56	叙利亚	21.873	150	10.661	121	80.431	13	12.478	118	33.201	124
57	阿曼	1.564	183	2.519	173	55.867	138	13.892	113	17.112	184
58	阿塞拜疆	29.509	115	9.396	132	59.237	123	27.428	77	31.786	136
59	巴基斯坦	22.276	146	6.371	145	71.507	64	18.803	100	30.556	148
60	巴林	35.121	88	3.600	164	37.985	183	10.040	127	25.185	174
61	不丹	49.876	44	36.490	15	72.600	48	71.300	14	54.510	6
62	朝鲜	30.889	105	4.899	156	74.762	37	4.393	152	32.867	127
63	韩国	34.903	92	3.163	168	64.285	108	24.035	87	33.201	125
64	东帝汶	49.623	35	9.660	131	91.828	1	6.946	143	45.931	27
65	菲律宾	24.610	134	7.015	139	81.512	9	14.145	112	33.741	121
66	格鲁吉亚	36.628	77	15.249	94	71.772	61	16.066	108	33.534	123
67	哈萨克斯坦	35.777	85	35.650	18	57.477	131	10.316	125	31.913	135
68	吉尔吉斯斯坦	31.867	101	10.419	124	79.891	14	11.799	119	28.693	162
69	柬埔寨	39.422	63	15.675	89	55.534	139	27.612	75	38.560	76
70	卡塔尔	21.747	151	18.607	79	58.133	129	1.978	164	28.382	163
71	科威特	2.956	182	20.079	65	54.648	145	38.836	48	24.369	177
72	老挝	65.079	9	18.860	76	65.803	102	32.327	64	50.025	16
73	黎巴嫩	24.242	137	0.713	182	78.292	20	10.638	122	30.786	146
74	马尔代夫	15.629	167	6.230	146	78.150	22	0.000	180	31.980	134
75	马来西亚	51.233	31	15.238	95	72.577	50	21.264	94	36.386	94
76	蒙古	29.153	117	15.031	96	76.671	29	28.083	74	30.797	145
77	孟加拉国	22.414	144	2.611	172	58.788	125	10.534	123	25.519	173
78	缅甸	29.877	113	14.065	100	53.970	148	7.119	140	40.101	61
79	尼泊尔	24.771	133	6.153	148	54.372	146	48.335	34	29.969	155
80	塞浦路斯	12.225	173	6.521	143	65.228	103	8.027	137	24.058	179
81	沙特阿拉伯	22.759	143	20.804	63	60.778	119	57.995	22	31.027	142
82	斯里兰卡	22.057	148	2.887	171	69.196	81	20.804	96	29.176	157
83	塔吉克斯坦	15.928	166	5.486	151	88.803	2	41.883	44	34.696	108
84	泰国	30.510	109	11.224	116	75.015	36	31.660	66	37.157	86
85	土耳其	23.506	139	13.225	106	75.578	31	34.696	55	32.005	133
86	土库曼斯坦	32.269	99	28.187	41	70.047	74	7.038	142	35.018	102
87	文莱	46.587	42	6.164	147	42.550	173	73.680	12	37.571	82
88	乌兹别克斯坦	24.610	135	6.762	141	71.243	67	9.016	131	30.510	150
89	新加坡	12.834	171	0.955	180	84.629	4	5.888	145	39.158	73
90	亚美尼亚	8.970	177	1.254	178	70.507	71	23.667	88	24.380	176
91	也门	17.457	163	3.427	165	84.284	5	7.751	139	30.165	154
92	伊拉克	18.193	159	28.992	36	78.913	19	9.637	128	35.857	98
93	伊朗	28.658	120	28.198	40	69.495	77	65.964	16	31.349	140
94	以色列	52.394	24	19.343	71	61.801	117	49.347	32	37.111	87

续表

序号	国家	生态	排序	资源	排序	环境	排序	景观	排序	美丽生态指数	总排序
亚洲											
95	印度	29.935	111	13.743	103	70.346	73	49.807	31	32.442	131
96	印度尼西亚	51.394	30	24.300	54	70.438	72	34.615	56	47.633	22
97	约旦	4.520	179	11.247	115	78.982	18	8.959	132	25.990	171
98	越南	35.788	84	6.118	149	65.159	104	17.492	103	33.879	119
99	中国	55.580	20	24.415	52	59.467	122	93.932	1	39.698	67
欧洲											
100	阿尔巴尼亚	30.935	104	12.420	111	62.112	115	5.497	147	31.671	137
101	爱尔兰	27.324	123	13.248	105	73.819	43	5.842	146	37.019	88
102	爱沙尼亚	43.332	51	32.166	28	48.760	159	25.036	82	40.020	62
103	奥地利	38.468	66	8.648	133	46.978	165	51.865	28	34.293	113
104	白俄罗斯	32.384	98	22.115	59	55.143	143	15.491	109	33.925	117
105	保加利亚	26.945	125	27.945	42	55.327	140	75.383	11	39.399	70
106	比利时	25.358	130	22.000	61	49.772	157	64.584	17	41.630	51
107	冰岛	8.338	178	74.049	3	69.851	75	6.245	144	43.378	35
108	波兰	22.218	147	28.969	37	71.783	60	75.417	10	42.125	47
109	波黑	37.985	69	20.033	66	53.567	149	4.359	153	34.006	115
110	英国	35.087	89	11.224	117	68.563	87	56.983	24	41.262	53
111	丹麦	37.456	73	24.875	49	58.489	126	46.207	37	42.815	39
112	德国	29.912	112	25.082	48	60.065	120	78.200	8	40.377	55
113	俄罗斯	40.503	58	77.855	2	65.999	101	81.018	6	60.835	2
114	法国	30.613	108	28.681	38	68.333	90	72.360	13	43.447	34
115	芬兰	44.379	49	32.545	26	48.013	160	24.139	86	42.527	40
116	荷兰	41.481	54	18.964	73	69.288	79	35.662	52	42.274	45
117	黑山	73.842	3	16.330	85	72.232	54	4.830	150	47.024	24
118	捷克	24.898	132	11.270	114	55.212	142	57.086	23	32.442	131
119	克罗地亚	26.956	124	15.341	92	72.577	49	39.595	47	34.730	107
120	拉脱维亚	38.157	68	42.113	10	67.137	97	22.402	93	45.115	29
121	立陶宛	23.621	138	35.949	17	72.370	53	31.671	65	40.250	59
122	卢森堡	56.465	17	7.061	138	57.374	132	58.236	20	44.080	32
123	罗马尼亚	41.147	55	31.418	30	77.648	24	43.907	42	40.308	57
124	马耳他	0.345	185	3.140	169	79.327	17	5.187	148	22.011	181
125	马其顿	37.490	71	10.293	125	75.406	33	17.354	104	32.499	130
126	摩尔多瓦	18.009	160	17.480	81	77.430	26	13.156	116	32.775	128
127	挪威	18.389	158	43.424	9	68.230	92	30.073	69	42.401	42
128	葡萄牙	32.085	100	7.487	137	77.188	28	23.173	90	36.501	93
129	瑞典	61.410	12	18.872	74	59.743	121	36.708	51	53.245	9
130	瑞士	29.463	116	4.014	159	67.758	94	33.247	61	33.166	126
131	塞尔维亚	40.365	60	17.607	80	74.578	38	13.237	115	29.118	157
132	斯洛伐克	28.969	119	11.615	113	77.372	27	56.684	25	39.779	65
133	斯洛文尼亚	40.779	57	22.023	60	74.152	40	40.710	46	42.263	46
134	乌克兰	20.827	155	34.293	22	64.711	106	25.519	79	34.995	104

续表

序号	国家	生态	排序	资源	排序	环境	排序	景观	排序	美丽生态指数	总排序
欧洲											
135	西班牙	37.134	76	13.881	102	69.058	83	87.032	2	39.767	66
136	希腊	41.630	53	14.548	98	68.690	85	41.274	45	41.584	52
137	匈牙利	20.873	154	15.295	93	71.956	58	49.232	33	35.489	101
138	意大利	35.880	83	12.581	110	72.473	52	75.463	9	43.286	36
北美洲											
139	安提瓜和巴布达	45.517	47	14.352	99	39.181	180	0.000	185	31.257	141
140	巴巴多斯	11.431	174	1.288	177	47.553	162	0.000	184	17.020	185
141	巴哈马	40.860	56	1.541	176	41.067	176	1.277	167	26.772	168
142	巴拿马	55.867	18	23.334	57	82.179	8	11.224	121	49.795	17
143	伯利兹	36.513	79	24.691	51	54.027	147	33.454	59	42.286	44
144	多米尼加共和国	36.559	78	16.986	83	72.646	47	20.091	97	39.192	72
145	多米尼克	38.295	67	5.417	152	62.169	114	0.713	170	37.318	85
146	格林纳达	33.350	94	1.196	179	68.874	84	0.000	181	30.889	144
147	哥斯达黎加	76.970	2	21.482	62	69.173	82	10.086	126	53.889	8
148	古巴	59.559	14	15.376	91	71.162	68	34.983	54	48.668	18
149	海地	12.501	172	4.186	158	48.818	158	0.000	183	18.504	183
150	洪都拉斯	37.824	70	10.948	118	61.249	118	16.169	107	34.765	105
151	加拿大	35.018	90	86.630	1	46.437	166	66.539	15	54.499	7
152	美国	52.279	25	62.928	4	45.115	167	85.514	3	56.500	4
153	墨西哥	67.793	6	19.274	72	79.500	15	81.742	5	47.001	25
154	尼加拉瓜	38.663	65	38.215	14	68.425	89	41.964	43	46.587	26
155	萨尔瓦多	36.432	80	10.431	123	80.857	12	3.450	157	35.604	100
156	圣基茨和尼维斯	28.612	121	5.336	153	66.102	100	0.196	174	29.452	156
157	圣卢西亚	21.977	149	0.863	181	72.554	51	0.978	169	34.408	111
158	圣文森特和格林纳丁斯	47.024	40	2.933	170	69.426	78	1.093	168	40.262	58
159	特立尼达和多巴哥	33.477	93	2.335	175	56.799	134	8.890	133	28.992	159
160	危地马拉	46.920	41	12.708	109	55.235	141	26.186	78	38.134	79
161	牙买加	35.455	86	4.520	157	71.829	59	2.266	162	33.546	122
南美洲											
162	阿根廷	36.018	82	34.627	21	50.876	155	44.885	39	40.388	54
163	巴拉圭	49.312	36	36.294	16	69.667	76	8.062	136	47.093	23
164	巴西	65.608	8	55.005	6	58.340	127	78.292	7	63.400	1
165	秘鲁	73.106	4	38.882	13	82.789	6	46.909	35	57.224	3
166	玻利维亚	72.393	5	35.294	19	63.607	110	45.782	38	51.509	12
167	厄瓜多尔	55.867	19	31.131	31	74.175	39	27.428	76	51.359	14
168	哥伦比亚	64.538	10	29.969	33	72.209	55	44.264	41	55.545	5
169	圭亚那	48.093	37	57.236	5	63.572	111	18.400	101	51.497	13
170	苏里南	44.517	48	41.780	11	71.116	69	17.630	102	48.013	21
171	委内瑞拉	47.162	39	51.773	7	44.402	168	9.350	130	48.461	19
172	乌拉圭	37.249	75	32.465	27	66.447	98	3.542	156	40.204	60
173	智利	32.557	97	29.601	35	57.730	130	34.017	58	35.006	103

续表

序号	国家	生态	排序	资源	排序	环境	排序	景观	排序	美丽生态指数	总排序
大洋洲											
174	澳大利亚	52.084	26	50.002	8	36.616	184	82.812	4	45.069	30
175	巴布亚新几内亚	67.528	7	30.452	32	69.207	80	3.818	155	51.992	10
176	斐济	32.695	96	27.554	43	64.722	105	1.484	166	39.986	63
177	基里巴斯	9.258	176	18.711	78	76.487	30	21.195	95	30.314	151
178	马绍尔群岛	77.062	1	3.404	166	68.540	88	0.069	176	36.582	92
179	密克罗尼西亚联邦	51.520	28	0.380	184	56.891	133	0.000	182	34.512	110
180	帕劳	55.120	21	20.160	64	47.921	161	0.150	175	38.709	75
181	萨摩亚	39.560	62	3.703	163	71.703	62	0.265	173	34.673	109
182	所罗门群岛	41.814	52	24.725	50	81.455	10	0.012	177	43.470	33
183	汤加	10.109	175	14.065	101	77.591	25	4.899	149	28.095	164
184	瓦努阿图	24.553	136	19.780	67	75.268	35	3.922	154	34.385	112
185	新西兰	37.490	72	28.670	39	72.772	46	58.558	19	42.999	38

注：表中颜色代表对排名的评价，绿色为排名靠前，红色为排名靠后。

185 个国家 4 项分指数的平均分和标准差分别是：生态指数平均分 34.723，标准差 16.003；环境指数平均分 18.337，标准差 14.742；资源指数平均分 64.401，标准差 12.288；景观指数平均分 26.504，标准差 23.068。美丽生态指数平均分 39.090，标准差 8.405。

将所有 185 个国家的得分以颜色的方式标注在世界地图上，高分为绿色，中间分数为黄色，低分为红色，得到图 3.1～图 3.5 所示各分指数和美丽生态指数分布图（图上国界仅供参考，不代表本书作者任何倾向）。

二、全球美丽生态指数分析

根据世界各国分指数及美丽生态指数得分，得到图 3.6～图 3.10。

在获取了足够的数据参加美丽生态指数计算的国家中，非洲国家有 53 个，亚洲国家有 46 个，欧洲国家有 39 个，北美洲国家有 23 个，南美洲国家有 12 个，大洋洲国家有 12 个，共计 185 个。在这 185 个国家中，巴西依靠其优越的地理环境以 63.40 分遥遥领先，位居第 1；俄罗斯以 60.84 分紧随其后，秘鲁以 57.22 分位居第 3，其后位居第 4 到第 10 的分别是美国（56.50）、哥伦比亚（55.55）、不丹（54.51）、加拿大（54.50）、哥斯达黎加（53.89）、瑞典（53.25）和巴布亚新几内亚（51.99）。位居前 10 的国家中有 3 个国家来自南美洲，3 个国家来自北美洲，2 个国家来自欧洲，其余 2 个国家分别来自亚洲和大洋洲。

粗略来看，这些国家可以分成两大类：地域广袤、资源丰富的大国，山川秀美、环境破坏小的发展中国家。巴西、俄罗斯、美国、加拿大都可以视为大国的代表，广袤的国土给这些国家带来丰富的自然资源。秘鲁、哥伦比亚、不丹、哥斯达黎加、瑞典、

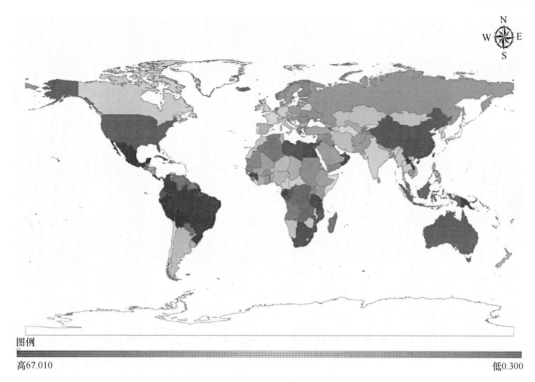

图 3.1　世界各国生态指数示意图

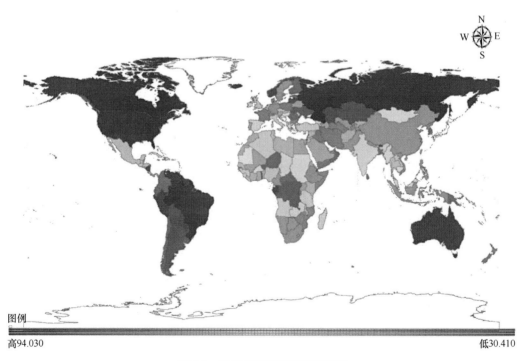

图 3.2　世界各国资源指数示意图

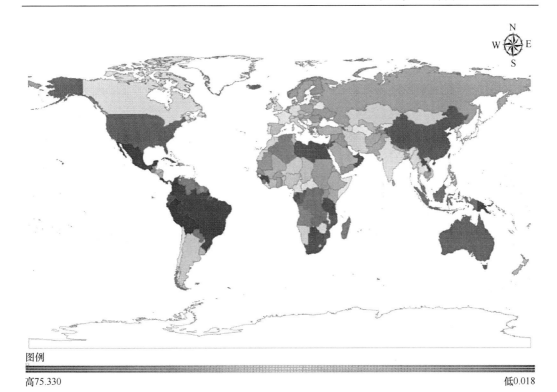

图 3.3　世界各国环境指数示意图

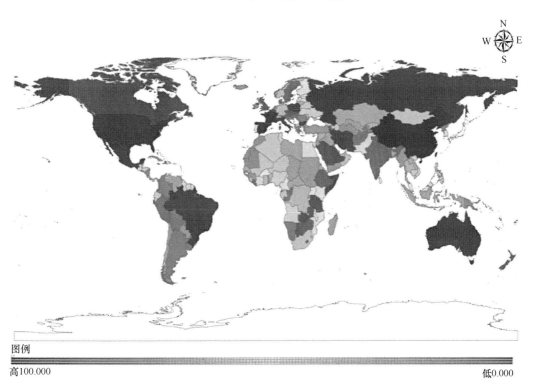

图 3.4　世界各国景观指数示意图

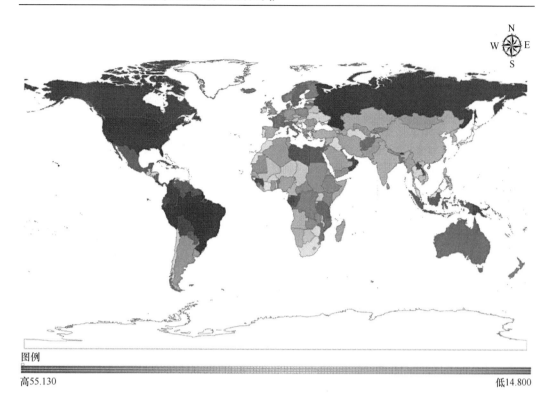

图例

高55.130   低14.800

图 3.5   世界各国美丽生态指数示意图

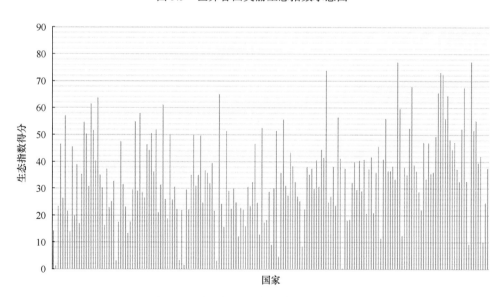

图 3.6   世界各国生态指数得分柱状图

巴布亚新几内亚六国，其国土面积与大国比起来显得狭小，但是秀美的山川，人为干扰小以及对自然环境的良好保护，使得这些国家能够保持优美的生态环境。

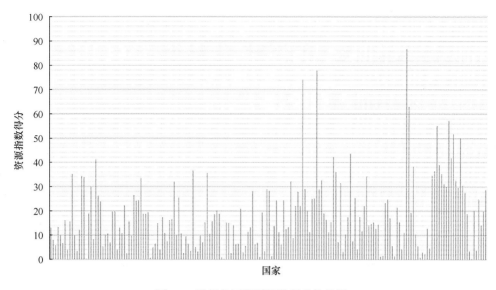

图 3.7 世界各国资源指数得分柱状图

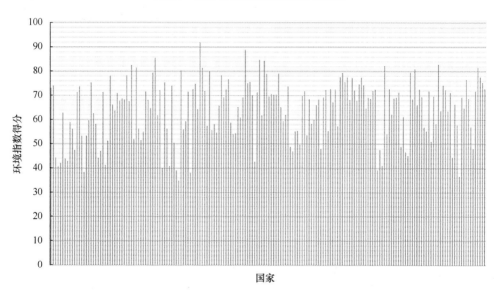

图 3.8 世界各国环境指数得分柱状图

从各分指数的得分来分析，美丽生态排名第一的巴西在环境指数方面排名稍逊，仅排 127 名，与其过度城市化带来了环境污染等多方面问题有关。同样，俄罗斯、美国、加拿大也存在类似问题。这几个国家同为幅员辽阔的资源大国，广袤的国土和优越的地理环境使其美丽生态指数位居前列。哥斯达黎加在景观指数方面得分稍逊，其自然遗产数量较少。加拿大在生态指数方面排名稍逊，仅排第 90 名，在资源指数方面排第 1 名。

在排名的最后，分数最低的是巴巴多斯（17.02）、阿曼（17.112）和海地（18.504），地域多为独立岛国，饥荒、动荡诸多因素使得其美丽生态指数得分比全世界平均分低近

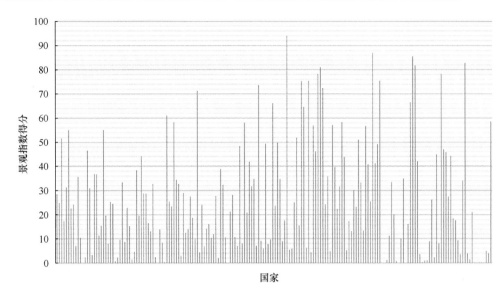

图 3.9　世界各国景观指数得分柱状图

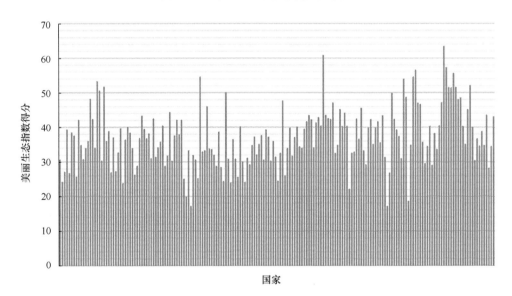

图 3.10　世界各国美丽生态得分柱状图

20 分；比这些国家稍好些的是阿联酋（19.78）、马耳他（22.011）、利比亚（23.771）、塞浦路斯（24.058）、埃及（24.15）、科威特（24.369）和亚美尼亚（24.38）。

　　从各分指数的得分来看，后 10 名国家的各项分指数也普遍表现不佳。其中能够排在前 1/2 的只有科威特、利比亚、阿联酋的资源指数，埃及、马耳他和亚美尼亚的环境指数，科威特、埃及、阿联酋和亚美尼亚的景观指数，其余各项分指数都普遍处于排行榜的末端。这种现象表明这些国家存在的问题绝不仅仅在某个单一方面，而是生态、资源、环境和景观多个方面都存在问题，形成了一种恶性循环。

从大洲分布上来看，后 10 名国家中有两个来自北美洲，分别是海地和巴巴多斯，一个来自欧洲的马耳他，3 个国家来自非洲，分别是埃及、利比亚和亚美尼亚，其余 4 个国家均来自亚洲，分别为科威特、塞浦路斯、阿联酋和阿曼。这也在一定程度上说明了当前世界发展的不均衡。

三、发达国家和发展中国家对比分析

将 185 个国家中国际上公认的 20 个发达国家和最不发达的 42 个国家排名，分别见表 3.2 和表 3.3。

表 3.2　美丽生态指数发达国家各项指数得分

排名	国家	美丽生态	生态	资源	环境	景观
1	美国	56.50	52.279	62.928	45.115	85.514
2	加拿大	54.50	35.018	86.630	46.437	66.539
3	瑞典	53.25	61.410	18.872	59.743	36.708
4	澳大利亚	45.07	52.084	50.002	36.616	82.812
5	卢森堡	44.08	56.465	7.061	57.374	58.236
6	法国	43.45	30.613	28.681	68.333	72.360
7	新西兰	43.00	37.490	28.670	72.772	58.558
8	丹麦	42.81	37.456	24.875	58.489	46.207
9	芬兰	42.53	44.379	32.545	48.013	24.139
10	挪威	42.40	18.389	43.424	68.230	30.073
11	荷兰	42.27	41.481	18.964	69.288	35.662
12	比利时	41.63	25.358	22.000	49.772	64.584
13	英国	41.26	35.087	11.224	68.563	56.983
14	德国	34.40	29.912	25.082	60.065	78.200
15	西班牙	39.77	37.134	13.881	69.058	87.032
16	爱尔兰	37.02	27.324	13.248	73.819	5.842
17	葡萄牙	36.50	32.085	7.487	77.188	23.173
18	奥地利	34.29	38.468	8.648	46.978	51.865
19	韩国	33.20	34.903	3.163	64.285	24.035
20	瑞士	33.17	29.463	4.014	67.758	33.247

表 3.3　美丽生态指数最不发达国家各项指数得分

排名	国家	美丽生态	生态	资源	环境	景观
1	不丹	54.51	49.876	36.490	72.600	71.300
2	几内亚	45.49	39.733	25.231	72.105	51.106
3	几内亚比绍	50.54	51.451	29.797	75.279	36.720
4	老挝	50.03	65.079	18.860	65.803	32.327
5	东帝汶	45.93	49.623	9.660	91.828	6.946

排名	国家	美丽生态	生态	资源	环境	景观
6	坦桑尼亚	44.30	61.100	17.400	39.986	60.939
7	所罗门群岛	43.47	41.814	24.725	81.455	0.012
8	莫桑比克	43.25	54.878	26.623	51.888	19.539
9	塞拉利昂	42.41	46.357	18.791	71.588	12.984
10	刚果民主共和国	42.33	50.301	33.753	38.249	30.901
11	中非共和国	42.07	30.613	31.982	50.416	32.614
12	缅甸	40.10	29.877	14.065	53.970	7.119
13	马达加斯加	39.93	47.472	13.041	67.735	8.717
14	利比里亚	39.55	32.729	19.677	66.114	2.243
15	柬埔寨	38.56	39.422	15.675	55.534	27.612
16	马拉维	38.31	31.499	10.661	68.678	22.782
17	尼日尔	38.09	28.543	33.557	51.497	28.589
18	乍得	37.86	25.783	16.468	73.957	34.362
19	乌干达	37.51	18.699	7.510	56.304	23.368
20	布基纳法索	37.50	21.586	16.008	43.815	22.644
21	卢旺达	36.31	17.572	3.945	70.817	33.304
22	冈比亚	35.93	35.317	12.052	73.669	2.277
23	圣多美和普林西比	35.68	36.202	4.934	79.431	0.000
24	多哥	34.76	19.826	35.133	56.086	35.639
25	吉布提	33.98	30.763	0.207	53.303	3.209
26	马里	33.84	23.173	22.276	68.322	15.295
27	莱索托	32.59	25.185	6.923	78.000	0.702
28	索马里	31.73	31.326	4.002	72.151	0.380
29	塞内加尔	31.36	44.298	19.458	68.103	32.626
30	厄立特里亚	30.71	38.847	9.821	47.415	10.431
31	基里巴斯	30.31	9.258	18.711	76.487	21.195
32	也门	30.16	17.457	3.427	84.284	7.751
33	尼泊尔	29.97	24.771	6.153	54.372	48.335
34	苏丹	28.74	21.137	14.755	61.824	8.338
35	毛里塔尼亚	28.73	17.664	15.617	67.505	4.531
36	埃塞俄比亚	27.05	23.460	5.658	44.252	51.635
37	科摩罗	26.89	16.365	5.198	71.369	7.993
38	贝宁	26.65	26.289	9.936	42.090	31.257
39	布隆迪	25.65	13.835	3.979	43.102	24.185
40	孟加拉国	25.52	22.414	2.611	58.788	10.534
41	阿富汗	24.99	22.322	10.074	39.043	2.864
42	海地	18.50	12.501	4.186	48.818	0.000

从表中可以看出，幅员辽阔的大国，例如美国、加拿大和澳大利亚，不仅经济水平较发达，因其广袤的国土和丰富的资源，美丽生态指数得分也较高，而相对面积较小一些的欧洲发达国家，美丽生态指数得分相对较低。

可见，最不发达的 42 个国家，美丽生态指数得分相差较大，排在前几名的不丹、几内亚等，虽然经济条件落后，但其资源十分丰富，美丽生态指数得分较高。排在最后的海地战乱频繁，饥荒肆虐，整个国家处在崩溃的边缘，除环境指数外各项分指数全面落后，其中景观指数为 0，生态、资源、景观的全面落后带来的是美丽生态指数垫底的结果。阿富汗也类似，战乱频繁，各项指标得分均较低，贫穷、动荡、冲突、社会不公诸多因素形成的恶性循环，在全面落后的 4 项指数中得到了反映，也是这些国家位列美丽生态排行榜后几位的原因。

总体来讲，从发达国家和最不发达国家的排名来看，美丽生态指数与国家的发展状况有着一定的联系，这也从一个侧面说明了"发展才是硬道理"的深刻含义。

四、美丽生态指数洲际对比分析

（一）美丽生态指数洲际总体对比分析

针对不同大洲国家之间的对比，计算了各大洲美丽生态指数平均值和标准差，并结合国家排名情况列表（表 3.4）。图 3.11～图 3.15 所示为各分指数和美丽生态指数各大洲情况。

表 3.4　美丽生态指数各大洲国家对比分析

大洲（国家数量）		非洲（53）	亚洲（46）	欧洲（39）	北美洲（23）	南美洲（12）	大洋洲（12）
美丽生态指数	平均分	35.9455283	32.711	39.13007692	38.058	49.14141667	38.3985
	标准差	6.815956427	7.298097749	6.256886512	10.5200124	7.571557022	6.446489439
	前 20 名	3	2	2	5	7	1
	后 20 名	6	10	1	3	0	0
生态指数	平均分	33.71908491	28.2445	32.81451282	40.3865	52.201375	41.56579167
	标准差	15.35578277	14.44257397	12.3257032	15.1148809	13.45087782	19.8947831
	前 20 名	4	2	3	4	5	1
	后 20 名	5	9	2	2	0	2
资源指数	平均分	15.38504717	12.63475	22.90269231	16.8245	39.50441667	20.133625
	标准差	9.948462506	9.440710702	15.84100939	20.47115193	9.448295573	13.31242862
	前 20 名	2	2	5	3	7	1
	后 20 名	4	8	1	6	0	1

续表

大洲（国家数量）		非洲（53）	亚洲（46）	欧洲（39）	北美洲（23）	南美洲（12）	大洋洲（12）
环境指数	平均分	61.61114151	66.78375	66.43166667	62.19	64.57729167	66.59745833
	标准差	14.35493636	12.82604719	9.124048307	12.66820175	10.1517304	12.69767043
	前20名	5	9	1	3	1	1
	后20名	10	4	0	4	1	1
景观指数	平均分	22.71879245	26.69775	41.27320513	19.4265	31.54641667	14.76504167
	标准差	16.43175283	25.94946692	27.91475156	25.98042638	20.77955588	26.10262874
	前20名	1	4	9	3	1	2
	后20名	4	1	0	9	0	6

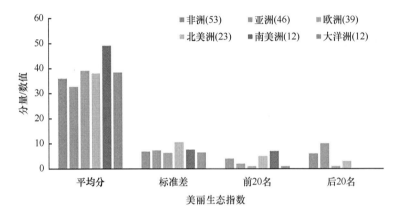

图 3.11　美丽生态指数洲际柱状图

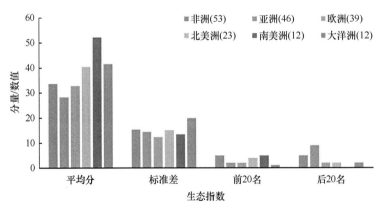

图 3.12　生态指数洲际柱状图

（二）美丽生态指数各洲具体分析

除了南极洲之外的六大洲里，美丽生态指数平均分最高为南美洲（49.14 分），其次

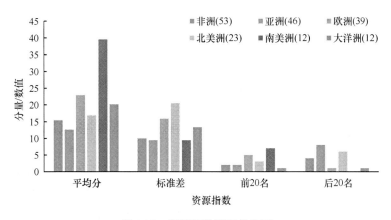

图 3.13 资源指数洲际柱状图

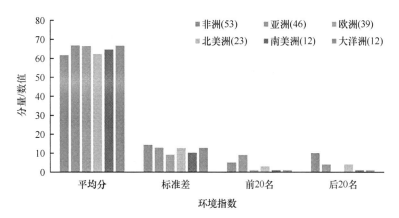

图 3.14 环境指数洲际柱状图

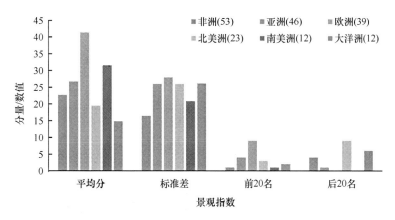

图 3.15 景观指数洲际柱状图

为欧洲（39.13 分）、大洋洲（38.40 分）、北美洲（38.06 分）和非洲（35.95 分），亚洲则以 32.89 分位列最后。图 3.16~图 3.22 所示为各分指数和美丽生态指数各大洲美丽生态指数情况。

美丽生态：理论探索指数评价与发展战略

1. 南美洲

从整体来看，南美是美丽生态指数排名最高的大洲，其 12 个国家的平均分居六大洲的第 1 位，且遥遥领先于第 2 位的欧洲。在美丽生态指数的前 20 位里，有 7 个国家在南美洲，排名最低的智利（35.006 分）也仅居第 103 位。这在一定程度上说明了南美在生态、资源、环境、景观诸方面整体上的领先地位。

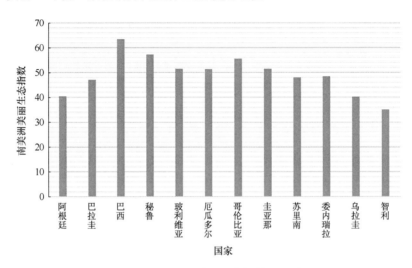

图 3.16　南美洲美丽生态指数柱状图

仔细研究南美洲的各项分指数，给人留下的更加深刻印象是生态和资源上的巨大优势。平均 49.14 分的生态指数远远高于全球 185 个国家的平均分（38.90），也比第 2 名大洋洲（38.40）多 10 余分。资源指数得分 39.504，也远远高于全球 185 个国家的平均分（21.231），比第 2 名欧洲（22.903）多 10 分以上。这种生态环境上的巨大优势，一方面与南美洲国家优异的自然环境息息相关，有地球之肺美称的世界第一大热带雨林亚马孙森林占地 700 万 km^2，占世界雨林面积的一半，占南美洲陆地面积的近 40%，这使得南美洲在森林覆盖率、人均可再生淡水资源等指标上占有很大优势。另一方面，南美洲国家在 GDP 单位能耗、人均二氧化碳排放量和 PM2.5 污染方面的高得分，也充分反映了这些国家在生态环境保护方面作出的巨大努力。

2. 欧洲

总体来看，参与美丽生态指数计算的欧洲 39 个国家的表现堪称优秀，39.130 分的美丽生态指数平均分在六大洲中排名第 2。同时，6.257 的标准差排名第 1。从这个角度来看，"高水平的平均"是参与计算的欧洲 39 个国家给人留下的第一印象，其中北欧和西欧地区尤其明显。

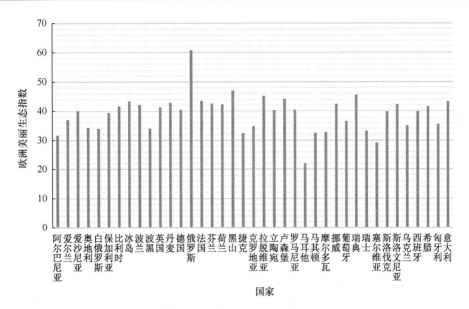

图 3.17　欧洲美丽生态指数柱状图

北欧五国中，瑞典以 53.25 分排名第 9，冰岛、丹麦和芬兰分别以 43.378 分、42.815 分和 42.527 分居第 35 位、第 39 位和第 40 位，得分最低的挪威也以 42.401 分居第 42 位。这 5 个国家的共同特点是：生态环境良好，这一点也可以从这 5 个国家的各项分指数的排名上反映出来。

与北欧五国类似，西欧诸国在美丽生态指数中也有着出色的表现。卢森堡和法国在美丽生态指数的排名中分别以 44.08 和 43.447 分居第 32 位和第 34 位，意大利以 43.286 分紧随其后，居第 36 位，荷兰以 42.274 分居第 45 位。这种排名也说明了西欧各国在美丽生态建设方面的巨大优势。

在收集到足够数据的欧洲国家中，为数不多的排名比较靠后的国家有马耳他、塞尔维亚和阿尔巴尼亚等，这些国家普遍受到相对恶劣的自然环境的拖累。以南欧岛国马耳他为例，其美丽生态指数在 185 个国家中居 181 位，生态指数受累于资源的匮乏，排在第 185 位，使得其综合指数排名在欧洲垫底，第 181 位。排在欧洲倒数第 2 位和第 3 位的塞尔维亚和阿尔巴尼亚，在美丽生态指数上分别排在了第 158 位和第 138 位。从指数上分析，对于这些国家来讲，生态资源是拖累其美丽生态指数表现的重要因素。

从整体上来看，欧洲国家在生态方面有着不俗的表现。

3. 大洋洲

在平均分排名中，大洋洲（38.399）略低于欧洲（39.13），排名第 3。其美丽生态指数标准差（6.446）仅高于欧洲，在各大洲中排名第 2。

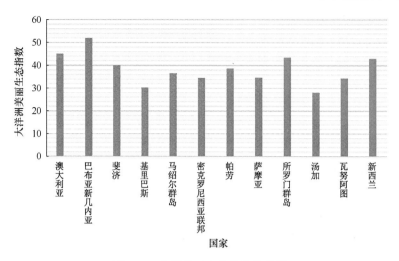

图 3.18　大洋美丽生态指数柱状图

从国家来看，巴布亚新几内亚和澳大利亚分别居第 10 位和第 30 位，与其优越的生态资源分不开，所罗门群岛以 43.47 紧随其后，居第 33 位，基里巴斯和汤加因其脆弱的生态分别以 30.314 分和 28.095 分排名第 151 和第 164。

4. 北美洲

在北美洲参加计算的 23 个国家中，美国以 56.5 分排名第 4，加拿大和哥斯达黎加分别凭借 54.499 分和 53.889 分的综合评分，在美丽生态指数的排行榜上排名第 7 和第 8。从分指数上来看，美国各分指数除了环境指数较低外，大部分称得上优秀，排名第 167，与其城市化发展造成的环境破坏脱不了关系。加拿大也存在类似的问题，环境指数为 46.437 分，排名第 166。

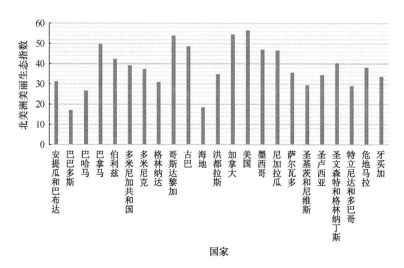

图 3.19　北美洲美丽生态指数柱状图

　　与美、加、墨三国相比，尚属发展中国家的中美洲/加勒比海诸国的美丽生态指数得分相去其远。落后的海地和巴巴多斯则在 185 个国家中位列 183 和 185。从这些国家的各项分指数来分析，造成这些国家排名相对落后的主要原因可以说是多种多样。大多国家受累于生态与资源上的劣势，各项指标得分均较低，例如巴巴多斯，生态、环境、资源、景观分别排第 174 位、第 177 位、第 162 位、第 184 位，致使最后综合得分排名垫底。

　　从指数的分布中可以看出，北美洲地区是一种两极分化的态势，作为发达国家的美国和加拿大以及墨西哥在美丽生态建设中成就斐然，而作为中美洲和加勒比海诸国则相对落后。这种两极分化的态势也能够从北美洲高于其他大洲的美丽生态指数标准差（10.52）中得到证明。

5. 非洲

　　非洲共有 53 个国家参与美丽国生态指数的计算，从平均分来看，非洲的美丽生态指数平均分（35.946）高于亚洲，位列第 5。

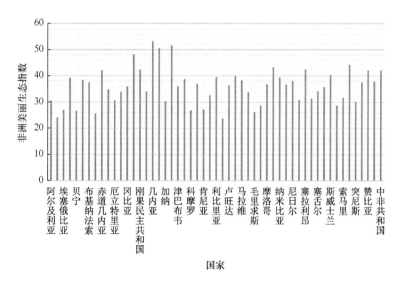

图 3.20　非洲美丽生态指数柱状图

　　在非洲所有国家中，加蓬和几内亚比绍分别以 51.658 分和 50.543 分位列第 11 和第 15。从分指标来看，这两个国家生态资源得分均较高，加蓬的环境得分较低，排名第 128，加蓬的景观得分也较低，排名第 110。美丽生态排名靠后的几个国家，例如利比亚，频繁的战乱和动荡的环境导致生态被恶劣破坏，生态指标以 3.128 分排在第 181 位，美丽生态指标以 23.771 分排在第 180 位，也反映了作为世界第二大洲的非洲大陆相对贫穷、落后、动荡不安的现实，要改变这种状态，就需要非洲各国乃至全世界通力合作，在各个方面作出坚持不懈的努力，斩断贫穷、动荡、冲突、生态灾难、环境恶劣、社会不公等诸多因素形成的恶性循环，让非洲大陆真正美丽起来。

6. 亚洲

有 46 个亚洲国家参与美丽生态指数计算，平均分以 32.89 分在六大洲中垫底，低于全球 185 个国家的总平均分 37.09 分。

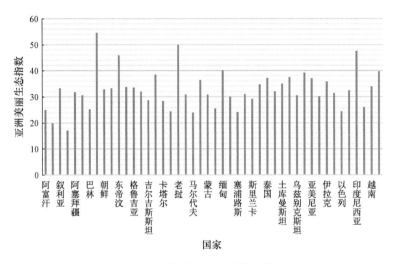

图 3.21　亚洲美丽生态指数柱状图

亚洲国家的美丽生态指数令人触目惊心。在所有亚洲国家中，进入美丽生态指数排名前 20 名的有不丹（54.51 分，第 6 名）和老挝（50.025，第 16 名），其后是排名第 22 位的印度尼西亚（47.633 分）、排名第 27 位的东帝汶（45.931 分）。但是，美丽生态指数最低的 10 个国家中有 4 个亚洲国家，最低的 20 个国家中有 9 个在亚洲。其中以 17.112 分位列第 184 的阿曼，以 19.78 分位列第 182 的阿联酋等，这些国家的生态指标得分均较低。只有不丹、老挝、印度尼西亚、东帝汶、缅甸 5 个国家得到了全世界平均分以上的分数。这些数据毫不客气地指出亚洲，尤其是西亚和中亚地区的生态环境面临着非常严重的恶劣局面，生态破坏、环境污染、资源匮乏等已经给亚洲各国人民带来了很多苦难，甚至已经威胁到了亚洲人民的生存和繁衍。如果亚洲各国不能在生态环境保护方面携起手来，作出最大限度的努力，生态环境崩溃的达摩克利斯之剑一旦落下，对于这些国家的人民来讲将是万劫不复的灾难。

五、美丽生态指数基本统计分析

为了从美丽生态指数中找到更多的有用信息，还使用各种统计分析方法对美丽生态指数做了进一步的分析。

针对 185 个国家的各项分指数与美丽生态指数进行了基本的统计分析。首先是 185 个国家美丽生态指数得分分布（见图 3.22）。

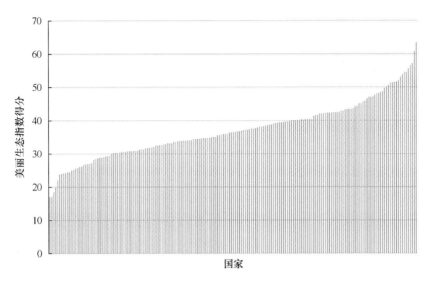

图 3.22 世界各国美丽生态指数分布

全世界 185 个国家美丽生态指数平均分为 37.09，标准差为 8.405，最高分为 63.40，最低分为 17.02。图 3.23～图 3.27 分别是 185 个国家美丽生态指数及其各分指数的样本分布直方图。

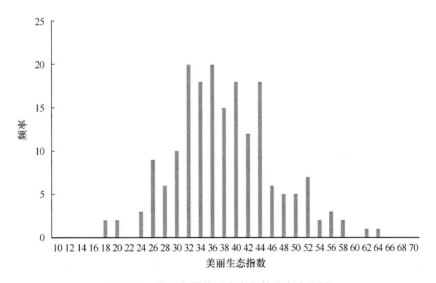

图 3.23 世界各国美丽生态指数分布直方图

根据这些直方图判断，美丽生态指数、环境与生态分指数基本呈标准正态分布，资源和景观的分布与标准正态分布相比表现出正偏离（即左偏离）的态势，这说明当前世界各国的发展情况都很不均衡，而且普遍存在较多不发达国家和少量高度发达国家并存的现状。这种不均衡在资源和景观领域表现得尤其明显。

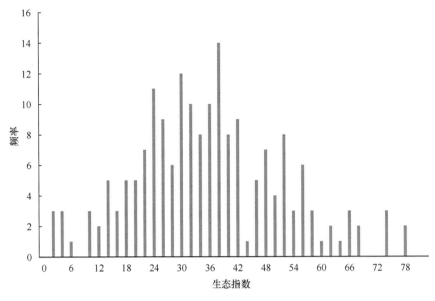

图 3.24 世界各国生态指数分布直方图

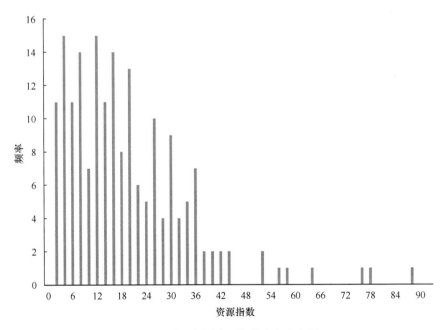

图 3.25 世界各国资源指数分布直方图

六、美丽生态指数聚类分析

针对最终的美丽生态指数结果，对 185 个国家使用系统聚类分析法进行了单因素聚类分析。分析结果将 185 个国家分成了 4 个聚类。

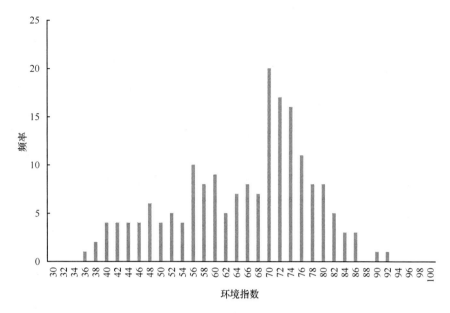

图 3.26 世界各国环境指数分布直方图

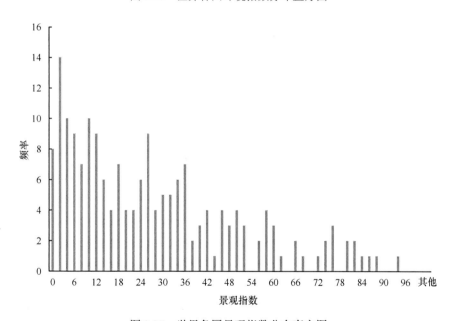

图 3.27 世界各国景观指数分布直方图

第一聚类。位列榜首的巴西（63.4）和位列第二的俄罗斯（60.84）两个国家组成了美丽生态指数的第一集团。这些国家的美丽生态指数遥遥领先于其他国家，是美丽生态建设中的佼佼者。第一聚类的国家美丽生态指数为 60~85 分，都属于"中等美丽生态"。这说明目前世界上尚不存在理想中的美丽生态指数在 85 分以上的美丽生态国家，在建设美丽生态的道路上，世界各国都要继续努力。

第二聚类。由第 3 名的秘鲁（57.22）到第 62 名的爱沙尼亚（40.02）的 60 个国家组成，是美丽生态指数的第二集团。这些国家的美丽生态指数为 40~60 分，高于全球 185 个国家的平均分，属于"初级美丽生态"。

第三聚类。由第 63 名的斐济（39.99）到第 173 名的巴林（25.19）共 111 个国家组成，是美丽生态指数的第三集团。这些国家的美丽生态指数接近或略低于全球 185 个国家的平均分，处于略偏下的位置。第三聚类的国家美丽生态指数为 25~40 分，是"欠美丽生态"。

第四聚类。由第 174 名的阿富汗（24.99）到第 185 名的巴巴多斯（17.02）共 12 个国家组成，是美丽生态指数的第四集团。这些国家的美丽生态指数远低于全球 185 个国家的平均分，处于靠后的位置，反映了这些国家在建设美丽生态方面的不足。第四聚类的国家美丽生态指数在 25 分以下，属于"不美丽生态"

表 3.5 和图 3.28 分别列出了聚类分析的结果。

表 3.5　美丽生态聚类分析结果

项目	国家数量	最高分	最低分	平均分	美丽生态划分
第一聚类	2	63.4	60.84	62.12	中等美丽生态
第二聚类	60	57.22	40.02	45.78	初级美丽生态
第三聚类	111	39.99	25.19	33.58	欠美丽生态
第四聚类	12	24.99	17.02	22.01	不美丽生态
总计	185	63.4	17.02	37.09	

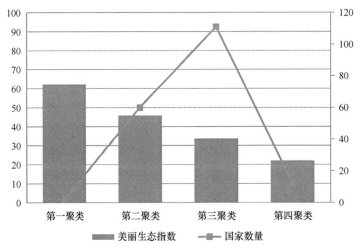

图 3.28　美丽生态聚类分析结果图

从 4 个聚类的国家数量分布来看，2-60-111-12 的分布也与世界各国美丽生态指数分布的直方图相符合，基本上反映了目前全球各国美丽生态建设方面普遍存在的少数中等美丽生态和不美丽生态，多数初级美丽生态和欠美丽生态并存的不均衡现状。

七、美丽生态指数动态分析

比较 2014 年（首部《全球美丽国家发展报告 2015》）和 2015 年（本次研究分析统一取 2015 年数据）美丽生态指数得分和排名（表 3.6），进行动态分析，发现有了不少变化，产生变化的原因主要有以下两点。

表 3.6 2014 年和 2015 年美丽生态指数对比

序号	国家	2015 年		2014 年	
		美丽生态得分	排序	美丽生态得分	排序
1	阿尔及利亚	30.544	149	28.31	148
2	埃及	24.15	178	15.34	183
3	埃塞俄比亚	27.048	166	24.75	164
4	安哥拉	39.238	71	43.59	40
5	贝宁	26.6455	169	33.14	122
6	博茨瓦纳	38.3985	77	38.97	77
7	布基纳法索	37.5015	84	39.93	62
8	布隆迪	25.645	172	33.33	119
9	赤道几内亚	42.044	49	45.10	29
10	多哥	34.7645	105	37.28	88
11	厄立特里亚	30.705	147	29.81	139
12	佛得角	33.8905	118	34.00	113
13	冈比亚	35.926	97	39.78	63
14	刚果	48.1275	20	55.08	6
15	刚果民主共和国	42.3315	43	46.12	28
16	吉布提	33.9825	116	33.34	118
17	几内亚	45.494	28	42.79	46
18	几内亚比绍	50.5425	15	50.31	17
19	加纳	30.291	152	29.80	140
20	加蓬	51.658	11	58.52	2
21	津巴布韦	35.949	96	33.31	120
22	喀麦隆	38.755	74	40.28	60
23	科摩罗	26.887	167	31.25	131
24	科特迪瓦	36.9725	89	39.33	73
25	肯尼亚	27.2205	165	26.56	157
26	莱索托	32.591	129	35.69	101
27	利比里亚	39.5485	68	46.41	27
28	利比亚	23.7705	180	20.48	177

续表

序号	国家	2015 年		2014 年	
		美丽生态得分	排序	美丽生态得分	排序
29	卢旺达	36.3055	95	36.74	92
30	马达加斯加	39.928	64	43.30	42
31	马拉维	38.3065	78	42.80	45
32	马里	33.8445	120	39.62	68
33	毛里求斯	26.197	170	27.64	151
34	毛里塔尼亚	28.727	161	31.20	132
35	摩洛哥	36.754	90	33.72	115
36	莫桑比克	43.2515	37	42.43	48
37	纳米比亚	39.4105	69	39.51	69
38	南非	36.6735	91	31.92	127
39	尼日尔	38.088	80	43.75	39
40	尼日利亚	30.912	143	25.68	159
41	塞拉利昂	42.412	41	49.10	19
42	塞内加尔	31.3605	139	32.74	124
43	塞舌尔	34.0975	114	26.89	155
44	圣多美和普林西比	35.6845	99	29.62	142
45	斯威士兰	40.3535	56	38.81	80
46	苏丹	28.7385	160	30.07	136
47	索马里	31.7285	137	37.48	86
48	坦桑尼亚	44.298	31	42.41	49
49	突尼斯	30.1875	153	24.48	169
50	乌干达	37.513	83	38.91	79
51	赞比亚	42.044	50	47.76	23
52	乍得	37.858	81	40.95	56
53	中非共和国	42.067	48	52.77	14
54	阿富汗	24.9895	175	31.33	130
55	阿联酋	19.78	182	12.84	185
56	叙利亚	33.2005	124	35.03	105
57	阿曼	17.112	184	13.51	184
58	阿塞拜疆	31.786	136	33.31	121
59	巴基斯坦	30.5555	148	18.00	181
60	巴林	25.185	174	22.25	173
61	不丹	54.51	6	57.10	3
62	朝鲜	32.867	127	24.96	163
63	韩国	33.2005	125	27.21	153

续表

序号	国家	2015 年		2014 年	
		美丽生态得分	排序	美丽生态得分	排序
64	东帝汶	45.931	27	46.88	25
65	菲律宾	33.741	121	31.38	129
66	格鲁吉亚	33.534	123	34.01	112
67	哈萨克斯坦	31.9125	135	29.26	144
68	吉尔吉斯斯坦	28.6925	162	30.23	135
69	柬埔寨	38.5595	76	39.51	70
70	卡塔尔	28.382	163	18.80	180
71	科威特	24.3685	177	16.03	182
72	老挝	50.025	16	54.51	7
73	黎巴嫩	30.7855	146	25.85	158
74	马尔代夫	31.98	134	25.64	160
75	马来西亚	36.386	94	39.29	74
76	蒙古	30.797	145	24.51	168
77	孟加拉国	25.5185	173	20.74	176
78	缅甸	40.1005	61	38.71	81
79	尼泊尔	29.969	155	25.00	162
80	塞浦路斯	24.058	179	27.26	152
81	沙特阿拉伯	31.027	142	24.62	166
82	斯里兰卡	29.1755	157	32.01	126
83	塔吉克斯坦	34.6955	108	28.53	147
84	泰国	37.1565	86	34.46	108
85	土耳其	32.0045	133	27.92	149
86	土库曼斯坦	35.0175	102	33.46	117
87	文莱	37.5705	82	37.03	89
88	乌兹别克斯坦	30.5095	150	26.61	156
89	新加坡	39.1575	73	22.65	172
90	亚美尼亚	24.38	176	21.44	174
91	也门	30.1645	154	22.89	170
92	伊拉克	35.857	98	30.63	133
93	伊朗	31.349	140	22.84	171
94	以色列	37.1105	87	38.93	78
95	印度	32.4415	131	27.84	150
96	印度尼西亚	47.633	22	44.55	32
97	约旦	25.99	171	20.33	178
98	越南	33.879	119	29.69	141
99	中国	39.698	67	37.51	85

续表

序号	国家	2015 年		2014 年	
		美丽生态得分	排序	美丽生态得分	排序
100	阿尔巴尼亚	31.671	138	35.71	100
101	爱尔兰	37.0185	88	34.43	109
102	爱沙尼亚	40.02	62	41.53	51
103	奥地利	34.293	113	39.44	72
104	白俄罗斯	33.925	117	37.48	87
105	保加利亚	39.399	70	38.59	82
106	比利时	41.63	51	30.60	134
107	冰岛	43.378	35	43.48	41
108	波兰	42.1245	47	36.35	95
109	波黑	34.0055	115	27.10	154
110	英国	41.262	53	36.23	96
111	丹麦	42.8145	39	41.12	55
112	德国	40.3765	55	39.29	75
113	俄罗斯	60.835	2	53.52	11
114	法国	43.447	34	39.66	66
115	芬兰	42.527	40	41.69	50
116	荷兰	42.274	45	36.64	93
117	黑山	47.0235	24	43.81	38
118	捷克	32.4415	132	32.36	125
119	克罗地亚	34.73	107	33.88	114
120	拉脱维亚	45.1145	29	44.51	33
121	立陶宛	40.25	59	39.49	71
122	卢森堡	44.0795	32	42.52	47
123	罗马尼亚	40.3075	57	39.18	76
124	马耳他	22.011	181	19.68	179
125	马其顿	32.499	130	29.45	143
126	摩尔多瓦	32.775	128	28.77	146
127	挪威	42.4005	42	35.07	104
128	葡萄牙	36.501	93	36.54	94
129	瑞典	53.245	9	56.60	4
130	瑞士	33.166	126	39.71	65
131	塞尔维亚	29.118	158	34.14	111
132	斯洛伐克	39.7785	65	39.75	64
133	斯洛文尼亚	42.2625	46	41.50	52
134	乌克兰	34.9945	104	30.01	137
135	西班牙	39.767	66	39.64	67
136	希腊	41.584	52	36.99	90
137	匈牙利	35.489	101	35.74	99

序号	国家	2015 年		2014 年	
		美丽生态得分	排序	美丽生态得分	排序
138	意大利	43.286	36	34.85	106
139	安提瓜和巴布达	31.257	141	35.69	102
140	巴巴多斯	17.02	185	25.49	161
141	巴哈马	26.772	168	28.80	145
142	巴拿马	49.795	17	43.92	37
143	伯利兹	42.2855	44	48.62	21
144	多米尼加共和国	39.192	72	40.43	59
145	多米尼克	37.3175	85	40.55	58
146	格林纳达	30.889	144	35.56	103
147	哥斯达黎加	53.889	8	53.35	12
148	古巴	48.668	18	46.48	26
149	海地	18.5035	183	21.16	175
150	洪都拉斯	34.7645	106	34.35	110
151	加拿大	54.4985	7	51.17	16
152	美国	56.4995	4	48.42	22
153	墨西哥	47.0005	25	44.34	34
154	尼加拉瓜	46.5865	26	44.88	30
155	萨尔瓦多	35.604	100	34.61	107
156	圣基茨和尼维斯	29.4515	156	33.00	123
157	圣卢西亚	34.408	111	38.25	83
158	圣文森特和格林纳丁斯	40.2615	58	40.76	57
159	特立尼达和多巴哥	28.9915	159	24.64	165
160	危地马拉	38.134	79	39.94	61
161	牙买加	33.5455	122	31.62	128
162	阿根廷	40.388	54	44.88	31
163	巴拉圭	47.0925	23	52.45	15
164	巴西	63.3995	1	61.23	1
165	秘鲁	57.224	3	53.23	13
166	玻利维亚	51.5085	12	50.10	18
167	厄瓜多尔	51.359	14	49.00	20
168	哥伦比亚	55.545	5	53.85	10
169	圭亚那	51.497	13	53.87	9
170	苏里南	48.0125	21	47.12	24
171	委内瑞拉	48.461	19	54.30	8
172	乌拉圭	40.204	60	41.28	54
173	智利	35.006	103	33.47	116
174	澳大利亚	45.0685	30	44.18	35

续表

序号	国家	2015 年		2014 年	
		美丽生态得分	排序	美丽生态得分	排序
175	巴布亚新几内亚	51.9915	10	55.80	5
176	斐济	39.9855	63	42.94	44
177	基里巴斯	30.314	151	30.01	138
178	马绍尔群岛	36.5815	92	36.21	97
179	密克罗尼西亚联邦	34.5115	110	43.23	43
180	帕劳	38.709	75	37.55	84
181	萨摩亚	34.6725	109	36.81	91
182	所罗门群岛	43.47	33	44.03	36
183	汤加	28.0945	163	24.61	167
184	瓦努阿图	34.385	112	36.07	98
185	新西兰	42.9985	38	41.49	53

（一）指标和权重

与 2014 年相比（表 3.7），2015 年生态指标更加全面科学（表 3.8）。生态指标增加了荒漠覆盖率，移除了自然保护区覆盖率；资源指标增加了矿石和金属储量、海洋专属经济区两项；环境指标将全国平均 PM10 浓度改为全国平均 PM2.5 浓度，并增加了可燃

表 3.7　2014 年美丽生态各指标权重

各级分指数及指标		权重
生态		0.416
	（1）森林覆盖率	0.305
	（2）湿地覆盖率	0.193
	（3）草原覆盖率	0.153
	（4）自然保护区覆盖率	0.203
	（5）野生动植物种类	0.146
资源		0.292
	（6）人均耕地面积	0.281
	（7）人均可再生内陆淡水资源	0.262
	（8）能源资源储量	0.195
	（9）林木蓄积量	0.262
环境		0.292
	（10）人均 CO_2 排放量	0.303
	（11）GDP 单位能源消耗	0.334
	（12）全国平均 PM10 浓度	0.363

表 3.8　2015 年美丽生态各指标权重

各级分指数及指标		权重
生态		0.382
	（1）森林覆盖率	0.312
	（2）湿地覆盖率	0.221
	（3）草原覆盖率	0.191
	（4）荒漠覆盖率	0.102
	（5）野生动植物种类	0.174
资源		0.259
	（6）人均耕地面积	0.221
	（7）人均可再生内陆淡水资源	0.201
	（8）能源资源储量	0.141
	（9）林木蓄积量	0.201
	（10）矿石和金属储量	0.101
	（11）海洋专属经济区	0.135
环境		0.259
	（12）人均 CO_2 排放量	0.253
	（13）GDP 单位能源消耗	0.263
	（14）全国平均 PM2.5 浓度	0.221
	（15）可燃性再生资源和废弃物	0.263
景观		0.1
	（16）世界自然遗产数量	0.345
	（17）世界人与生物圈保护区数量	0.301
	（18）自然保护区覆盖率	0.354

性再生资源和废弃物。并且，增加了景观指标，包含世界自然遗产数量、世界人与生物圈保护区数量、自然保护区覆盖率 3 项。各指标的权重也有所调整。

（二）数据变化

在确定了各指标之后，通过世界银行、联合国环境规划署、联合国粮农组织、世界资源研究所、联合国教科文组织等渠道，获取的 185 个国家的生态指标数据在两年之间也产生了差异。

八、典型国家美丽生态案例分析

美丽生态建设是一项全面的系统工程，是一个逐步积累、逐渐发展、由量变到质变的历史过程。世界各国在美丽生态建设过程中，扬长避短，点面结合，或以自然禀赋的保护为主，或以环境污染控制和人居环境改善为主，或以生态保护和建设为主，形成了各具特色的美丽国家建设之路。

（一）巴西

1. 巴西概况

巴西位于南美洲东南部，地跨西经 35° 到西经 74°，南纬 5° 到南纬 35°。东临南大西洋，北面、西面和南面与南美洲每个国家接壤（智利除外）。北邻法属圭亚那、苏里南、圭亚那、委内瑞拉和哥伦比亚，西为秘鲁、玻利维亚，南接巴拉圭、阿根廷和乌拉圭。海岸线长约 7400km。领海宽度为 12n mile，领海外专属经济区 188n mile。

巴西全境地形分为亚马孙平原、巴拉圭盆地、巴西高原和圭亚那高原，其中亚马孙平原约占全国面积的 1/3，为世界面积最大的平原；巴西高原约占全国面积 60%，为世界面积最大的高原。最高的山峰是内布利纳峰，海拔 2994m。

主要有亚马孙、巴拉那和圣弗朗西斯科三大河系。河流数量多，长度长，水量大，主要分布在北部平原地区。亚马孙河全长 6751km，横贯巴西西北部，在巴流域面积达 390 万 km²；巴拉那河系包括巴拉那河和巴拉圭河，流经西南部，多激流和瀑布，有丰富的水利资源；圣弗朗西斯科河系全长 2900km，流经干旱的东北部，是该地区主要的灌溉水源。

已探明铁矿砂储量 333 亿 t，占世界总储量 9.8%，居世界第 5 位；产量 3.55 亿 t，居世界第 2 位；出口量也位居世界前列。巴西 29 种矿物储量丰富，镍储量 600 万 t，占世界镍储量的 4.0%，主要分布在戈亚斯州和米纳斯吉拉斯州。锰、铝矾土、铅、锡等多种金属储量占世界总储的 10% 以上。铌矿储量已探明 455.9 万 t，按当前消费量估算，够全球使用 800 年。此外还有较丰富的铬矿、黄金矿和石棉矿。煤矿探明储量 101 亿 t，但品位很低。2007 年以来，巴西在东南沿海相继发现大油气田，预计石油储量将超过 500 亿桶，有望进入世界 10 大石油国之列。森林覆盖率达 57%。木材储量 658 亿 m³。水利资源丰富，拥有世界 18% 的淡水，人均淡水拥有量 29 000m³，水力蕴藏量达 1.43 亿 kW/a。

巴西经济实力居拉美首位，实行自由市场经济与出口导向型经济。农牧业发达，是世界蔗糖、咖啡、柑橘、玉米、鸡肉、牛肉、烟草、大豆的主要生产国。巴西是世界第一大咖啡生产国和出口国，素有"咖啡王国"之称。巴西又是全球最大的蔗糖生产和出口国、第二大大豆生产和出口国、第三大玉米生产国，玉米出口位居世界前 5，同时也是世界上最大的牛肉和鸡肉出口国。可耕地面积约 1.525 亿 hm²，已耕地 4660 万 hm²，牧场 1.77 亿 hm²。主要粮食作物玉米，分布东南沿海一带。依托农业优势，巴西从 20 世纪 70 年代开始绿色能源研发，从甘蔗、大豆、油棕榈等作物中提炼燃料，成为世界绿色能源发展的典范。巴西不仅是世界生物燃料生产和出口大国，也是世界上唯一一个在全国范围内不供应纯汽油的国家。巴西消费的燃料中有 46%是乙醇等可再生能源，高于全球 13%的平均水平。

巴西自然条件得天独厚，巴西的旅游业久负盛名，为世界 10 大旅游创汇国之一。巴西是一个可以让人远离尘嚣的原始热带天堂，大片未被开发的雨林延绵千里，纯净的热带沙滩围绕在岛屿四周，河水永远流个不停，而巴西人更用他们的活力与欢乐感染着游客（图 3.29）。地域广阔的巴西充满了街道狂欢、异域沙滩文化、桑巴音乐和各色各样的美食。巴西是一个多民族的、多姿多彩的国家，以节日众多闻名于世。

图 3.29　巴西库里蒂巴市容

资料来源：http://www.dili360.com/cng/article/p5350c3d818fd409.htm

在美丽生态指数评价中，巴西美丽生态指数为 63.400（表 3.9），全球排名，居首位。

表 3.9　巴西的美丽生态建设指数

生态指数	资源指数	生态环境指数	景观指数	美丽生态指数	全球排名
65.608	55.005	58.340	78.292	63.400	第 1 位

2. 巴西生态建设的主要做法

巴西在多年的生态环境治理中积累了诸多经验，许多经验具有浓厚的巴西特色，引起许多发展中国家甚至发达国家的兴趣和关注（王友明，2014）。

（1）巴西的生态环境立法体系健全，生态环境违法成本高。巴西的《生态环境基本法》形成于 1972 年，该法对各种污染的防治和自然资源的保护作出了细致而严格的法律规定。尽管如此，巴西的生态环境治理并未得到足够重视，在经济高速增长的"巴西奇迹"中，巴西付出了自然生态环境遭受重创的代价。为吸取深刻教训，巴西于 1988 年在新宪法中专门增加生态环境一章，成为世界上第一个将生态环境保护内容完整写入宪法的国家。宪法不但规定了一系列生态环境治理和生态保护的法规，而且确定了政府和公民保护生态环境的权利和义务，此举将生态环境治理上升到国家宪法的层面。此后，一系列涉及生态环境保护的新法律、新法规陆续颁布，这些法律和法规使巴西的生态环境保护立法体系进一步得到充实，内涵更加丰富，其立法细致程度和体系完善程度堪与发达国家媲美。经过数十年的探索和努力，巴西终于建立了以宪法为核心、专项法律法规为支撑的生态环境保护法律体系。

在巴西诸多生态环境立法中，"许可制度"和"生态环境犯罪法"的震慑力度大，实施效果好。如"许可制度"规定，凡是对生态环境影响较大的活动，一律通过生态环境监管部门的事先评估与审核，否则该活动将被视为违法。"许可制度"不但规定"事前许可"，而且在获得许可后，在每项具体操作过程中，必须获得"操作许可"，否则也构成违法。这种事前与事中都必须获得生态环境监管部门许可的做法使得"许可制度"几乎到了严苛的地步。"生态环境犯罪法"则是从法律意义上对破坏生态环境的行为及其主体实行法律惩罚，惩罚内容包括查封违法工程、罚款、追究公职人员的责任、刑事监禁等。该法实行较为严厉的惩罚机制，其量刑程度甚至可与"种族歧视罪"相当。在巴西，"生态环境犯罪法"规定，在禁渔期和禁渔区捕鱼者，可处1～3年徒刑并处罚金；虐待动物者可处6个月至1年的刑期和罚金；私自采取路边野果会被判入狱。如此惩罚力度，足以让巴西人对自然生态环境产生敬畏之心。

（2）巴西生态环境保护执行机构完善，执行机制独特。为落实生态环境各项法律和规章制度，巴西注重生态环境保护执行机制的构建，不但形成从中央到地方的生态环境政策制定与规划机构，如中央政府的环境保护部、大城市的环境保护局等生态环境管理机构，而且建立了由联邦政府、州政府、市政府组成的"全国生态环境机构的联动体系"，负责生态环境执行的协调工作，形成生态环境管理与执行的"三位一体"架构。巴西生态环境执行机构的完善和独特之处还表现在：一是为了监督、评估生态环境保护项目的实施和完成情况，巴西生态环境部专门设立"执行秘书长"一职，协助生态环境部长监控、协调、评估各秘书处的工作，并监督、协调和完善部门年度工作计划和预算，以促进生态环境部内部职能调整和公共政策实施。二是在生态环境管理和执法上，巴西组建"生态环境执法队"，统一着装，行使生态环境监督管理的职能，并将遥感卫星等高新技术应用于生态环境监督管理。三是根据巴西宪法规定，巴西联邦机构可介入生态环境执法行动，形成独特的"生态环境检察司法"，加大了生态环境执法力度。四是巴西每家大中型企业中均有生态环境保护官员常驻，负责监督企业的生态环境保护行为，企业一旦被发现有破坏生态环境的行为，常驻官员则对企业的发展实施一票否决权。此外，针对亚马孙地区的生态环境治理，巴西政府专门成立了"亚马孙协调秘书会处"，重点负责该地区的自然保护和生态环境法规的执行情况，实施"亚马孙可持续发展计划"，促进巴西热带雨林的生态保护。

（3）"多方联动，官民并举"治理生态环境。巴西不仅在政府管制层面出台严格法律规范公民的生态环境保护行为，而且在企业和公民社会的层面出台诸多措施，鼓励企业、公民参与生态环境保护，提升公民的生态环境保护热情和意识，形成政府、企业、公民"三体联动、官民并举，共同参与"的生态环境保护治理格局。在联动机制推动下，巴西一些地方政府出台互惠性法规，提升居民参与生态环境保护的积极性，在诸多民间与政府互动的创意中，"绿色交换"项目广受欢迎。该项目由市政府牵头，主要内容是：

引导市民将生活垃圾，诸如纸类、金属类、塑料类、玻璃类、油污类等垃圾收集起来，送到附近的交换站，交换西红柿、土豆、香蕉等食品。"绿化换税收减免"项目也取得很好效果。如巴西南部的库里蒂巴市的法律规定，凡在各自庭院或者房屋周围植树种草、进行绿化的家庭，可根据绿化面积的大小减免房屋土地税和物业税；相反，如果私自毁坏甚至移栽树木植被，则可能面临牢狱之灾。对此，巴西生态环境署通过卫星实时监控，让人不敢有任何侥幸心理。在巴西，绿色已经成为公民居住和工作生态环境的主题，巴西全国上下形成了人人爱护自然，人人共享生态环境、人与自然和谐相处的良性互动态势。

（4）生态环境保护投入力度大，生态环境治理创意多。巴西政府高度重视生态环境保护投入，不惜投入巨资保护生态环境。尤以亚马孙地区生态保护的投入最为显著，仅在 1991～2000 年的 10 年间，巴西政府就投入近 1000 亿美元。此外，巴西政府几乎每年都向钢铁、造纸和纸浆等易造成污染的企业提供优惠生态环境保护贷款。以 2013 年为例，巴西在设备、工程、咨询服务、污染控制及清理项目投资金额将高达 107 亿美元，其中 46 亿美元投入水和废水处理，固体废物处理约为 50 亿美元，空气污染控制为 11 亿美元。

为从严治理生态环境，从 20 世纪 70 年代末起，巴西历届政府不断推出生态环境管理的新计划、新措施和新手段。如"消除破坏臭氧层计划""国家森林计划""亚马孙可持续发展计划""城市垃圾回收再利用网络""机动车尾气治理行动""生态环境监测第三方执行"，等等，其中，治理汽车尾气污染取得瞩目成就。"机动车尾气治理行动"规定，新车必须安装尾气净化装置，汽车燃油必须添加 25%的乙醇。目前，巴西绝大部分汽车均使用汽油与乙醇的混合燃料，成为世界上唯一不用纯汽油做汽车燃料的国家。巴西政府最近推出新规，从 2014 年 1 月 2 日起，开始全面销售新型生态环境保护汽油。巴西国家石油管理局表示，这种新型汽油可以减少 94%的硫排放，不但有助于降低老旧车型废气排放的污染指数，而且有助于减少硫酸盐的形成，从而避免敏感人群因吸入过多汽车尾气而发生呼吸道和心血管疾病。在实施"生态环境监测第三方执行"进程中，巴西淡水河谷成为成功的典范。作为全球最大的铁矿企业，巴西淡水河谷所有的生态环境监测均由第三方完成，企业涉及生态环境的一举一动始终处于第三方监督控制之中。在外部监测机制的倒逼下，企业内部也自觉守法，狠抓生态环境管理，建立自己的自然保护区。经过多年的建设，淡水河谷已经建成了 4 种生态系统，有 2800 余种植物种类、数百种动物。淡水河谷的可持续发展在经济、社会以及生态环境方面的表现都符合全球报告倡议组织（GRI）的标准。此外，在诸多举措和创新手段中，巴西的"自然保护区制度"较为成功。为保护自然资源的可持续利用和生态维护，巴西推行自然保护区制度，如亚马孙热带雨林保护区、大西洋沿岸森林保护区、湿地保护区等。巴西宪法规定，联邦政府、州、市必须承担保护区的设立和管理责任，确保自然公园和生物保护区的可持续发展。

（5）注重生态环境保护教育，根植生态环境保护理念。巴西政府将生态环境保护教育以立法形式加以确定，根据《生态环境基本法》，巴西全国中小学必须开设生态环境保护教育课程，因而从 20 世纪 70 年代起，生态环境保护课就成为巴西中小学的必修课，旨在告知学生生态环境保护的权利和义务，教育学生从小认识生态环境保护的重要性及违法的危害性，以及在中小学普及如何进行垃圾分类、辨别生活用品是否生态环境保护等生态环境保护常识。1999 年 4 月，巴西正式出台《国家生态环境教育法》。该法明示，加强生态环境保护教育是政府带头、全社会共同参与的职责所在，各级教育机构责无旁贷，必须开展生态环境保护教育，各企事业单位、媒体等社会主体必须明确自身所承担的，并须积极履行的生态环境保护教育与宣传的责任。目前，生态环境保护教育氛围尤为浓厚，公众的生态环境保护意识已经成为自觉自愿的行为。在巴西，公民植树造林、种草栽花成为风气，爱护生态环境已经成为自觉习惯，这种现象与巴西在青少年中狠抓生态环境保护教育不无关联。

（6）巴西民间生态环境保护组织活跃。巴西生态环境治理取得良好业绩，既与政府大力治理生态环境相关，也与巴西民间生态环境保护组织的辛勤工作息息相关。在巴西，民间生态环境保护组织尤为活跃，他们忙碌于生态环境保护的各个领域，既有普及生态环境保护常识、动员参与生态环境保护活动、技术含量相对较低的民间组织，也有配合政府生态环境管理、向政府提供生态环境保护信息、参与生态环境法律诉讼的专业组织，更有运用生态环境保护和监测技术、改善生态环境质量和提高监督手段、具有高科技背景的民间组织。在众多民间生态环境保护组织中，"亚马孙人类与生态环境研究所"（IMAZON）最为著名，它为亚马孙地区自然保护作出了杰出的贡献。

经过多年不懈的努力，巴西生态环境保护取得积极成效。根据巴西科技和创新部公布的数据显示：2010 年，巴西温室气体排放量为 12.5 亿 t 二氧化碳当量，较 2005 年减少 39%，已完成 2020 年减排目标的 65%。根据巴西政府于 2013 年 11 月公布的最新统计数据，2012 年，巴西温室气体的排放量为 20 年来最低值，约 14.8 亿 t。数据分析指出，排放大幅降低的原因在于，巴西的森林砍伐量大幅降低，直接导致温室气体排放量减少 76%。

3. 经验与启示

巴西生态环境治理的成就可圈可点，其丰富的经验对中国生态建设和实现经济发展转型升级具有一定的借鉴作用。

（1）巴西的生态环境立法高度和执法力度值得借鉴。尽管大多数发展中国家认识到生态环境保护的重要意义并加以立法，但是，像巴西那样将生态环境立法提高到宪法高度，实属罕见；有法不依、执法不严是发展中国家的普遍现象，但巴西将破坏生态环境罪与"种族歧视罪"相提并论，加以严厉惩罚，有效地震慑了犯罪，收到良好的效果。在中国，政府对于企业和个人破坏生态环境的惩罚偏轻，不足以使全社会引以为戒，应借鉴巴西生态环境严格执法的机制，以收到破坏生态环境如同"触碰高压线"的社会效应。

（2）巴西的生态环境保护教育理念值得学习。巴西公民自觉、自愿的生态环境保护意识和行为与浓厚的生态环境保护教育氛围密切相关。巴西将生态环境保护教育纳入中小学必修课程，为全民从小树立生态环境保护意识打下良好基础，也为政府生态环境治理提供了良好的舆论氛围和思想支撑。在中国，生态环境保护知识的传授仅零散地见诸于小学课外阅读的一些文章中，将生态环境保护课纳入选修课的学校凤毛麟角，更遑论将其设为必修课。中国教育部门应借鉴巴西经验，组织生态环境保护专家和教育专家编写生态环境保护教材，可先在小学阶段开设生态环境保护选修课，开展课外生态环境保护实践活动。在中学阶段开设一学期的生态环境保护必修课，努力打造全民生态环境保护意识的思想基础。

（3）巴西的生态环境保护创意值得借鉴。巴西政府为了治理生态环境，可谓"点子出奇、创意不断"。其中"绿色交换""卫星摇杆监控""绿化换减税"等创意受到广泛欢迎，政府、企业、非政府组织、公民社会多方互动，多边受益，达到共赢的效果。中国在促进全民生态环境保护治理中，措施相对单一，创意不足，公民积极性尚未得到充分调动，可从巴西诸多创意中引进一二，择情加以推广。

（4）巴西的生态环境保护投入、科技创新值得中国借鉴。巴西在生态环境保护投入舍得下"血本"，尤其是在发展可再生能源领域，政府不惜投入巨资，换来的是生态环境的改善、生态环境保护产业的升级，可再生能源的开发走在世界前列。中国可借鉴巴西"甘蔗提炼乙醇"的成功案例，选择一个突破口，加大投入力度，加强科技研发，力争打造生态环境保护领域的"中国品牌"。

由此，中巴两国应该加大在生态环境领域的合作与交流力度。中巴拓展生态环境合作的可行度较高，一方面，它们具有诸多利益契合点，如：两国在生态环境保护和气候变化上的基本原则一致；两国发展"绿色经济"的理念一致；两国发展转型的任务相似，国际合作的诉求相同。这些利益汇合点为中巴深化生态环境合作提供了坚实基础。另一方面，中巴拥有诸多生态环境合作的潜在领域，如：在生态环境立法和执法、生态环境管理模式、生态环境教育、工业污染源控制、发展绿色经济等，两国在这些领域各有所长，可通过合作，取长补短，共同提高生态环境治理能力。更为可行的是，中巴制定的《十年合作规划》已经为两国的生态环境合作制定了路线图和合作重点，该规划将指导两国未来十年在包括科技创新、新能源在内的诸多领域的合作。未来，中巴在气候变化、清洁和可再生能源、绿色经济等领域的合作将把两国的生态环境合作推向新阶段。

（二）俄罗斯

1. 俄罗斯概况

俄罗斯位于 30°～180°E，50°～80°N，地跨欧亚两洲，位于欧洲东部和亚洲大陆的北部，其欧洲领土的大部分是东欧平原。北邻北冰洋，东濒太平洋，西接大西洋，西北临波罗的海、芬兰湾。陆地邻国西北面有挪威、芬兰，西面有爱沙尼亚、拉脱维亚、立陶宛、波兰、白俄罗斯，西南面是乌克兰，南面有格鲁吉亚、阿塞拜疆、哈萨克斯坦，东南面有中国、蒙古和朝鲜（其中立陶宛和波兰仅与俄罗斯外飞地的加里宁格勒州接壤）。海岸线长 37 653km。同时，还与日本、加拿大、格陵兰、冰岛、瑞典和美国隔海相望。

总面积 1709.82 万 km²（占原苏联领土面积的 76.3%，占地球陆地面积的 11.4%），水域面积占 13%，是世界上面积最大的国家。东西长为 9000km，横跨 11 个时区；南北宽为 4000km，跨越 4 个气候带。随着克里木自治共和国和塞瓦斯托波尔市加入俄罗斯，俄罗斯版图新增加 2.55 万 km²。

地形以平原和高原为主，地势南高北低，西低东高。西部几乎全属东欧平原，向东为乌拉尔山脉、西西伯利亚平原、中西伯利亚高原、北西伯利亚低地和东西伯利亚山地、太平洋沿岸山地等。西南耸立着大高加索山脉，最高峰厄尔布鲁士峰海拔 5642m（图 3.30）。

图 3.30　俄罗斯的高加索山脉厄尔布鲁士峰

（资料来源：http://blog.sina.com.cn/s/blog_71d3d37d0100ocy4.html）

俄罗斯有世界最大储量的矿产和能源资源，是最大的石油和天然气输出国，其拥有世界最大的森林储备和含有约世界 25% 的淡水的湖泊。森林覆盖面积 8.67 亿 hm²，占国土面积 50.7%，居世界第 1 位。林材蓄积量 807 亿 m³。水力资源丰富，总径流量是 4270km³/a，居世界第 2 位。众多河流上建立的水电站是俄罗斯的主要电力来源。煤（库兹巴斯）、石油（秋明油田、第二巴库油田）、天然气、铁（库尔斯克）、锰、铜、铅、锌等。石油探明储量 82 亿 t（2009 年数据），占世界探明储量的 4%～5%，居世界第 8 位。天然气已探明蕴藏量为 48 万亿 m³，占世界探明储量的 1/3 强，居世界首位。

俄罗斯日前公布了一个 20 世纪 70 年代发现的钻石矿。该矿位于西伯利亚东部地区的一个直径超过 100km 的陨石坑内，储量估计超过万亿克拉，能满足全球宝石市场 3000 年的需求。科学家们表示，这个被称为"珀匹盖"（Popigai）的陨石坑的历史超过 3500 万年，它下面的钻石储存量估计是全球其他地区钻石储量之和的 10 倍。

在美丽生态指数评价中，俄罗斯美丽生态指数为 60.835（表 3.10），全球排名第 2 位。

表 3.10 俄罗斯的美丽生态建设指数

国家	生态	资源	生态环境	景观	美丽生态指数	
俄罗斯	40.503	77.855	65.999	81.018	60.835	第 2 位

2. 俄罗斯生态治理的主要做法

俄罗斯有 15%的领土自然生态系统严重退化，而在这里聚集了俄罗斯大部分的居民区、工业区和农业区，其生态环境状况不容乐观。近年来，俄罗斯政府高度重视生态环境保护与生态治理问题，相继出台了一系列法律法规和制度措施，探索出一条"国内立法与国际合作相接轨""生态文化与生态制度相结合"以及全民参与治理的新路子。

（1）以生态立法为抓手，营造良好的生态治理法制生态环境。俄罗斯重视可持续发展战略的实施与生态环境保护和资源利用的问题，制定、出台了一系列法律法规和政策，在参与解决全球和地区生态问题上发挥积极的作用。俄罗斯联邦独立后在短时期内制定和颁布了大批关于保护生态环境、合理利用和保护自然资源的联邦法。其中宪法确立了生态环境保护法的基本原则并体现在其他生态环境保护的法律法规中。2002 年颁布的《俄罗斯联邦生态环境保护法》是最重要的一部法律，在俄罗斯联邦生态法体系中处于基本法的地位，是制定其他规范性生态法律文件的重要依据。此外，俄罗斯联邦总统和联邦政府也分别以总统令和行政法规的形式颁布了许多专门的法律文件。在政策方面，俄罗斯将生态文化建设写进《俄罗斯联邦 2012～2020 年生态发展纲要》《俄罗斯联邦 2025 年前生态安全战略》和《俄罗斯国家生态战略》等重要文件中。俄罗斯自然资源和环境保护部每年发布《俄罗斯联邦生态环境保护状况年度报告》。报告的目的在于保证国家各级权力机关、社会组织和公民知悉生态环境保护的状况，确保自然资源的合理使用、自然资源的再生以及保证国家的可持续发展战略的落实。上述举措从战略层面对生态环境治理提供了重要的法律依据，为生态环境治理提供了抓手和决策依据。

（2）以生态文化为导向，强化生态治理的舆论、宣传和教育。生态文化建设水平能够深刻反映一个国家对生态环境的重视程度和认识水平。俄罗斯政府一贯重视生态文化建设，把生态教育、生态培训、生态意识培育、生态信息的大众传播作为重点内容。俄罗斯的生态文化着力从加强生态教育、生态培训和生态普及层面构建。

首先，建立覆盖全民的生态教育体系，注重生态启蒙教育和生态意识的培养。对年轻一代的生态教育是俄罗斯生态文化建设的重点目标。俄罗斯教育部规定生态课程是义务教育阶段的必修课，同时引入家庭生态教育的理念。其次，俄罗斯还注重生态职业培训。培训的对象是国家机关从事科教文化宣传工作、生态保护、生态执法的从业人员以及企业中的技术专家和高管。对企业或组织的决策者而言，培训会起到对破坏生态环境者需承担法律责任的警示作用。生态职业培训有别于生态教育，后者侧重生态意识的培养、启蒙和基本法律、基本常识、政策制度的学习，如在学前教育就注重培养儿童对大自然的热爱。而前者则侧重对生态法律普及教育、生态安全常识、实践能力和基本技能方面的培训，重点放在对预防生态危机的素质培训上。此外，俄罗斯十分重视生态领域的知识传播、信息公开、文化普及和生态意识的培育。《俄罗斯联邦生态环境保护法》规定"向居民普及生态环境保护立法和生态安全立法，由俄罗斯联邦国家权力机关、俄罗斯联邦各主体国家权力机关、地方自治机关、社会团体、大众传播工具，以及教育机构、文化机构、博物馆、图书馆、自然保护机构、体育和旅游组织以及其他法人进行"。俄罗斯境内还设立了各种宣传生态信息、开展生态培训、传播生态知识和文化的机构。如俄罗斯联邦生态生物中心，每年都要筹办相应生态文化活动。俄罗斯在生态信息传播领域的做法取得了很好的效果。其主要特点包括：一是广泛发动全社会的力量开展生态普及；二是广泛利用各类机构、平台和渠道开展生态宣传，培养社会生态意识和共识；三是定期发布国家生态报告，公开生态信息，举办各类生态环境保护活动，使生态文化建设具有广泛的社会基础、群众基础和法律基础。

俄罗斯注重生态文化建设，把生态文化上升到国家立法层面，在具体做法上采取了立法与政策相结合，教育与培训相结合，宣传与普及相结合的做法，此举充实了生态文化的内涵。

（3）以生态制度为牵引，推动生态管理决策与监督并举。为保障俄罗斯国家生态法律、国家生态政策以及生态措施的有效落实，俄罗斯在实践中制定了一套有效预防生态环境危机、应对生态灾难的生态制度，主要包括生态许可、标准、登记、鉴定、监督、补偿、保险和审计制度等。

俄罗斯在生态制度设计上注重生态管理的科学性、合理性和连贯性。第一，根据俄罗斯法律规定，俄罗斯境内的所有企业向俄罗斯国家生态委员会进行生态登记。生态登记证的内容应涵盖企业产品介绍、生产过程说明、使用的自然资源种类、生产过程对生态环境产生的影响程度，绿色生产力指标以及关于自然资源利用许可证信息，环境污染和自然资源利用的付费情况。第二，根据俄罗斯法律规定，对重大经济项目决策之前均将进行国家生态鉴定。凡在俄罗斯国家生态鉴定对象范围规定之内的各种经济活动，必须依法定程序报送进行国家生态鉴定，否则企业将依法承担相应的法律责任。国家生态鉴定的结果具有法律效力，只有通过国家生态鉴定后，国家和商业银行才会对项目财政拨款和支付贷款。第三，俄罗斯的生态环境利用收费制度和经济激励制度是根据"利用自然收费、破坏生态环境赔偿、保护生态环境受益"的原则，利用市场化的法制手段强化生态保护和环境污染防治的重要生态政策。第四，俄罗斯还鼓励企业积极参加生态保险、进行生态审计，以降低生态风险的威胁。此外，俄罗斯还通过生态监督和生态监测建立了全域生态监测体系。

这些制度和机制对于预防和控制生态风险起到促进作用，客观上有助于俄罗斯可持续发展战略的提升。俄罗斯生态制度成为现行俄罗斯生态职能部门、监管部门、非政府组织和公民社会生态环境治理、生态环境管理与监督的基本遵循和制度保障。

（4）以公众参与为纽带，树立全社会生态保护意识。俄罗斯公众参与生态环境管理的制度是对现行生态环境管理体制的一种必要补充。决策公开及公众参与生态环境管理的制度是俄罗斯近几年改革的具体成果。其在生态环境管理方面的改革充分借鉴西方发达国家，尝试建立公共参与生态环境管理和监督的社会服务体系。俄罗斯正为改变以往公众和社会团体仅为国家生态环境管理机关的附属品地位而作各方面的努力。

首先，在生态环境管理中强调要切实保障公民生态权利，保证公民有享受良好生态环境以及生态环境状况信息的知情权。《俄罗斯联邦生态环境保护法》明确规定，每个都享有良好生态环境，被通报生态环境状况信息的权利，有因生态环境破坏损害其健康或财产而要求赔偿的权利。其次，国家鼓励和倡导公民、社会组织和非政府组织参与生态公开决策过程。俄罗斯鼓励公民自愿成立生态环境保护团体，参与生态环境管理。法律明确规定了社会团体和组织参与生态环境管理的原则、内容、途径和形式。同时，国家设立协助公众参与生态环境管理的专门指定机构，对公民和团体参与生态环境管理活动提供服务和咨询，并对这些部门人员开展专门培训，提高生态咨询服务的专业水准，保证公众生态环境保护诉求的有效实现。再次，政府定期向大众发布生态环境状况公报，通过大众媒体和其他方式将国家生态鉴定结论予以公布，并就具体项目的生态环境影响评价及国家生态鉴定问题举行听证会征询公民和社会团体的意见。最后，公民、社会生态组织和非政府组织不仅有权参与生态环境征询决策层面的管理，还享有对生态环境行政管理机关及工作人员执法决策不当及违法行为进行监督检举，提起行政、民事诉讼甚至刑事诉讼等。上述内容均成为俄罗斯近年来公众参与生态环境管理的主要途径和形式。由此可见，俄罗斯在生态环境保护领域不断拓宽渠道，尝试建立新的符合国情和实际的生态环境管理监督体制机制和决策模式。

（5）以合作共赢为驱动，构建国际生态合作联动机制。环境污染的显著特点是其跨界性和跨国性。众所周知，当今国际社会，没有一国可以依靠自身力量或者仅与少数国家合作能解决自身的生态问题。国际生态合作是各国摆脱生态危机的重要途径之一。俄罗斯开展国际生态合作的主要形式包括三个方面：发起国际倡议；加入国际组织；缔结国际公约和协议。俄罗斯加入了世界上大部分生态环境保护组织，注重与重要国际生态组织，尤其是联合国及其下设生态组织的交流与合作。近年来，俄罗斯与联合国环境规划署、联合国教科文组织、世界自然保护联盟、世界卫生组织，联合国粮食及农业组织、国际原子能机构、世界气象组织在生态环境保护领域的合作密切。同时，俄罗斯已经与其他国家签署了 70 余个生态合作的国际公约和协议，如《联合国海洋法公约》、《湿地公约》、《波罗的海生物资源保护公约》、《濒危野生动植物物种国际贸易公约》、《生物多样性公约》和《保护黑海的协定》等。这些国际公约和协议指导着俄罗斯与其他国家开展国际合作。要特别指出的是，2006 年在中俄总理定期会晤机制下，中俄两国成立了生态环境保护分委会，建立两国生态环境保护合作的新平台。生态环境保护分委会下设污染防治和生态环境灾害应急联络工作组、跨界水体水质监测和保护工作组、跨界自然保护区和生物多样性保护工作组。这是中俄两国在生态合作领域的新方向。

国际法是俄罗斯开展生态合作的基本遵循，俄罗斯确立了在国际生态合作中国际法高于联邦法的原则。根据《俄罗斯联邦生态环境保护法》，如果俄罗斯联邦的生态国际条约规定不同于本联邦法的规则，则适用国际条约的规则。这就意味着如果俄罗斯与他国或组织签订的国际生态条约与俄罗斯国内的生态法律条款内容发生冲突，则按国际生态条约执行。同时，俄罗斯开展国际经济合作时尤其注重对生态环境的保护。俄罗斯国际生态合作的原则规定：任何对生态环境可能产生不可预知影响的经济活动以及其他活动都是禁止的；保证对在俄罗斯国土上开展的所有国际项目都进行必要的国家生态鉴定。

俄罗斯在生态领域积极开展多双边国际合作，其主要目的在于争取国际生态环境保护组织和制定政策的话语权，有效融入国际生态环境保护体系。尤其是在世界银行、欧洲复兴开发银行、全球生态环境基金和其他机构的支持下俄罗斯成功实施了多项重大生态环境保护项目，在国际合作框架内解决了不少本国存在的生态环境和生态问题。俄罗斯政府认为，尽管取得了这些生态环境保护与生态成果，但走出生态环境危机不能仅靠一国或几个国家，一个或几个生态环境保护组织，国际生态合作必将走向普遍化和常态化，因而必须按照国际上的统一标准，在国际法基础上统一协调行动。

3. 经验与启示

（1）确立生态文明导向。从人类发展历史的高度把生态文明作为根本目标，是俄罗斯几百年的生态保护带给我们的最重要启示。人类已经由最初的农业社会，过渡到工业社会，正在逐步走向关注自然生态环境的生态文明社会。在政治谋和谐、经济求发展的洪流之中，当政治、经济利益和生态利益发生冲突时，究竟是"经济优先"还是"生态优先"，确实是两难抉择，决定生态导向的往往是政治因素。

长期以来，前苏联领导人甚至某些受政治思维影响的学者，未能从更高远的历史视域来看待生态问题，仅仅把注意力高度集中在阶级对抗的政治领域，误将政治意识形态标准当成衡量生态环境的尺度，一度认为"社会主义是最好的生态学"。列宁逝世之后，包括布哈林、瓦维洛夫、乌兰诺夫斯基等在内的生态学家遭到清洗，生态环境保护主义被贴上"资产阶级"的标签，自然保护区被撤销，生态学者被打成"地理学派"。从那时起形成的透支资源生态环境的粗放型社会经济发展模式已经占主导地位，生态环境指标总是让位于经济高速增长目标，生态环境保护的要求被抛之脑后，生态鉴定流于形式；"二战"后的国际生态环境使苏联走上了和西方同样的、以资源生态环境换增长的工业化道路。20 世纪 60 年代后半期，西方发达国家由于世界能源危机而开始转向节能型、少污染的工艺，苏联经济学界却未能警醒，反而斥之为"新马尔萨斯主义"。在意识到生态环境保护问题之后，有些学者主张保持苏联的缓慢发展速度以解决生态问题。但是，也不能像卢梭主义那样"退回到大自然去"，返回到过时的社会组织形式和生活方式是历史的倒退。尽管当时苏联政府在经济转型过程中采取了一些生态环境保护的补救措施，但是已力不从心，生态环境问题变成在"绿色政治"影响和掩护下的基层生态民主民族运动开展政治变革的工具，最后还是走上了西方"先污染、后治理"的老路。

　　前苏联生态优先还是经济优先的两难选择先例，给中国敲响了警钟。在党的"十七大"报告中提出了生态文明建设的战略部署，发展生态环境友好型经济，形成节能生态环境保护的产业结构、增长方式和消费模式。但是，由于政治思维的惯性和经济增长的要求，生态指标往往是生产指标的补充；官员评价体制没有根本改变，GDP崇拜没有得到根本遏制，生态定位的执行还有较长的路要走。因此"十八大"继续坚持生态文明导向，在中国特色社会主义建设全局中实施促进生态文明建设的战略。

　　（2）完善生态法律政策。第一，完善生态立法体系。在生态灾难和政治解体、经济低迷的历史教训面前，俄罗斯国家最高决策层从立法上高度重视生态问题。2002年颁布的《俄罗斯联邦生态环境保护法》在立法技巧上更为成熟，强调了该法在生态环境保护领域的法律基础地位，立法内容范围广，具体而详尽。在"总则"中规定了与生态环境相关的30多项基本概念的定义，减少了立法理解和执行的歧义，同时分别编制俄罗斯联邦和联邦主体生态发展规划与生态环境保护专项规划。立法时用收费约束产生生态环境影响的不良行为，推广最佳工艺技术和新型能源，针对建筑物、工程、能源项目、军事国防项目、设计、建设等领域的经济调整方式提出具体要求。要求注重生态环境保护研究，培养全民生态环境保护意识；要求教育机构专门进行生态教育，尤其重视领导层的生态知识培训。清晰划定政府生态环境保护机构和权力执行机关的职能，以免不同部门之间争抢权利、推卸责任。增强立法决策的合法性和可操作性，在《生态环境保护法》中明确生态环境保护工作在国家整体规划中的优先原则和具体行业的生态环境保护要求。前苏联生态法在制度上保障公民在受到生态损害之后获得补偿，详细规定了生态违法导致的损害赔偿的依据和程序。保障公民遭受生态损害时，能依据宪法、民法、劳动法等法律申请赔偿。受害者首先去医疗机构检查、治疗，确定受害程度；找到健康损害与环境污染的必要联系和证据，取得书面证明和证据。根据俄罗斯联邦自然生态环境保护法和俄罗斯联邦公民健康保护法纲要向法院起诉。如被告无力解决，可由国家生态保险基金支付赔偿金。相对而言，中国的《生态环境保护法》的规定有失笼统，重污染防治，轻资源保护；重政府权力，轻政府义务；重公民生态环境保护义务，轻公民生态环境保护权利。俄罗斯生态环境保护的立法优点值得借鉴。

　　第二，保证国家生态决策的正确性。在制定国家的长远发展规划中充分发挥生态专家学者的作用。制定国家发展规划时，适当给予生态专家一定的席位，因为以往生态专家缺席制定的规划很不现实，较少考虑生态因素。1987年苏联党和政府制定的2005年远景生态环境保护和合理利用自然资源的国家纲领中的水力发展规划，对于自然保护极为不利，甚至相当危险，而俄罗斯科学界是靠侦察的方式才得知该规划的内容。政府有义务保证主要生态研究专家经常得到有关地区社会经济发展的结论和前景，以及有关生态环境生态状况的信息。没有生态专家参与的国家最高生态决策的正确性就可想而知了。国家生态问题的最高决策者应自觉抵制经济利益的诱惑。如果国家最高决策层为了经济利益而对于损害生态环境的生产工艺和生产项目监督置若罔闻，由此带来的生态灾难很难避免。在美国生态危险等级最高的制氨工厂，竟然建在乌克兰敖德萨市的具有全苏意义的疗养区内。类似情况还有建在塔吉克斯坦的苏法合资的萨腊欣制铝联合企业，建在梁赞的意–苏制革联合企业，建在里海沿岸的田吉兹和卡拉–恰干纳赫石油化工综合企业等。更加令人震惊的是，俄罗斯联邦国家杜马竟然为了经济利益，完全无视生态专家的警告，通过了与社会生态利益相违背的法律。2001 年的《关于对<俄罗斯苏维埃联邦社会主义共和国生态环境保护法>第 50 条补充的规定》，推翻了生态环境保护法第 50 条明令禁止他国输入放射性废物的规定，为输入外国核反应堆的辐射性热能装置扫清法律障碍，而俄罗斯目前尚无力应对这种生态隐患。立法机构之所以一意孤行，置潜在的巨大生态危机和公民的健康威胁于不顾，是因为最高决策层难以抵制 200 亿美元经济利益的诱惑。生态问题的国家最高决策层的行为如果不能受到宪法和生态环境保护法的约束，生态利益岌岌可危。

第三，保障生态政策的执行力。提升政府生态环境保护机构的地位，建立统一的国家级生态协调机构，可以从体制上克服既得利益和地方保护主义的干扰。20 世纪 70 年代，苏联的生态环境保护职责由 11 个部委分担，众多的机构责任交叉或重叠。各部门不是从国家整体利益出发考虑和处理生态环境保护问题，而是围绕自身利益各行其是，抛出规模宏大的工程项目套取中央大笔资金。为了克服多头管理、权责分散带来的效率低下、执行力不足的困难，苏联成立了权力很大的权威生态环境管理机构，只是随着生态环境问题日益恶化而未见成效。中国宜以此为鉴，考虑建立协调各部门的国家生态鉴定的机制和机构，在法定程序上否决没有"生态–经济"论证的任何国民经济建设方案和地区计划，严格监督遵守和正确运用已通过的法令，制止各部门，尤其是禁止高级政府部门企图擅自解释现行法令。在立法程序上确认生态鉴定结果只向最高决策层汇报，并确保生态环境评价（生态鉴定）机构有权停止或完全禁止各经济部门违反生态环境保护和资源保护的设计工作和生产活动。建立生态建设导向的干部考评体系，提高法律、政策法规的执行力。苏联社会主义制度设计之初，是想借助计划经济的发展优势，让经济发展和生态环境保护齐头并进。但是，高度集中的政治思想体制使得生态问题不能进入政治决策主流，抑制、压制了社会生态力量的发展。苏联实行的经济加速发展战略和干部考核制度客观上刺激了经济的快速增长，却使生态环境保护优先的政策落空，生态环境指标总是给经济指标让路，导致保护生态环境立法因执行不力而以失败告终。事实表明，没有政治体制的保障，生态导向和生态指标无法落实，生态保护规划变成一纸空文。毋庸讳言，中国生态政策也遭遇了 GDP 的速度崇拜挤占生态决策的尴尬情况。为了避免前苏联生态环境立法执行力不足的局面，很有必要建立和实施生态发展导向的干部考评和升迁体系，斩断摧毁生态执法力量的根源。

第四，完善生态鉴定制度。与中国生态环境保护和经济发展并重不同，俄罗斯的生态鉴定更侧重于预防人的活动对自然生态环境可能产生的不良影响，以及实施后带来的不良社会、经济及其他后果，并且生态鉴定的对象，首先是生态政策，具体包括联邦和联邦主体实施的、可能对自然生态环境产生消极影响的规范性和非规范性法律文件草案，以及需要联邦和联邦主体批准或认可的法律文件等，其次才是俄罗斯境内企业组织和其他经济活动项目的新建、改扩建、技术改造、歇业和关闭的经济技术论证和方案。而中国相应的生态环境影响评价虽然已经由建设项目评价扩大到规划评价，但是对于政策的评价和鉴定尚处于缺位状态。同建设项目和规划相比，政策的影响范围和深度更加重要，尤其需要加以鉴定。俄罗斯鉴定的具体内容有：可能带来的生态破坏、环境污染程度、范围、规模、对人类健康的影响和各种可能的补救措施进行分析和评价等。而我国的《生态环境影响评价法》的落脚点，在于为建设项目上马提供生态环境评价依据，重在平衡生态与经济效益之间的关系，至于生态后果的应对和补救措施，并不在关注范围之内。只是规定了写作内容上的基本要求，比如要有建设项目概况，周围生态环境现状，可以造成的影响分析、预测和评估，技术和经济论证，经济效益损益分析、实施建议和结论等。

当然，生态鉴定制度或生态环境评价制度的技术前提，是建立生态环境保护标准和指标体系。俄罗斯正根据生态环境保护法规定建立生态环境保护标准制度，如生态环境质量标准，进行经济活动时允许的生态环境影响标准，以及生态环境保护领域其他国家标准等。最近几年，中国与俄罗斯合作的工程项目即遇到俄方的生态环境保护制度，笔者有幸参加了部分俄罗斯生态环境保护国家标准的翻译工作。相比之下，中国在生态环境保护标准方面难免有失笼统、模糊，甚至存在空白，尚有不少改进的空间。

（3）坚持"生态优先"原则。首先，鼓励生态理论基础研究。解决生态问题的前提是生态科学技术和生态社会学的研究。20世纪20～40年代，苏联在这方面有着深刻的教训。苏联针对生态学和基因学领域的三次大批判运动，直接导致了生态环境理论的匮乏甚至是销声匿迹，生态学界的巨大损失难以估计。因此，很有必要保证生态研究在哲学社会科学和自然科学领域的主流地位。俄罗斯生态法中的众多国家标准、生态环境影响评价和生态鉴定，以及生态环境保护监督等生态研究的重要成果，可以为我们的研究创新提供参考。首先，需要致力于狭义的生态学研究，加强自然科学和生态环境科学的支撑。他们研究生物圈规律，技术和生物圈的相互作用，使技术和生物圈协调一致，探索研究自然界中新的生态平衡，研究生物救济体系的管理问题，地球卫生学和生态地质学的研究，建立全球视域下的生态学。其次，注意另辟蹊径，寻找可再生的、可以循环利用的生物能、混合能、氢能、太阳能、低温受控热核聚变动力等新能源，加强化学品破坏生态平衡和致癌预防的研究。再次，注意科技伦理的限制，开展生态哲学、生态政治学和生态经济学、生态文化学等生态环境社会学方面的研究工作。无论是俄罗斯还是中国，都是在经济理性和技术理性的控制之下，迫使生态理性让步。根源在于对待大自然的征服和统治态度占了主导地位。没有正确的生态理念指导的实践代价巨大而沉重。如何找到协调生态理性和生态社会之间的平衡点，充分挖掘政治资源、经济资源和文化资源的潜力，为生态文明建设服务，成为生态社会学研究的重点。

其次，实施生态经济战略。生态问题使前苏联经济建设的成果大打折扣。依靠出口能源、原料及其初级产品的工业，不仅使经济效益低下，而且严重的工业污染危及人民健康。由于生态环境保护成本标准很低，西方的污染企业在苏投资可以"节省"20%的生态环境保护费用，外国企业纷纷前来投资建厂，甚至把它变成潜力很大的工业垃圾场。苏德签此类协定之后，生态学者和社会学者斥之为"出卖生物圈"，发出了沦为"生态殖民地"的警告。前苏联奉行的经济理念，始终把追求积累和经济增长作为主要目的。尽管采取了不少措施，但最终还是没能有效遏止资源过度消耗、生态环境恶化的趋势。在教训面前，苏联经济学家认识到发达国家"生态经济战略"的可行性，在生态导向下适度发展经济，才是生态文明建设的良策。从 20 世纪 70 年代开始，苏联学者才关注生态破坏的经济分析。图佩察从生态效益和经济效益两个维度模拟生态经济效益评价，探讨了自然利用评价中的生态因素，以及生产费用中的生态费用问题，提出了自然利用生态经济评价的综合性原则、计算生态环境组分和生态环境条件稀缺性原则、评价的区划性原则、绝对评价的时间动态性原则和计算反弹效果原则，被誉为"苏联对联合国教科文组织《人与生物圈》国际计划的贡献"。V. 瓦沙诺夫提出了以地球某区域内的累积能量作为生态系统的经济评价标准。从 1977 年开始，苏联实施国家生态环境标准，包括大气、废气成分分类法，居民点空气质量监督条例、土壤卫生状况指标目录等，尽量少向生态环境中排放废物。研究有效的净化方法和建立闭路循环用水系统，净化逸出气体的有效方法。化工部门研究无废工艺，建立不向水域排出污水、有害气体的生产工艺和动力工艺过程，综合加工原料时十分注重发展少废和无废工艺生产，建立生态上无害的工艺过程，如用水力冶金和高压冶炼工艺代替热力冶金，明显减少有害废气量。改进技术，再加工和综合利用生产废物和副产品。在市场经济建立初期，俄罗斯特别注意避免市场经济对自然资源疯狂掠夺和开发，避免核武器等军事设施对生态环境带来的潜在威胁。

当今的中国同样面临着市场经济对生态保护的威胁，我们国家和企业切不可重蹈前苏联经济加速战略的覆辙，必须摒弃利用大量消耗非再生性资源而又严重污染生态环境的工业生产提升发展速度的做法，在生态环境可以承受的范围内合理利用自然资源，建设生态环境友好型社会和能源节约型社会，推行循环经济和产业生态化，坚持节能优先的战略，提高能源利用效率，通过国际经济技术合作实现低碳发展。

（三）美国

1. 美国概况

美国是由华盛顿哥伦比亚特区、50 个州和关岛等众多海外领土组成的联邦共和立宪制国家，领土包括美国本土、北美洲西北部的阿拉斯加和太平洋中部的夏威夷群岛。面积 9372610km^2（其中陆地面积 915.8960 万 km^2，内陆水域面积约 20 万 km^2），如果加上五大湖中美国主权部分约 17 万 km^2，河口、港湾、内海等沿海水域面积约 10 万 km^2，面积为 963 万 km^2，如果只计陆地面积，美国排名第 3，仅次于俄罗斯、中国，在加拿大之前。

中央情报局《世界概况》1989 年至 1996 年初始版美国总面积列明 9372610km^2。1997 年变更至 9629091km^2，2004 年变更至 9631418km^2，2006 年变更至 9631420km^2。

美国国土地形变化多端，地势西高东低。东海岸沿海地区有着海岸平原，南宽北窄，一直延伸到新泽西州，在长岛等地也有一些冰川沉积平原。在海岸平原后方的是地形起伏的山麓地带，延伸到位于北卡罗来纳州和新罕布什尔州、高 1830m 的阿巴拉契亚山脉为止。阿巴拉契亚山脉以西是美国中央大平原，地势相对平坦，五大湖和密西西比河–密苏里河流域——世界上第四大的河域也位于这里。在密西西比河以西，内部平原的地形开始上升，最后进入美国中部面积广阔而地形特色稀少的大平原。在大平原西部则有高耸的落基山脉，从南至北将美国大陆一分为二，在科罗拉多州的最高峰到达 4270m。西海岸地区有内华达山脉和海岸山脉。以前落基山脉还有频繁的火山活动；现在只剩下一个区域（怀俄明州黄石国家公园的超级火山——可能是世界上最大的活火山）。美国最高的山峰是麦金利山，海拔 6193m，也是北美洲第一高峰。

美国自然资源丰富，矿产资源总探明储量居世界首位。煤、石油、天然气、铁矿石、钾盐、磷酸盐、硫黄等矿物储量均居世界前列。其他矿物有铜、铅、钼、铀、铝矾土、金、汞、镍、碳酸钾、银、钨、锌、铝、铋等。战略矿物资源钛、锰、钴、铬等主要靠进口。森林面积约 44 亿亩（1 亩≈667m^2），覆盖率达 33%。截至 2010 年年底，美国已探明原油储量 206.8 亿桶，居世界第 13 位。已探明天然气储量 7.716 万亿 m^3，居世界第 5 位；已探明煤储量 4910 亿 ton[①]，居世界第一位。2011 年美国原油产量 20.65 亿桶，进口 41.46 亿桶，出口 10.67 亿桶。天然气产量 28.58 万亿 ft^3[②]，进口 3.46 万亿 ft^3，出口 1.51 万亿 ft^3。

美国丰富的自然资源和多样的民族文化使它成为极具吸引力的旅游国家。美国的西部有著名的大峡谷国家公园和黄石国家公园（图 3.31）；靠太平洋的西海岸地区有风光旖旎、阳光灿烂的加利福尼亚州，旧金山和洛杉矶就位于此。在北部近加拿大边界附近，有著名的五大湖游览区，其中最壮观的景点是尼亚加拉大瀑布。此外，位于美国西面太平洋上的夏威夷群岛也是全球闻名的度假胜地。还有适于冒险者的科罗拉多大峡谷。美国共有 21 项世界文化与自然遗产（其中两项与加拿大共有），其中包括 8 项世界文化遗产，12 项世界自然遗产，1 项双重遗产。

在美丽生态指数评价中，美国美丽生态指数为 57.224（表 3.11），全球排名第 3 位。

---

① 1ton=901.18474kg
② 1ft=0.3048m

123

图 3.31　美国黄石国家公园

（资料来源：http://download.pchome.net/wallpaper/info-4473-7-1.html）

表 3.11　美国的美丽生态建设指数

生态	资源	生态环境	景观	美丽生态指数	
73.106	38.882	82.789	46.909	57.224	第 3 位

2. 美国生态建设历程及主要措施

1995 年，美国生态文明专家罗伊·莫里森在《生态民主》一书中，提出了具有现代意义的"生态文明"概念，是人类社会追求发展的"一种新的文明形式"，注重人与自然、人与人、人与社会的和谐发展，构建良好生态环境运行机制。在此之前，认识和推进生态环境保护或者相关生态文明建设过程中，美国也进行了大量行之有效的研究，提出了许多具有借鉴意义的政策和措施。美国对生态环境保护的认识大体上可以分为三个阶段。

第一阶段是 20 世纪 60 年代前，美国的生态环境保护理念主要是资源保护主义和自然保护主义。它以一些知识分子的理论为先导、依托生态环境保护组织和民间力量，零星、成文的国家法律法规为保障，走的是一条自下而上的生态环境保护路线。这一阶段，美国先后出现了具有浪漫主义色彩、超功利性质以及生态主义色彩的生态环境保护意识，虽然并没有解决美国生态环境恶化的现实问题，但对生态环境保护的认识却从空想到实际。美国浪漫主义色彩的生态环境保护代表人物亨利·梭罗，主张赋予自然道德情感，以谦卑的态度对待自然、尊重自然。这种生态环境保护思想虽然具有空想色彩，但它却指明了美国生态环境保护运动前进的道路。美国工业化和城市化的进程中，人们认识到自然资源并非取之不尽用之不竭，必须保护自然，停止对自然的大肆掠夺，这种超功利性质的生态环境保护意识在当时深入人心。20 世纪前 30 年，美国出现以追求利用自然最大化为目标的功利性生态环境保护意识，政府在实施资源保护政策的同时积极推动经济的发展，这种思想进一步深化了生态环境保护意识的社会化。直至 60 年代，具有生态主义色彩的生态环境保护意识在美国国内展开，开始注重人与自然的关系，具有广泛的社会性。

第二阶段是 20 世纪 60～90 年代，美国现代生态环境保护运动已经具有广泛的社会基础，不同种族的人开始接受生态环境保护思想，成为生态环境保护运动的重要推动者。二战后，美国居民收入增加，开始注意改善生活生态环境，政府积极推动对生态环境保护教育事业的发展，把关注点集中在污染和健康问题上。同时，非政府生态环境保护组织的成立种类多样，关注点也有所不同，生态环境保护运动表现出多样化和包容性的特点。这一阶段，可以将对美国生态环境保护的认识分为 60～70 年代以及 80～90 年代两个时期。60～70 年代，美国生态环境保护运动达到了空前规模，有关生态环境保护方面的法律法规形成统一体系，非政府生态环境保护组织越来越多，公众生态环境保护意识提高，也推动了世界范围内生态环境保护运动的发展。80～90 年代，美国出现了反生态环境保护主义运动，生态环境保护运动发展陷入低谷，其中以“明智利用”运动为主力，开展各种策略进行反生态环境保护运动。里根总统上台后，颁布一些反生态环境保护政策，以保护造纸业等企业的发展。这一阶段，虽然出现反生态环境保护运动，但总体上仍是继续发展，基层生态环境保护组织队伍壮大，拥有雄厚的群众基础，反映了美国生态环境保护运动的壮大。

第三阶段是进入 21 世纪，可持续发展成为美国生态环境保护的主导理念。为了进一步推动生态环境保护的建设，美国推行的政策及措施工具更加灵活和多样化，综合利用政治、法律法规、经济和社会等手段解决生态环境问题。联邦政府还扩大了有关生态环境保护的范围，如生态环境教育、生态环境技术开发和应用、弱势群体的生态环境利益等。近年来，随着全球生态环境危机的不断加深，以奥巴马为首的联邦政府采用“绿色新政”、推动循环经济、大力发展低碳经济等，美国国内生态环境保护又重新呈现出蓬勃发展的态势。

美国生态保护的主要措施如下：

（1）生态工业园建设。生态工业园（EIP）是为了实现循环经济和可持续发展理念，企业相互依存而形成的企业共生体系。美国环境保护局认为：“EIP 是一种由制造业和服务业所组成的产业共同体，他们通过在生态环境及物质的再生利用方面的协作，寻求生态环境和经济效益的增强。通过共同运作产业共同体可以取得比单个企业通过个体的最优化所取得的效益之和更大的效益。”

美国生态工业园发展已经有 10 余年的历史，在 20 世纪 90 年代，美国政府开始关注作为一个新兴工业理念的生态工业园，并在总统可持续发展委员会下设“生态工业园特别工作组”，推动生态工业园的发展。生态工业园以实现企业清洁生产，企业之间通过能量、废物和信息的交换从而使资源得以最大程度利用为目的，尽可能使园区的污染物排放为零。通过 10 余年的努力，美国已经建成三大类（改造型、全新型、虚拟型）总计 20 余个生态工业园。美国是最早提出生态工业园的国家。与传统工业园相比，生态工业园以工业共生为特点，节约资源、降低废物的排出，是实现可持续发展的有力支撑。生态工业园的发展与美国政府在生态保护与经济发展所持有的可持续发展目标是完全契合的。

（2）生态保护的市场机制。生态保护单纯依靠政府的力量势必十分被动，经历过惨痛教训之后，美国政府在生态保护问题的观念上发生了重大变化，即依靠市场的力量，设立不同的经济措施促使企业主动守法，这才是生态保护的最有效手段。美国生态保护政策可以说都是经济政策。也就是说，强调开发新技术和新产品而不是通过改变生活方式的方法来实现生态保护和经济的可持续发展，通过措施的多样性，力求充分发挥各级地方政府和企业的积极性，使其自愿参与到生态环境守法中来。市场机制在美国生态保护中的积极作用是显而易见的。比如二氧化硫排污权交易制度，根据 1970 年《清洁空气法》，美国政府实行了一项"泡泡政策"，在污染物总量控制的前提下，各企业排污口排放的污染物可以相互调剂，即把污染物总量设为大泡泡 P，各个企业排放的污染物设为小泡泡 p_1, …, p_n，则 $p_1+\cdots+p_n \leqslant P$。只要企业通过技术革新减少排污量，那么企业就能通过排污权交易的方式获得资金。这极大提高了企业生态环境守法的积极性，也便利了政府的生态环境管理工作。根据美国环境保护局（EPA）的统计，到 2006 年，美国二氧化硫的排放量比 1990 年下降了 630 万 t，首次下降到 1 000 万 t 以下，相当于下降了四成；1994～2005 年，二氧化硫排污权交易累计完成了 4.3 万件，而 2004 年的减排成本只有 20 余亿美元，仅相当于当初预测值的 1/3。在市场机制的应用方面，美国证券交易委员会要求上市公司披露相关的生态环境信息，以利于民众监督。生态环境信息披露制度增强了企业的生态环境守法意识，因为通过公众和信息搭建起的市场意味着守法才能获得民众认同，才能有经济效益。

（3）生态补贴政策。根据《2002 年农业法》的授权，美国农业部将通过实施土地休耕、水土保持、湿地保护、草地保育、野生生物栖息地保护、生态环境质量激励等方面的生态保护补贴计划，以现金补贴和技术援助的方式把这些资金分发到农民手中或用于农民自愿参加的各种生态保护补贴项目，使农民直接受益。

（4）自然保护区管理。美国的自然保护区以"国家公园"为名，旨在保护自然资源和历史遗迹，同时能为公众提供欣赏并享受美好生态环境的空间。始建于 1872 年的黄石公园是世界上第一个"国家公园"，其产生过程为美国及全球国家公园的生态保护提供了良好的范本。作为世界最早以"国家公园"形式进行自然保护的国家，美国在管理方面制定了诸多相关法律，如 1894 年的《禁猎法》、1916 年的《国家公园法》、1964 年的《荒野法》、1968 年的《国家自然与风景河流法案》和《国家步道系统法案》，以及 1969 年的《国家生态环境政策法》、1970 年的《一般授权法》等。在管理体制方面，国家公园系统实施统一管理，即由联邦政府内政部下属的国家公园管理局直接管理，其管理人员都由总局任命和调配，工作人员分固定职员和临时职员、志愿人员。在资金运作方面，美国给予国家公园管理机构以财政拨款，保障了管理工作的顺利进行。

（5）温室气体排放控制。1970 年美国通过了《清洁空气法》，该法的颁布标志着美国对生态环境控制采取了更为严格的措施。《清洁空气法》历经 1977 年和 1990 年两次重要修订，成为美国控制大气污染的重要基础。该法中确立的排放许可制度、泡泡政策（即总量控制）、排污权交易等内容成为现代生态环境管理的先进举措。针对二氧化碳等温室气体排放的控制，2007 年美国最高法院裁定二氧化碳属于《清洁空气法》所规定的空气污染物。2009 年 6 月，美国国会众议院通过的《2009 年清洁能源与安全法案》提出，自 2012 年起，在国内逐步建立温室气体排放限额交易体系。通过明确责任主体，将排放控制目标落实到排放实体，并尝试建立市场机制，推动企业逐步降低二氧化碳减排成本，以实现 2020 年国家排放控制目标：2020 年温室气体排放总量比 2005 年减少 17%，2050 年比 2005 年减少 83%。2010 年，美国环境保护局通过 PSD 许可程序下温室气体排放许可权授予规则和温室气体最大排放源的排放许可规则。目前，美国绝大部分州已经制定本州的气候应对计划、政策或法律，包括碳捕捉和储存立法、能源标准以及强制减排目标与排放权交易等；同时，各州还采取州际合作机制，如西部地区气候行动倡议、西部州长联盟清洁与多元化能源倡议、地区温室气体倡议等，通过明确减排目标和时间表、建立温室气体总量控制和排放权交易系统等区域行动进行温室气体控制与减排尝试，既向联邦层面温室气体立法施加影响，也为其立法提供了借鉴。

3. 经验与启示

美国生态环境保护历史给我们以很多的启示，对于我国生态文明的建构具有非常重要的借鉴意义。

（1）政府在生态环境保护问题上应该发挥主导作用。生态环境作为"公共物品"单纯依赖市场弥补其外部性和信息性的不足有些不切实际，需要政府的参加并进行干预。从美国生态环境保护历史来看，在每一个生态环境保护进程中，无时不体现着政府的身影，作为最高行政长官的美国总统在生态环境保护中起着至关重要的作用。

（2）生态环境政策需要兼顾社会多元主体的利益和需求。生态环境政策的制定需要考虑多方利益，处理起来十分复杂。生态环境政策的制定者既包括总统、政府行政部门、国会和联邦法院等，同时还包括地方州一级的地方机构；生态环境政策所针对的对象包括政府部门、企业及个人等；生态环境政策的压力集团包括主流、激进和基层生态环境保护组织及生态环境保护主义者等。因此，生态环境政策在制定出台时要综合考虑上述各个不同主体的利益、主张和要求。在进步主义时代，联邦的资源保护政策由部分政府高官、少数知识分子和一些企业精英组成的所谓"三头政治"主导，自然之美和资源之稀缺是其保护政策的主要理由和根据。进步主义资源保护政策在二战后遇到了挑战，因为在新生态环境保护论者看来，进步主义并非它所标称的代表公共利益，而是恰恰相反，同时，进步主义者所关注的主题和范围也过于狭窄。于是，在 20 世纪六七十年代，以 1962 年蕾切尔·卡逊《寂静的春天》一书的发表为标志，以污染治理和综合防治为主题的新生态环境保护主义对联邦政府提出了新的要求。在这样的背景下，联邦政府和国会出台并通过了一批反映新生态环境保护主义者主张的生态环境政策，对包括污染工矿企业在内的污染对象进行约束和管制。70 年代的生态环境保护政策很快遭到利益集团的反击，并在里根执政时期取得了成效。历史表明，生态环境政策的任何片面倾向不仅无助于生态环境保护事业的发展，而且容易激化社会矛盾。

（3）生态环境政策需要大众参与。生态环境政策需要大众参与，因为生态环境政策所要保护的是公共利益，如果公众缺乏参与，政府机构或国会议员极易为特殊利益所俘虏。进步主义时期的资源保护运动就是例证，因缺乏群众参与，结果导致该运动在战后一度成为利益集团谋取利益的工具。60 年代以来，美国公众通过立法游说、出席听证会、提起诉讼、舆论督导等方式和途径来推动和影响生态环境政策的发展与走势。如果没有公众的积极参与，美国生态环境政策很难取得如此辉煌的成就。在美国，不但公众本身有极高的生态环境参与意识，政府也积极鼓励公众参与生态环境事务，通过政策立法和制度建设来保障公民切实有效地参与生态环境政策的制定与实施过程。70 年代以来，美国许多重要生态环境立法，如国家生态环境政策法、清洁空气法、水污染控制法和社区生态环境知情权法等都对公民的生态环境参与权作了规定。美国的生态环境管制政策和法规草案、重大生态环境保护项目一般都有公示期，在此期间公众可以发表任何意见或提出修正建议，相关机构必须认真考虑或在规定期限内予以答复。我国在借鉴国外经验的基础上，从法律方面对公众参与生态环境管理予以规定和保护。《宪法》规定：人民通过各种途径和形式，管理国家事务，经济和文化事业，管理社会事务。这是我国公众参与生态环境管理的宪法根据。国务院《建设项目生态环境保护管理条例》规定，凡涉及到环境污染或生态破坏的建设项目，其生态环境影响报告书中必须有建设项目所在地的公众意见。《生态环境影响评价法》规定："国家鼓励有关单位、专家和公众以适当方式参与生态环境影响评价"。《境保护行政许可听证暂行办法》中确定了两类建设项目和 10 类专项规划必须实行生态环境保护公众听证。

（4）生态环境政策需要不断创新。生态环境政策从经济学角度来看，其本身具有稀缺性，实现生态环境保护制度的供需平衡的条件之一就需要生态环境政策的不断创新。生态环境政策创新源自于生态环境保护的制度需求。从生态环境与经济的关系角度来看，若要打破经济增长—生态环境破坏—保护生态环境—经济停滞的怪圈，实现可持续发展，就必须在生态环境政策上保持创新能力。

一般来说，生态环境政策包括目标和手段两个部分。所谓生态环境政策创新主要是指生态环境保护的方法或手段的创新。纵观美国 30 余年的生态环境保护实践，其生态环境政策工具就是在不断创新中走过来的。20 世纪 70 年代初美国生态环境政策大发展之时，生态环境保护的行政命令模式占了主导地位，为克服和弥补此模式的不足，基于市场的政策工具被创造出来。80 年代适应改革的潮流，成本–收益分析、风险评估和风险管理、排污交易和排污收费等制度被更多运用到生态环境政策的实践中来。进入 90 年代，生态环境保护的预防制度、社区参与制度、生态管理制度、可交易许可制度、市场壁垒制度等被更加广泛地采用。除制度创新外，生态环境保护的技术创新也被提到国家议程上来，强调开发和利用新技术来更为有效地实现生态环境政策目标。直到 90 年代，美国在生态环境政策创新方面一直走在世界前列，它的许多制度为其他国家所效仿。美国的生态环境政策创新保证了生态环境保护的制度供给，不仅对美国也对世界的生态环境保护事业作出了贡献。

（5）在加大生态环境保护投入的同时，加强生态环境法制建设。美国在发展的过程中经历了破坏生态环境、污染生态环境、保护生态环境、治理生态环境的过程。联邦政府在加大生态环境保护投入的同时，不断加强生态环境法制建设，在早期生态环境遭破坏的时期，联邦只有很少的法律，并且这些法律约束效果不佳，到了近代，联邦法规和地方法规通过法律所赋予的技术、经济等手段对一些污染企业进行约束，取得了不错的效果；70 年代以来，国家生态环境政策法的通过实施构建了以联邦为主导的完整的现代生态环境政策体系，在生态环境保护中发挥了重要的作用。美国生态环境保护中水污染的治理则正好体现了这一过程。

关于水污染的立法，联邦政府起步较早，最早可追溯到 1899 年的《固体废物法》，但此法主要在于确保航道的安全和畅通，只对减轻河道港口水质的污染有一定的作用。二战后，联邦政府采用先进的科学技术，投入大量的人力财力加强水污染的治理。1948 年通过的《水污染控制法》是美国第一部治理水污染的联邦法律。该法规定联邦政府可以作为公诉人对水污染者提起诉讼。1965 年修订通过的《水质法》首次宣布要建立一项以预防、控制和降低水污染的国家政策，这标志着美国生态环境政策正由地方性的行为上升到国家立法的层面上，体现了污染控制的国家化趋势；经过近 3 年的酝酿和协商，1972 年 10 月 18 日，美国国会通过了著名的《联邦水污染控制法修正案》，这标志着美国水污染控制进入了一个新的历史阶段。该法的第一条第一款为："本法的目的是恢复和保持国家水体原有的化学、物理和生物特性"，因而提出了很高的水污染控制目标，要求到 1985 年要消除污染物排入国家通航水体，实现零排放。作为过渡目标，到 1983 年水体水质要达到养鱼和游泳标准。为实现上述目标，联邦政府重金予以资助，先后大量兴建城市公共污水处理工程，对工业废水的处理也提出了严格要求，同时确立了国家污染物消除排放系统，实行污染物排放许可制度。实践证明，1972 年的水污染控制法对城市污水和工业废水规定的要求过高，目标实现效果不理想。在 1977 年《清洁水法修正案》中，延迟了几项达标排放的期限，同时加强了有毒水污染物质的管理。美国对水污染控制法，形成了立法—执法—回顾评价—修正，这样一个不断循环过程，检验客观效果，获得大量反馈信息，使水法日益完善更加切合实际的做法，是值得我们借鉴的。

（四）新加坡

1. 新加坡概况

新加坡是东南亚的一个岛国，由新加坡岛及附近 63 个小岛组成。该国位于马来半岛南端，毗邻马六甲海峡南口，北隔柔佛海峡与马来西亚相邻，南隔新加坡海峡与印度尼西亚相望。属热带海洋性气候，常年气候炎热，潮湿多雨。该国占地 714.3km²，总人口 540 万，华人占 75% 左右，其余为马来人、印度人和其他种族。首都新加坡市，位于新加坡岛南端，约占全岛面积的 1/6。新加坡市是全国的政治、经济、文化中心，是世界上最大的港口之一和国际金融中心。新加坡几乎没有农村，境内花草茂盛，美丽整洁。

新加坡河流由于地形所限，都颇为短小，全岛共有 32 条主要河流，河流有克兰芝河、榜鹅河、实龙岗河等，最长的河道则是加冷河。大部分的河流都改造成蓄水池为居民提供饮用水源。共建有 17 个蓄水池为市民储存淡水。其中，中央集水区自然保护区位于新加坡的地理中心，占地约 3000 hm²。该保护区拥有麦里芝蓄水池、实里达蓄水池上段、贝雅士蓄水池上段和下段等水库。其土地除了用来收集雨水外，还发挥着重要的城市"绿肺"功能。为减少对外来水源的依赖，新加坡通过大型蓄水计划，以及海水淡化和循环再利用等技术，使得水源供应更加多元化，逐步迈向供水自给自足的目标。随着最大的大泉海水淡化厂的落成，当前可提供超过 60% 的用水需求。

新加坡约有 23% 的国土属于森林或自然保护区，森林主要分布于中部、西部地段和数个外岛。新加坡是城市国家，一城即一国，虽然人口密度大，但是新加坡在经济发展和生态建设中找到了平衡点，城市绿化率高，大量的建筑物掩映在绿树之中，花团锦簇，生态环境优秀，空气清新，故有"花园城市"的美誉（图 3.32）。

新加坡是世界最繁忙的港口和亚洲主要转口枢纽之一，是世界最大燃油供应港口。有 200 余条航线连接世界 600 余个港口。根据新加坡海事及港务管理局的数据，截至 2014 年年底，新加坡港集装箱吞吐量上升 4%，至 3390 万 TEU，居世界第 2 位。从燃油销售上来看，新加坡仍是世界第 1 的加油港，2014 年销售的总燃油量达 4240 万公 t，抵港船舶创纪录则达到 23.7 亿 t。

在美丽生态指数评价中，新加坡美丽生态指数为 39.158（表 3.12），全球排名第 73 位，具有中上游水平。

2. 新加坡生态建设的主要做法

（1）从规划着手掌控好资源与生态环境问题。新加坡大概是世界上特别重视长远规划的国家。无论谋划国策还是从事各项规划，都是以长达五六十年或更远的宏观视野作为基础，并每 10 年作出调整或变更，以应对国际、国情的不断转变。实体规划则重视调研所得数据并以务实的原则与态度进行。就城市规划而言，新加坡的城市规划共有 3 个层面，

图 3.32 新加坡花园城市一角
（资料来源：http://blog.sina.com.cn/s/blog_4fd2b3bb0101d8zt.html）

表 3.12 新加坡的美丽生态建设指数

生态	资源	生态环境	景观	美丽生态指数	
12.834	0.955	84.629	5.888	39.158	第 73 位

首先便是以长远视野所作的概念规划蓝图（coneept plan），它基本上是一个前瞻性的土地利用和交通综合规划蓝图。作为新加坡长远实体发展与方向的指导性蓝图，每 10 年修订一次。其次是实体发展的总规划蓝图（master plan），每 5 年修订一次，然后便是详细规划（detail plans）的诸多方面，如城市设计（urban design）、具体交通规划（T-, p-.6-Planning）、生态环境规划（environment planning），绿色规划（greenery plan-ning），保存维护规划（conservation planning）等。所有这些规划都必须依从规划法令的规定，而规划蓝图则成为法律文件。

由于地少人多，新加坡各领域对土地的使用面临极大竞争与挑战。首先是社会领域的需求，即满足因人口急速增长而造成的严峻的土地需求，诸如政府提供足够的土地以应基础设施、建房、教育、社交、休闲等相应设施的土地分配之需。其次是赖以生存的经济领域的需求，即需要大量的土地以利工商业设施的建设。在不经意的情况下，前述两者便可轻易地占有所有的土地，破坏自然生态环境而使人文生态环境变得恶劣。新加坡建国伊始，便注重自然生态环境的保存与维护，严密监控人文生态环境的有序成长。要维持一个可持续性发展的新加坡，那就必须在人文生态环境与自然生态环境之间取得平衡。从规划的角度来说，新加坡一直坚持社会、经济与生态环境三个方面的平衡发展，缺一不可，并坚持使城市建设面积（即前两者的总和）维持在土地使用总面积的 60%，而保留 400k 的土地使用为绿地，以维护自然生态环境的待续生存。新加坡自建国以来，一直维系着这条准则。新加坡土地使用规划的现实情况是：居住占比 12%（2030 年将达 17%），基础设施占比 15%，工商业占比 17%，园林与休闲空间占比 19%，森林与保留地占比 37%，城市建设面积与绿地面积基本上大致维持在 6∶4 的比例。如将园林与休闲空间这大片的绿色空间划归自然空间，那将是 4∶6 的比例。这也是新加坡能够保持花园城市美誉的缘由。

（2）从生态环境保护到生态环境美化与建设。新加坡不仅能掌控好生态环境问题，成为世界上首屈一指的绿化城市，洁净程度居世界之冠，而且在生态环境科技创新研发方面屡有建树，尤其是其新生水的研创和实践，被许多缺水国家纷纷仿效。生态环境规划涉及空气、水和土地以及地下等多个层面。生态环境掌控与生态环境规划的目的在于维护生态环境、优化生态环境、美化生态环境，维护与建设生态环境的持续性，并在此基础上提升国民的生活质量。

首先是生态环境保护法的制定及相应的基本设施建设。新加坡政府制定各类生态环境保护和严格管控的法令和条规，以确保生态环境不受污染并防患于未然。例如，工业、车辆等各类气体的排放、工商业与船只的污水排放、家庭污水排放、工商各业与家庭垃圾及废弃物处理、各类有毒物质（包括电子类废弃物）的处理等都要达到国家或国际的指标性规定。为达到法令的要求，政府必须提供相应的监督和处理的基本设施与措施，如空气、水文监察设施，污水收集系统、下水道与污水净化厂及相关建设与措施，垃圾与废弃物收集系统、垃圾焚化炉、垃圾填埋场，有毒物质监管、处理设备及措施等。

生态环境问题带来城市发展方面的压力。城市发展因其自然生态环境的局限而在其城市空间拓展方面，形成环境污染问题，导致生态环境危机的产生。有鉴于此，新加坡于 2002 年便制定《2012 新加坡绿色蓝图》，未雨绸缪，从而应对将来可能产生的生态环境问题。《2012 新加坡绿色蓝图》是新加坡的生态环境蓝图，国家环境局特别成立了一个协调委员会以及 6 个行动计划委员会来落实这个宏伟的绿色蓝图。各委员会均以"社区伙伴理念"及"创意思维"贯彻执行绿色蓝图的 6 项计划。除了要保持其花园城市的美誉之外，在绿化方面要更上一层楼，包括空气净化、水源丰足净化、废物处理生态环境保护化、疾病（传染病）防患防治、国际合作等全面性生态环境保护。

自建国以来，新加坡便十分注重城市绿化。1963 年，李光耀发起植树运动，同时，在公共工程部内成立园林专家处，设立园林署，专司绿化工程。1970 年新加坡成立花园城市行动理事会，制定相关政策与协调政府各部门的相关活动。1975 年，植物园与园林署合并，正式成立园林与休闲部，隶属国家发展部管辖。同年，《公园与树木保护法令》通过，这是新加坡绿化史上具有里程碑意义的法令。该法令提出绿化指南、树木保存维护指令、土地发展强制绿化指令、道路两旁及停车场预留空间种植花草指令。负责建房的建屋发展局与负责工业设施的裕廊镇工业局也必须遵行这些法令与相关条规。

目前新加坡共有绿地面积 9846hm²，包括 3347hm² 自然保护林、2300hm² 公园（含

362 个公园，其中 62 个为区域公园、254 个邻里公园、46 条公园连道）、2656hm² 公路两旁绿地、51hm² 国家与政府机关绿地与 1492hm² 保留旷地。此外，绿地面积仍在增加，其中有继续增建的园林连接通道与正在建设中的 150km 的环岛绿道，以及政府打算将现有 2500hm² 的绿色空间增加到 4500hm²。届时，新加坡绿地面积将增加到 15 000hm²。

　　国家园林局负责管理超过新加坡 10% 的土地总面积。它包含 50 余个主要公园与 4 个自然保护林。此外，国家园林局还负责管理作为新加坡花园城市骨干的、广布的公路与街道绿化景观，以及那些部分已经完成和还在建造中的园林连接通道网络系统。国家园林局不仅负责绿化基础设施、提供及加强新加坡作为花园城市的绿化功能，而且通过进一步发展与建设具有创念的休闲经验与和生活方式来提升新加坡人民的生活质量。作为新加坡园林科学与自然维护组织的专业机构，国家园林局监督与协调新加坡生物多元化的健康发展，维持城市生物多元发展的维护模式，为缺乏土地的新加坡世世代代维护其城市的未来生态系统。在园林与休闲规划中，国家园林局在考虑为人民提供优良的休闲与生态环境的同时，也十分在意来访者（新加坡有超过 1500 万游客及接近百万的外来人才和劳工等临时居民）的需要和安适，不仅为他们提供一个优美、安全、充满活力、安适、设施完善的休闲人文生态环境，而且使新加坡处于一个保护生态平衡、空气清新的绿野天堂。增长的人口需要更多休闲与公共空间，国家园林局必须确保有足够的绿地供新加坡使用并营造"城市在一个大花园里"的感觉。

　　概念蓝图体现了人民在休闲与娱乐生活方面的需求，因而新加坡在概念设计中尽量保留这类空间和地方，并在实施方面提供更多的体育与休闲设施，更多的绿色空间和活动，以及更多的文化设施。

　　不同于 1991 年的概念蓝图设想在乌敏岛与林厝港处建立新镇，2001 年的概念蓝图决意要尽可能地保留如中央保护林区一样的原生态地带与其他类似地带的原生状态，如新邦的卡迪榜苏河与勿兰的中国河地带的红树林，这些将包含在园林区中以便更多人能有机会享有。

　　新加坡生态环境建设其实也提供动植物的栖息地与天堂。每年大量的候鸟路经新加坡，新加坡刻意保留和发展的湿地，如克兰芝湿地公园，便是它们的过道或暂时的栖息所，这符合生态环境保护与蓝色计划的目标，以维持新加坡的生态平衡和优化新加坡生态环境。

　　（3）城市美学的理解和建设。新加坡对城市美学的理解和建设是依据新加坡对生态环境的保护、优化、美化的实践建立的，主要从以下几方面着手。

　　第一，工业园区生态化。过去，工业发展与生态环境维护是矛盾的两个方面。今天，工业发展必须遵循生态环境可持续性的要求，必须注重工业生态环境的生态化建设。新加坡在建设裕廊工业园区时，便已规定工业生态环境的绿化要求。工厂建设必须注重绿化的建设，必须预留空间为工厂绿化之用。因而整个裕廊工业区也呈现绿意盎然的景观。裕廊化工岛是新加坡的重工业基地，是新加坡石油提炼与化工下游工厂的集中地，也是污染性最重的工业区。长期以来，裕廊化工岛一直是新加坡污染管治最为着力之处。新加坡自化工岛形成以来，防污染、监控污染、管治污染都甚为成功。但它仍然是一个非生态化的工业区，从 20 世纪 90 年代开始，新加坡便十分关注裕廊化工岛工业生态环境的改造。改进与改造的方式基本上可以归结为两个方面：从污染管治到资源管理；从景观生态建设着手渐次到能源生产转化等生态建设，最终改进为生态工业园。

第二，居住生态环境园林化。城市的历史底蕴与生态环境是城市文化的原生机制，是其自然景观与人文精神的根基。城市规划必须重视城市发展与生态环境的协调，保持生态平衡，注重生态城市设计者理念，以构筑新型城市生态文化。联合国教科文组织在 1971 年发起"人与生物圈"计划的过程中提出"生态城市"理念，新加坡注重按照这一理念倡导与自然生态融合的人类聚居形式。在城市规划与设计方面，新加坡根据尊重自然的城市设计理念，具体落实建设生态城市的方案，建设城市花园。新加坡人认为水是一个城市的灵魂所在。河流与水面，作为城市流动的生命，应给予特殊的关注。通过水体规划方案，使之为新加坡城市景观增添生命力。新加坡自 1960 年以来，便开始大量建造组屋（国民住宅）以解决严重的"屋荒"问题。20 年间便成功地通过土地征用计划及适当的赔偿制度，高效地将大批土地收归国有。除了一些土地拨归工业发展、兴建工业区以及建设基础设施之用外，新加坡还将大片土地作为建造组屋之用，并成功打造了总共 23 个新镇。另 3 个绿化新镇也在打造中，以应对新加坡不断增长的人口的需求。实际上通过组屋兴建与新镇建造，新加坡成功地完成了乡村城镇化的过程，从而使新加坡实现了城乡一体化、城市现代化，以及进入 21 世纪打造全球化大都会的宏愿。对于原来城乡明显区分的岛屿生态环境，新加坡按城市规划长远目标将其建设成为无城乡差距、全岛划一的现代化城市生态环境，避免了地区发展可能形成的矛盾及其可能带来的社会冲突。自 20 世纪 90 年代提出绿色建筑规划与法制化之后，新加坡便开始了居住生态环境绿化建设，或者更贴切地说是进行生态化建设，并提出建设"榜鹅 21"计划（punggnl 21 Plus）的生态化新型组屋区。榜鹅是位于新加坡岛东北面的一个半岛形地块，面积约 10km²，三面环水，其前端尚有一个小离岛。这些水域已经在端口处被阻截起来，形成湖泊，进而转变为淡水水库，并且政府另建了一条长 4200m、宽 20～30m 的人工河道，弯弯曲曲贯穿新镇，制造濒水景致。"榜鹅 21"计划依据绿色建筑方案打造了一个全新的濒水绿色生态组屋新镇，其强调生态环境规划与绿色宜居，被称为新加坡 21 世纪的绿色典范新镇。榜鹅新镇将佣有新镇公园、康尼岛乡村公园、盛港浮岛公园、湿地公园以及两个休闲活动聚落、海岸长堤步道和体育与康乐中心等绿色公共空间与休闲设施。

第三，建筑垂直绿化与绿色建筑法制化。当代对建筑的要求，已经从要求建筑提供坚实的筑构空间、完善的生活设施、宏伟美丽的外观和华丽的内部装修，提升为要求建筑智能化，即它必须既具有室内室外生态化空间生态环境，又具有节能、节水等功能，尤其是具备城市生态环境持续性发展的功能。节能包括尽量减少或杜绝耗能装置、减少能源排放及使用洁净能源，如利用太阳能、风能或其他可再生能源、装置光伏玻璃等。节水则包括除减少水用量外，建筑物应附设蓄水装置收集雨水，用于建筑清洗、厕所冲洗等，并设有剩余雨水、废水收集系统，以收集用过的水输入下水水道回收系统。建筑绿化则分为建筑平面绿化与垂直绿化，屋顶覆土种植、栽树，培植空中绿地或空中花园等。新加坡缺少可再生能源，只能专注于提高能源利用效率。从 2005 年新加坡能源节约率计起，到 2030 年，新加坡将有望使能源节约率达到 35%的水平。新加坡发电向来采用石油，全岛共有 5 座发电厂。面对全球变暖、国际减排的要求，自 1999 年起，新加坡发电逐渐改以天然气为燃料。目前，新加坡发电已接近 100%使用天然气。新加坡建设局自 1980 年起便积极制订建筑节能计划，于 2005 年创设建筑绿色标签，于 2006年提出第一个绿色建筑蓝图。在第一个绿色建筑蓝图取得成功的情况下，新加坡提升了建筑绿色标签的要求，于 2009 年提出第二个绿色建筑蓝图，于 2013 年又再度提高对绿色建筑的要求与扩大绿色建筑规范的使用范围，提出第 3 个绿色建筑蓝图。新加坡绿色建筑蓝图取得成功并非偶然，而是国家相关部门起带头作用，贯彻有关规定，建设与改造相匀建筑，并投入上亿新元设立奖金制度，按严格的节能与绿色标准奖励业主与相关机构，设立绿色建筑相关培训计划，有计划、有步骤地培训业主、建筑商、建筑从业人员、设计师、工程人员、建筑维护人员等，熟悉有关规定、技术与执行方案。在这一过程中，有些产业发展商、建筑师、设计师提出更高要求，所提呈的审批项目，有 10%显示其不仅达到绿色标志基本点 50 点，甚至超过绿色标志基本点 40%，达到 7090 或更高。为确保绿色建筑蓝图的实施得到贯彻执行，新加坡有关当局通过立法确立生态环境的可持续性。《建筑管控（生态环境可持续性）法规》于 2008 年 4 月 15 日已生效。这个法规适用于所有新发展建筑项目，以及现有建筑改造翻新而其楼面毛面积超过 2000m^2 的建筑项目。

　　第四，人工河道、湖泊自然化。新加坡基本上是个丘陵起伏的岛屿，面积不足以形成大河川与湖泊。全岛大小河流也只有 47 条，为了保住雨水，所有河流都已经在端口处被截流而使之形成 17 座水库。水库的建设不仅为新加坡水资源开发提供贮水的功能，而且还被装点为新加坡分布在全岛的湖泊景区，为新加坡单调的地表增添赏心悦目的水体休闲景观。在新加坡 21 世纪创新城市规划的概念中，河流与水面是城市的灵魂，早在 20 世纪 80 年代，政府便对新加坡水体做了全面的调查与规划，构筑水体蓝图，为全岛水体生态做出完美的规划并进行河道清理、疏浚、生态改进，混凝土建构的排洪沟，人工湖自然化、美化的工程建设。2007 年，新加坡实施"ABC 水"计划，具体落实"活跃的、美丽的、清洁的水体总蓝图"。这个宏伟的计划，把新加坡按集水区划分成东、西与中区，将新加坡所有溪流、河迈、湖泊、水库等任何水体改造成为美丽与清洁的、赏心悦目的园林水面，从而使其成为新创设的社区公共空间，让人们在更接近水的同时，更加珍惜这宝贵的资源。在未来 10～15 年里，将有超过 100 个与水体相关的休闲设施在 3 个集水区中完成建设。这是新加坡作为"花园城市"迈向花园中的城市的宏伟蓝图与具体措施的一部分。这是继 2007 年动工、2012 年竣工的滨海湾生态公园之后另一提升国民生活质量的持续发展项目。

　　滨海湾生态公园位于新市区中心南边，占地 101hm^2，包含 3 个临水公园，即滨海南花园、滨海东花园及滨海中心花园，整体建设耗资 10 亿新元。花园中设置 18 株"擎天大树"。这些由钢筋水泥建成的大树，其树身外围均由攀藤植物和花草覆盖。并设有节能灯光及高科技激光音乐表演等装置。滨海湾生态公园有 50hm² 被用以耗资 3 亿新元兴建两座超级冷室，作为高山植物与植被、地中海植物与花卉的世界级展览馆。"擎天大树"与冷室都是按生态环境保护及生态平衡原理建设，采用可持续能源与节水设计方案，大大提高了能源使用效率。其设计包括：排放湿热空气的功能；收集与储存雨水，用于冷室植物灌溉及洗涤用水；利用花园产生的植物废料供锅炉燃烧以产生能源；装置太阳能与使用光伏玻璃以大大降低能耗。因此，冷室虽全为玻璃建筑，但其能源消耗却比同面积的建筑还少。滨海湾生态公园独具匠心的园艺设计、无与伦比的园林布置，不仅体现了新加坡是真正意义的热带花园城市，更凸显了新加坡是独具卓越园艺的 21 世纪全球化大都会。它对于新加坡人以及来访者来说，无论是游客还是过境人士都能接触到新加坡绿色的基础设施以及感受着新加坡的绿色生活方式。这新型花园为新加坡提供了寓教于乐的机会，奠定和发展了城市高素质的生活方式，对于新加坡将来经济的发展将具有强劲的推动力。

3. 经验与启示

城市国家新加坡素以整洁和美丽著称，因此被称为"花园城市"。新加坡在生态文明建设中注重教育与惩罚相结合，主要经验有：

（1）开展生态文明教育，制定全面的生态文明法律法规。新加坡建国较晚，基础薄弱，建国之初经济瘫痪，人民生活贫困，环境污染严重。为了增强国人的士气，新加坡提出了打造"花园城市"的构想，是世界上第一个把建设"花园城市"作为基本国策的国家。新加坡早在建国之初就成立了"花园城市行动委员会"，将绿化和生态建设作为全国最重要的基础设施和旅游产业发展项目，对城市建设进行科学的规划。1996 年，新加坡专门成立了国家公园局来统筹全国绿化工作。新加坡一向重视对全体国民的生态环境教育，不断提高人们的生态环境保护意识。除系统的学校教育外，新加坡每年要搞一次与生态环境保护有关的主题不同的全国性运动，如 2010 年 6 月，生态环境局宣布推出"反乱扔垃圾运动"，通过各种新闻媒体、学校、社团组织及其他各种渠道进行大力宣传，加强公众教育，使生态环境保护工作家喻户晓。新加坡先通过各种途径让居民充分了解法律法规的内容，然后再进行严格的执法。这样可以避免居民因为不懂法而违法，也便于进入正常执法阶段后能够高效严格地执法。

新加坡具有完备的生态环境法律和法规体系，城管法规健全，"共制定各种法律 383 种，世界罕见"。人们生态环境意识的提高和生态环境保护的自觉性在严厉的惩罚措施下实现。"花园城市"建设之初，政府主要通过对生态环境基础设施的投资和法制建设作为维护公共健康和生态环境保护的手段。有大批公共卫生稽查员长年累月在各地巡视，发现有违反规定的行为，一概进行查处。可以说，新加坡的优美生态环境和人们生态文明观念的树立得益于全面系统的公共卫生教育和严厉的执法，是一个用重罚造就的美好城市。

1986年，新加坡颁布实施了《公共生态环境卫生法》。对人们的日常行为予以规范。如：禁止在任何公共场所抛撒垃圾，否则构成犯罪。规定任何人不得在公共场所堆放、滴落、放置或抛撒尘土、脏物、纸张、煤灰、尸体、垃圾、箱子、木桶、捆包及其他任何物质；不得将任何形式的物品、物质放置上述物品、物质及其滴落的粒状物已经进入或者可能进入公共场所的地方；不得在公共场所晾晒任何食品或者其他任何物质；不得放置、撒落、溅溢或抛撒血液、盐水、有毒有害液体、残汤剩汁或者其他令人讨厌的污秽的物质；不得拍打一、清洁、抖动或者搅拌煤灰、毛发、羽毛、石灰、沙子、废纸或者其他物质，使风载带到公共场所；不得在公共场所抛撒或遗留瓶、罐、食品容器、食品包装袋、玻璃、食品粒子或其他任何物品；不得在任何街道上或者公共场所吐痰、擤鼻涕；不得在水渠、排水沟、湖泊、水库、河流、溪流、河道、岸边或者近海海域滴落、堆积、抛撒垃圾及其他物质。规定十分详细而具体，涉及普通人生活的点点滴滴，可操作性十分强。

与《公共生态环境卫生法》相配套的，还有一些条例，详细规定了居民日常行为违法的具体惩罚措施，对于类似随地吐痰、丢烟头等轻微违法，往往通过重罚来惩戒，对于破坏园林绿化的行为给予重罚。如"香港企业戴德梁行在新加坡砍掉一棵树，罚款和赔偿金达到78 000新元"（1新元约等于5元人民），罚款数额足以让违法者心疼甚至破产。在新加坡，任何地方都能看到罚款的警告，而且所禁明白，所罚清楚，任何不良行为都可能招致罚款。惩罚成为教育的最好补充形式。

（2）坚持生态环境优先，用合理的规划来优化产业布局和控制环境污染。新加坡从建国开始就按照花园城市的目标定位，坚持以生态建设为主轴，用生态文明理念引领城市的规划、设计、建设、管理。新加坡长期坚持经济发展与生态环境保护并重的政策，并在二者产生矛盾和冲突时，优先考虑生态环境保护。其生态文明理念不仅渗透新加坡经济发展的各个领域，也渗透到新加坡社会生活的方方面面。

新加坡将生态环境优先的理念在各项规划实践中得到了坚决的贯彻，并把规划控制作为控制环境污染的基本和首要措施，严格按照城市发展或城市更新规划进行产业布局和土地开发，积极引导产业实行聚集发展。在土地规划或项目规划中强调生态环境管制。通过拟定规划蓝图以及发展指导蓝图确定每块土地的用途，采取有效措施确保土地用途具有混合用途的相容性，并严格按照规划进行开发建设，而且工业区和住宅区之间需有500m以上的缓冲区。利用缓冲区建设停车场、垃圾收集站、康乐和体育设施等非居住建筑，从而避免交叉影响。

在产业布局中，合理引导污染工业集中发展。在规划工业用地或工业区建设时，将以确保发展不对生态环境造成不良影响作为前提，并用循环经济的理论指导开发建设新如坡的城市生态环境基础设施建设，坚持超前规划，采用国际上最先进的技术，高标准建设供水水源、污水收集与处理系统和垃圾处理系统等基础设施。新加坡政府在制定生态环境政策或标准时，不仅注重吸收和运用国际领先标准，而且还根据市民身心健康的需求来预防和解决本国环境污染问题。

（3）突出生态建设，以"花园城市"为载体提升人居生态环境质量。城市发展的基本经验就是科学而正确地处理规划、建设和管理三者的关系。规划统领城市发展的方向，建设决定城市质量水平、管理决定城市的品质。在正式规划建设的咨询和实施中，新加坡主管部门鼓励公众参与，实行民主决策，明确权责关系，对促进城规划建设的有序落实，起着重要的推动作用。新加坡在建国初期就把城市建设目标定位为"花园城市"，并始终按照花园城市的定位开展生态建设，先后实施了公园连接计划、自然保护区建设、绿色计划等措施，将全国建成一个完整的生态系统，给市民提供一个优美舒适的居住生态环境。

新加坡城区内满目皆绿色，公园绿地随处可见，街道两边实行立体绿化，行道树遮天蔽日，城区到郊区、园区由公路绿廊相接，在新加坡城区道路上行走，见不到路边的小贩、冒黑烟的汽车、乱丢乱弃的垃圾、乱涂乱画的广告等。新加坡城市园林绿化和国家公园多以自然景观为主，往往是在保护自然生态的前提下，合理地加以修饰和点缀。还大力发展垂直绿化。为了使天桥变成绿桥，通常用爬藤观花、观叶植物在桥柱及桥梁的周围装饰钢丝网作为支架，使植物能攀缘于支架上。这样既起到了美观的作用，又达到了生态效果。

（4）注意挖掘文物古迹的文化内涵，建设具有个性的人文景观。文物古迹既有自身的审美价值，又是历史沧桑的见证。因此注意挖掘文物古迹的文化内涵，使历史文化流传万代，这也是一种生态的理念，即人文生态。像新加坡圣淘公园的蜡像馆就是一个成功的例子，整个蜡像馆，宛若一幅新加坡的历史长卷，它浓缩了新加坡数百年的历史。人们参观这个蜡像馆，就如同上了一堂新加坡的历史课一样，这里既有中国华工闯荡南洋的艰辛血泪，也有第二次世界大战时新加坡国土沦陷的惨痛遭遇。这让人们切身感受到了新加坡人寓教于乐的真挚爱国情结。

正如每个人存在于这个世界上的意义，在于他与众不同的气质，同样一个城市存在的意义就在于其与众不同的文化。每一个城市都有自己的文化基因。在数千年的时间里，人们基于这个地区独特的地理生态环境和生产方式，于是就有了这个地区与众不同的精神气质，并创造了城市与城市之间识别与认同的文化标志。倘若能找到自己城市的历史文化特征，那么就可以据此制定和实施城市文化的发展战略，并着力提升城市的文化价值与文化品质。

新加坡在大规模的现代化建设中，同样十分注重对传统历史的保护和延续，把历史文化遗产保护贯穿在建设项目选址、建设用地和建设规划工程管理之中。像保留下来有时代意义的乌节路、实笼岗路子街道，以及保留了牛车水、小印度和古老房及干各种传统风俗建筑，它们融合了传统和现代的建筑布局，实现了东方和西方文化的完美结合。总而言之，历史是城市之根，文化是城市之魂，城市不能在扩张中失根丢魂。

（五）北欧

1. 北欧概况

北欧是政治地理名词，特指北欧理事会的 5 个主权国家：瑞典、挪威、芬兰、丹麦、冰岛。地域包括欧洲北部的挪威、瑞典、芬兰、丹麦和冰岛 5 个国家，以及实行内部自治的法罗群岛。北欧西临大西洋，东连东欧，北抵北冰洋，南望中欧，总面积约 130 万 km^2。

北欧地区地势总体而言，除斯堪的纳维亚山海拔较高外。总体地势 表现为比较低平。地形多为台地和蚀余山地，冰蚀湖群、羊背石、蛇形丘、鼓丘交错是其主要地貌特征。斯堪的纳维亚半岛是北欧地势最高的地区，斯堪的纳维亚山脉纵贯半岛西部，居挪威与瑞典，山脉南段最高，北段较高，中段低，南段伸入挪威领土，高峰超过 2000m；山脉西坡陡，直逼挪威海沿岸，东坡缓，逐渐向波的尼亚湾降低。所以，挪威是北欧地势最高的国家，地形以山地为主，西部沿海并多峡湾地形。丹麦全国是一个和缓起伏的低地。丹麦低地向东延伸到瑞典南部平原，再向北与瑞典中部低地相连，然后跨越波的尼亚湾与芬兰低平原相接。平原呈一弧形分布在斯堪的纳维亚山脉东南。冰岛是个碗状高地，四周为海岸山脉，中间为一高原、岛上有 100 余座火山，其中至少有 30 座活火山。这样的地形地势有利于航海，发展海外贸易。同时风光奇特，利于发展旅游业。

斯堪的纳维亚山脉曾是欧洲第四纪冰川的主要中心，大陆冰川覆盖了整个北欧地区，所以北欧到处可见冰川侵蚀与堆积地貌。湖泊众多，河流短小。芬兰有"千湖之国"的称号。冰岛不仅是第四纪冰盖的中心，而且高原上仍有现代冰川分布。

北欧自然资源丰富，矿产资源主要以铁矿为主，主要分布在瑞典北部和中部。北海大陆架还蕴藏有丰富的石油和天然气。北欧河流短小，水量丰富，并与众多的湖泊相通，形成天然的蓄水库。斯堪的纳维亚山上的河流落差大，水能丰富。这里有世界四大渔场之一——北海渔场是著名渔场。北海渔场年平均捕获量 300 万 t 左右，约占世界捕获量的 5%，鲱鱼和鲐鱼几乎占总捕捞量的一半，其他有鳕鱼、鳌鱼和比目鱼等。还盛产龙虾、牡蛎和贝类。北欧温湿的气候利于针叶林与牧草的生长。北纬 61°～68°，是针叶林的集中分布区。北纬 61°以南为针阔叶混交林区。森林资源丰富。北欧地热资源丰富，特别是冰岛多温泉。这些资源为北欧经济的发展提供了动力和原材料，同时欧洲资源匮乏，特别是能源。因此，北欧的资源出口市场广阔。

北欧 5 国是典型的社会福利国家，高所得、高税赋，却也高福利。因为北欧政府拿了人民的血汗钱，甚少传出贪污、腐败，反倒建立了殷实的社会安全网，一手照料每位国民从摇篮到坟墓的过程，大体实现了《礼运大同篇》里幼有所养、老有所终的乌托邦境界。

从北欧国内的许多相关调查都不难发现，他们快乐的源泉，都不外是抽象的家庭、健康、友谊、信任感等因素，而不是拥有大笔的财富。吴祥辉在《芬兰惊艳》一书中提到，芬兰约三成的国家总预算，使用于社会福利。而芬兰的学龄儿童，平均每年领取 1 万欧元的政府补助，到 24 岁前平均每人花费的国家社会福利经费，超过 16 万欧元；几乎可说终身免费教育，教育支出只占家庭支出的 1%，教育支出都由政府承担。主持世界经济论坛全球竞争力排名调查的经济学家罗裴兹克拉洛斯（Augusto Lopez-Claros）表示，北欧 5 国因为"总体经济生态环境健全，公共部门透明又有效率，政府预算与施政优先级十分吻合"，所以才能屡屡在竞争力评比上名列前茅。

在美丽生态指数评价中，北欧 5 国美丽生态指数为 28～42（表 3.13），全球排名居于前列。

表 3.13　北欧的美丽生态建设指数

国家	生态	资源	生态环境	景观	美丽生态指数	
丹麦	37.456	24.875	58.489	46.207	42.815	39
瑞典	61.410	18.872	59.743	36.708	53.245	9
挪威	18.389	43.424	68.230	30.073	42.401	42
芬兰	44.379	32.545	48.013	24.139	42.527	40
冰岛	8.338	74.049	69.851	6.245	43.378	35

2. 北欧生态建设的主要做法

在北欧的任何一个城市，当你穿过大街小巷和公园时，会看到人们置身于绿色草原与参天大树之间，享受暖暖的阳光，享受公园里的大草坪，会感受到人和人的亲昵，淡然，平和，温馨，宁静。

（1）保护生态环境，提高绿色福利。北欧的自然生态环境优美，已成为世界向往的旅游、度假、滑雪、狩猎胜地。丹麦首都哥本哈根是世界十大会议中心之一，芬兰首都的芬兰宫也是国际有名的会议中心，挪威首都奥斯陆是世界闻名的"滑雪之都"，瑞典则是世界有名的狩猎胜地。旅游收入在这些国家的国民生产总值中占有很大的比重，是国民经济的重要支柱。森林面积广阔，加之北欧各国从不乱砍滥伐林木，作为"天然之肺"的森林资源在北欧一直受到特别保护。瑞典、丹麦半数以上国土为森林所覆盖，芬兰的森林覆盖率高达 70%，就连挪威北纬 51°高寒地区的森林也被严格管制（宇姝，2009）。挪威是一个北欧小国，人口只有 400 余万，然而它却多次蝉联最宜居住的国家的头衔。挪威的清洁和秀丽，是挪威人坚持不懈、全面系统的生态环境保护努力的结果。

在生态环境保护方面，挪威还十分重视新能源的发展。挪威 Cambi 公司早已成功研发出将可生物降解的材料转换为可再生能源的技术，提供给生物沼气工厂，每年可处理 5 万 t 食品垃圾，将其转换为生态环境友好的燃料，供 135 辆市政公交车使用，同时可以为当地 100 个左右的中型农场提供充足的生物肥料。随后，挪威又打造出堪称全球最生态的办公楼。这座名叫 Powerhouse kjorbo 的办公楼位于挪威首都奥斯陆，由两幢面积为

2600m² 的大楼组成,每年可生成 65 万 kW·h 的电,而其每年消耗的电量预计仅 10 万 kW·h 左右,这是全球首幢生成能源超过其消耗能源的建筑。

(2)大力开发绿色能源。丹麦是世界上最早开始进行风力发电研究和应用的国家之一。从 1980 年开始,丹麦根据资源优势,大力发展以风能和生物质能源为主的可再生能源,并将这一战略作为解决能源安全问题的重要途径。1981 年,丹麦通过了《可再生能源利用法案》,以法律的形式确立了利用可再生能源的重要地位。石油危机爆发以后,丹麦政府大力推广风能的开发和使用,给予大量补贴和贷款以及政策支持。通过税收减免、建立"风车合作社"等形式,提高风能的普及率。30 余年前,全球首台商业化风机在丹麦研制成功;今天,风力发电不仅占到丹麦整体电力消耗的 20%,更成为该国的第二大出口行业,其风能设备和服务占到全球市场份额的 30%。在大力研发和使用风能的同时,北欧国家开始利用生物质能。通过生态环境保护教育,开征生态环境保护税等方式,倡导人们低碳生活。丹麦是典型的高收入、高福利、高税收国家,所得税率高达 50%~70%。除了个人所得税外,丹麦政府还设置了诸如能源税、污染税、资源税和交通税等生态环境保护税收制度,这些税收占了丹麦税收总额的约 10%,节能为经济增长作出了贡献。通过政府的长期努力,节能的观念已深入人心,渗透到社会各个角落和人们生活的方方面面。"能源与生态环境保护一体共生,是丹麦人的生活方式。"如丹麦有严格的建筑标准,推广节能建筑。而骑自行车上下班、出游则不仅使丹麦成为"自行车王国",更形成了丹麦街头一道亮丽的风景,骑车成为丹麦的一种时尚,风靡全国(图 3.33)。

图 3.33　丹麦绿色能源开发

(资料来源:http://fashion.ifeng.com/news/detail_2013_04/08/23976774_0.shtml;
http://blog.sina.com.cn/s/blog_62b62efe0102vbsn.html)

(3)健全公共服务,加大财政支出力度。公共财政支出占政府支出的比重不断提高。在公共服务提供过程中,政府是决定性因素。北欧国家公共财政支出占政府支出很大比重。这与我国目前的财政支出结构形成了鲜明的比照。北欧政府公共支出占 GDP 比重逐年递增。挪威城市与区域研究所高级研究员欧拉法·弗斯指出,挪威政府的总支出从 20 世纪 50 年代的占 GDP 的 27%上升到 70 年代末到 80 年代初期的 54%。20 世纪初期,挪威政府消费大概占国民生产总值的 6%，50 年代上升到 10%，80 年代后，政府消费占到国民生产总值的 1/5。

基本有效的公共服务，有助于提高社会公平程度。良好的社会保障体系、养老体系、就业服务、医疗与住房服务以及公平的区域政策都有助于促进社会公平。首先，全面的社会保障体系减少了收入的不公平现象，基本的养老金制度除了保障最低生活水平外，挪威还建立了许多残疾、失业保障基金，这些都由政府出资。其次，重视就业服务体系，遍布全国的就业、医疗、住房和教育服务网，最重要的目标是让人们去工作，完善社会医疗体制，确保人人都应受平等的教育机会。再次，重视区域福利权的平等，北欧诸国尤其是挪威，非常重视通过提供平等的公共服务保证区域的均衡发展，1000 人口的城市和 20 万人口的城市具有同等水平的公共服务，即所谓的"通用城市"体系。瑞典工业经济研究所研究员思瓦尔德指出，瑞典的公共服务提供在各县市之间是均衡的。地方政府的作用是向全体居民提供同样质量的服务。

（4）全民参与，公共服务社会化。北欧专家提出，为全体居民提供基本的公共服务，并不意味着政府必须包揽一切。创新公共服务提供模式有助于提高公共服务提供效率。常用方法有代理机构，指的是在法律的管制下承担公共服务职能的公营单位。其次是引入私人资金，充分发挥市场机制，作为公共财政的补充。再次是提倡志愿服务。

在北欧，志愿服务组织数不胜数，既有自发的小型志愿组织，也有拥有众多雇员和志愿者的大型专业化志愿组织。生活无忧的北欧人非常热衷于公益事业，很多人在业余时间加入志愿服务行列。瑞典一项社会学调查表明，51% 的瑞典人在业余时间从事无偿的社会工作，瑞典每个成年人平均每个月提供 14 个小时的志愿服务，这也使得瑞典和挪威、荷兰一起成为世界上公民做义工最普遍的国家。这些无偿社会工作包括照顾生病的老人、为邻居清理花园、为社会活动小组做义工和为体育组织做教练等。瑞典全国各种形式的社会活动小组有 20 余万个，这些组织一年内从事的无偿劳动相当于 50 万名全职工作者的工作。比起瑞典本来就不多的人口来说，这个数字十分惊人（刘琳，2012）。

由于志愿服务让北欧人感受到来自社会的关爱，使人们不再孤立无助，就像黏合剂一样将社会的各个部门联结成为一个整体，"温和、安定、有序、充满活力"，是人们对北欧社会的美好印象，而这一切又都离不开北欧拥有无数个"我为人人，人人为我"的社区以及志愿者们无私的奉献，北欧社会的和谐氛围来自社会各方面的共同努力。

3. 经验与启示

我国是社会主义国家，全民小康、共同致富等是我们的奋斗目标。目前，中国正处于经济快速发展过程中的社会转型期。这个转型是从计划经济下的单位福利体制向更加依靠市场体制的社会福利体制转变，从二元性、隔离性和不平等的城乡管理和福利体制向更加流动性和一体化的城乡体制转变。鉴于中国的国家体制和社会主义特征，北欧国家的社会福利体制建设相对于更加重视自由市场的欧美模式，更能够为中国社会转型提供借鉴启示。

（1）发展绿色福利，保护生态环境。在北欧人享受的社会福利中，有一项是非常独特而令人向往的，那就是"绿色福利"。这种福利不仅来自于极地或临近极地的自然生态环境，更来自于后天北欧人对生态环境的保护。瑞典是世界上开展生态建设最早的国家之一，也是世界上实施生态建设最为全面的国家之一，进入21世纪，瑞典开始了大规模的生态城区建设，以节约能源、垃圾分类、绿化和生物多样性为规划内容建设多个生态社区。节约是丹麦人在生态环境保护中最突出的美德，可持续发展的理念贯穿于水资源管理的各个方面。冰岛则以新的绿色能源为终极目标，这个200余个国家中污染最小的佼佼者，立志成为全球第一个氢经济国家⋯⋯北欧各国政府多年来致力于实现绿色福利国家的梦想，绿色福利包括一个健康的生活生态环境、清洁的空气和亲近自然。这需要清晰的生态环境目标、有效的政策指导与国际合作。如今在我国也有这样一个中国梦，这个中国梦就包含着生态文明建设。

近年来，中国的发展观念也发生了重大变化，良好生态环境是最普惠的民生福祉。2013年4月，习近平总书记在海南考察时指出，"良好生态环境是最公平的公共产品，是最普惠的民生福祉"。2013年9月7日，习近平总书记在哈萨克斯坦纳扎尔巴耶夫大学发表演讲并回答学生们提问时指出："我们既要绿水青山，也要金山银山。宁要绿水青山，不要金山银山。而且绿水青山就是金山银山。"

（2）开展教育，树立节约意识。北欧国民教育以其先进的教育理念、教育制度育人，长期以来为国家的发展提供了优秀的人才。北欧也将教育渗透到生态建设中来，从孩子、从家庭开始，开展节约资源、垃圾分类、生态建设的教育。我们也应该从教育孩子抓起，从全民参与入手，使节约、节俭成为每个人的自觉行动，着力营造节约光荣、浪费可耻的氛围。鼓励人们出门乘坐公共交通工具，对生活废物进行再利用，像深圳这样的南方城市，夏季雨水非常充沛，如果能像丹麦城市地区一样尝试从屋顶收集雨水，以减少地下水的消耗，过滤后的雨水便可用于冲洗厕所和洗衣服，就可以在一定程度上解决城市的缺水问题（暨军民，2014）。

（3）发展循环经济，实施集约发展。产业结构的优化对推进资源节约，循环经济的发展，以加快建设资源节约型社会的重要性不言而喻。我们要大力发展电子信息、生物医药、新材料等为主导的高新技术产业，培养高新技术人才，延长产业链，发挥葡萄串效应，积极鼓励和扶持企业集约利用土地、电力、能源等资源，引导其走清洁生产和循环经济之路，实现低能耗、高产出、高效益。制定更具操作性的工业用地的"门槛"政策，既有利于高新技术产业和企业的引进，又能控制高能耗、高污染、高投入、低产出、低附加值、低技术含量产业和企业的进入。

（4）完善社会福利制度。北欧在20世纪70年代就已经进入了老龄化社会，从那个时候开始，北欧就一直致力于老龄化问题的解决，积累了丰富的智慧和经验。这些经验，对面临公平和竞争力两难抉择的中国来说是一个启示。

一是综合性，制度设计细化详尽。转型期的中国无疑面临着加快完善社会福利体制建设的突出任务，对城乡居民生活各种需求相关的社会保障和社会支持亟待扩展（任远，2013）。若生育、幼托、养老、就业等社会事业的福利保障不足，则会转而增加家庭生活的压力，并增加社会居民在社会转型中的社会风险。现阶段我国社会福利支持发展得并不充分，同时各项社会事务相关立法和制度建设也略显单薄，不少社会事务立法和具体执行还比较原则性。对于社会不同群体具体权益的界定和具体执行的准则仍待进一步细化。

二是普惠性，促进社会平等。目前中国福利体制建设中存在不平等的特点和弱点，这种不平等性甚至是以不同阶层在福利制度上等级性的差别呈现出来。类似机关事业单位和企业社会保障的双轨制、农民工社会保障的覆盖率更低以及新农保新农合的较低的保障水平，说明社会阶层地位较高的群体还拥有更高水平的社会保障和社会福利，而社会弱势群体具有更低的社会保障乃至缺失社会保障的状态。这不仅损害了普惠平等的社会价值，也损害为最需要风险规避和社会保护的群体提供支持服务的社会保障原则（暨军民，2014）。

（5）促进公众参与公益活动。建设专业志愿者团队，参与公共服务。社会和谐发展的一大表现即是友爱互助。在北欧，人们愿意奉献时间和财力投入到志愿活动中去，而我国志愿者服务发展还不够完善，许多怀揣热心愿意奉献一己之力的人并不知通过何种渠道参与公益活动中去。我国的公益发展应当更加注重管理，切忌投机分子扰乱秩序，要提高公益组织的透明度，提升老百姓对公益机构的信任度，方能有效地整合人力物力资源。

（六）澳大利亚和新西兰

1. 澳大利亚和新西兰概况

（1）澳大利亚。澳大利亚位于南太平洋和印度洋之间，由澳大利亚大陆和塔斯马尼亚岛等岛屿和海外领土组成。它东濒太平洋的珊瑚海和塔斯曼海，西、北、南三面临印度洋及其边缘海。是世界上唯一一个独占一个大陆的国家，东部隔塔斯曼海与新西兰相望，东北隔珊瑚海与巴布亚新几内亚和所罗门群岛相望，北部隔着阿拉弗拉海和帝汶海与印度尼西亚和东帝汶相望。

澳大利亚的地形很有特色。东部山地，中部平原，西部高原。全国最高峰科西阿斯科山海拔 2228m，在靠海处是狭窄的海滩缓坡，缓斜向西，渐成平原。东北部沿海有大堡礁。

沿海地区到处是宽阔的沙滩和葱翠的草木，那里的地形千姿百态：在悉尼市西面有蓝山山脉的悬崖峭壁，在布里斯班北面有葛拉思豪斯山脉高大、优美而历经侵蚀的火山颈，而在阿德莱德市西面的南海岸则是一片平坦的原野。

澳大利亚的约 70%的国土属于干旱或半干旱地带，中部大部分地区不适合人类居住。

澳大利亚有 11 个大沙漠，它们约占整个大陆面积的 20%。澳大利亚是世界上最平坦、最干燥的大陆，中部的艾尔湖是澳大利亚的最低点，湖面低于海平面 16m（图 3.34）。能作畜牧及耕种的土地只有 26 万 km²，主要分布在东南沿海地带。墨累河和达令河是澳大利亚最长的两条河流。这两条河流系统形成墨累—达令盆地，面积 100 余万 km²，相当于大陆总面积的 14%。最长河流墨累河长 2589km。艾尔湖是靠近大陆中心一个极大的盐湖，面积超过 9000km²，但长期呈干涸状态。澳大利亚是全球最干燥的大陆，饮用水主要是自然降水，并依赖大坝蓄水供水。政府严禁使用地下水，因为地下水资源一旦开采，很难恢复。

图 3.34 澳大利亚艾尔湖

（资料来源：http://go.ourgo.com/Bbs/showtopic.aspx?topicid=40629&page=end）

澳大利亚的矿产资源、石油和天然气都很丰富，矿产资源至少有 70 余种。其中，铝土矿储量居世界首位，占世界总储量 35%。澳大利亚是世界上最大的铝土、氧化铝、钻石、铅、钽生产国，黄金、铁矿石、煤、锂、锰矿石、镍、银、铀、锌等的产量也居世界前列。同时，澳大利亚还是世界上最大的烟煤、铝土、铅、钻石、锌及精矿出口国，第二大氧化铝、铁矿石、铀矿出口国，第三大铝和黄金出口国。已探明的有经济开采价值的矿产蕴藏量：铝矾土约 31 亿 t，铁矿砂 153 亿 t，烟煤 5110 亿 t，褐煤 4110 亿 t，铅 1720 万 t，镍 900 万 t，银 40 600t，钽 18 000t，锌 3400 万 t，铀 61 万 t，黄金 4404t。澳原油储量 2400 亿 L，天然气储量 13 600 亿 m³，液化石油气储量 1740 亿 L。森林覆盖面积占国土的 20%，天然森林面积约 1.55 亿 hm²（2/3 为桉树），用材林面积 122 万 hm²。被称为"坐在矿车上的国家"澳大利亚被称为"世界活化石博物馆"。据统计，澳大利亚有植物 1.2 万种，有 9000 种是其他国家没有的；有鸟类 650 种，450 种是澳大利亚特有的。全球的有袋类动物，除南美洲外，大部分都分布在澳大利亚。澳大利亚由于生态环境稳定，所以特有地球演化过程中保留下来的古老生物种类，它们虽显得原始，却成为人类研究地球演化历史的活化石。近几十年来外来物种通过不同途径进入澳大利亚，对本地生态环境造成不同程度的影响。

（2）新西兰。新西兰有长白云之乡的美誉，属于大洋洲，位于太平洋西南部，澳大利亚东南方约 1600km 处，介于南极洲和赤道之间，西隔塔斯曼海与澳大利亚相望，北邻新喀里多尼亚、汤加、斐济。地理坐标为 34°～47°S、174°～62°E。新西兰国土面积为 268 680km²（世界国家和地区第 75 名）。专属经济区 120 万 km²，水域面积占 2.1%，国土长 1 600km，东西最宽处宽 450km，海岸线长 6900km。新西兰由北岛、南岛、斯图尔特岛及其附近一些小岛组成，新西兰素以"绿色"著称。境内多山，山地和丘陵占其总面积 75%以上。两座主要岛屿（南岛与北岛）面积约为 266 200km²。

新西兰的矿藏主要有煤、金、铁矿、天然气，还有银、锰、钨、磷酸盐、石油等，但储量不大。石油储量 3000 万 t，天然气储量为 1700 亿 m³。

新西兰的森林资源丰富（图 3.35），森林面积 810 万 hm²，占全国土地面积的 30%，其中 630 万 hm² 为天然林，180 万 hm² 为人造林，主要产品有原木、圆木、木浆、纸及木板等。虽然经过人类 1000 余年的砍伐，新西兰仍有 25%的国土是茂密的森林，全国森林覆盖率达 29%，大部分位于高原地区。这些地区大都属于国家公园和森林公园，禁止开发。新西兰森林的特点是温和、常绿的雨林，其中有巨大的树蕨、藤类和附生植物，看起来很符合一般丛林的模样。巨大的贝壳杉是世界上最大的植物之一，生长在相对较小的北岛凹地与科罗曼德尔半岛。

图 3.35 新西兰国家公园和森林公园

（资料来源：http://www.57023.com/Content/17503.aspx）

新西兰的天空碧蓝，海水澄澈，漫山遍野覆盖着森林和草原，是生态环境十分优美的国家。无论你走到哪一座城镇，都如同置身于花园中。新西兰森林覆盖率 29%，森林面积 81 000km²。它的天然牧场和农场占国土面积的一半。广袤的森林和牧场使新西兰成为名副其实的绿色王国，30%以上的国土为国家公园、生态保护区和自然遗产保护区。生态立国是新西兰的基本国策。草地、树木不仅仅是对生态环境的美化和装饰，它已经成为新西兰的经济命脉和最大资本，生态效益在最大程度上转化为经济效益。与澳大利亚一样，地广人少，生态整洁，生态环境优美是他们共同的特征。新西兰的经济是以市场为导向的自由经济体制，农业现代化程度较高，已得到世界的广泛认可。到 20 世纪 50 年代，新西兰已经成为北半球市场最大的羊毛制品、肉类及乳制品供应商。

在美丽生态指数评价中，澳大利亚和新西兰美丽生态指数分别为 45.069、42.999（表 3.14），全球排名第 30、38 位。

表 3.14　澳大利亚和和新西兰的美丽生态建设指数

国家	生态	资源	生态环境	景观	美丽生态指数	
澳大利亚	52.084	50.002	36.616	82.812	45.069	30
新西兰	37.490	28.670	72.772	58.558	42.999	第 38 位

2. 澳大利亚和新西兰生态建设的主要做法

（1）构建完备生态环境保护法规体系。澳大利亚生态环境保护立法始于 20 世纪 60 年代末，比欧美许多发达国家早近 20 年。联邦政府出台的生态环境保护法律法规多达 50 余部，污染目录、空气质量、工作场地污染、包装材料、垃圾废弃物运转、汽车尾气排放等一系列日常性的控制指标都成为联邦法律。澳大利亚生态环境成文法按其内容可以分为四大类：一是有关生态环境规划和污染防治的法规，包括土地利用规划、生态环境影响评价、危险物品控制和污染防治等法规。二是保护自然遗迹和人文遗迹的法规。三是开发、利用和管理自然资源的法规。四是包括职业安全、劳动保护、消费者权益保护和刑事法律中有关生态环境保护的法规。

例如，2011 年 10 月 12 日，澳大利亚联邦议会通过了碳税立法，从 2012 年 7 月开始执行。具体内容是，对现有全国 50 家碳排放大户，涉及矿业、发电、化工等，每吨征收 23 澳元碳税。碳税主要用于补贴低收入家庭和老年人福利，同时补贴资助新型生态环境保护节能企业，目的是通过税收杠杆迫使排放大户采取节能减排措施。联邦议会还决定，自 2015 年起，实行碳交易体制，即在全国实行碳排放配额制度，限定企业碳排放总额，刚性地控制碳排放总量。澳大利亚从而成为世界上率先实行碳排放刚性控制政策的国家。澳大利亚对公交车和私家车的尾气排放要求达到欧Ⅲ标准。面包车必须由厂家加装外接排气管才允许销售到澳大利亚。我们在街上看到的面包车，都在车尾装上了一个加长的"小烟囱"，成为城市的一道风景。悉尼、墨尔本两市均采取鼓励居民乘坐公共交通工具、限制私家车进入中心城区的措施，制定级差停车费政策，越往中心城区，停车费越贵，收到了很好的效果，既减少了尾气排放，也缓解了市中心交通拥堵。

澳大利亚生态环境成文法具有以下主要特点：一是注重预防。有关排污许可证、生态环境影响评价、污染企业自我监控、矿山生态恢复等预防措施的内容占法律条款的绝大多数。二是法律条款很细、可操作性很强。如排污收费法规条款多达百余条，从收费的种类、标准、单位、计算公式到最大排污允许量、交费流程、费用减免等，都规定得十分详细，既避免了执法的随意性，减少了执法过程中的摩擦，又提高了执法的公正性和秉公执法的权威性。三是处罚面广且处罚严厉。澳大利亚立法对违反生态环境保护法律法规者规定了严厉的处罚制度，只要违反了生态环境保护法律法规，都要受到严厉惩罚，如对法人可以判处 100 万澳元的罚金，对自然人可判处 25 万澳元罚金，对直接犯罪人可判处高达 7 年的有期徒刑，而且处罚对象不限，不论是个人、企业，还是政府机构。四是鼓励公众参与。所有单位和个人都有权对排污者的违法行为提起诉讼，不管其利益是否受到直接损害。五是重视运用经济手段。政府在节约资源、能源、保护生态环境等方面还制定了一系列积极的鼓励措施，如为节约能源和减轻机动车造成的大气污染，政府鼓励机动车的动力由燃油改造成燃气，改造每辆车大约需要 3000～4000 澳元的费用，政府则给予每辆车 1000 澳元的补助；澳大利亚是一个少雨缺水的国家，为解决城市缺水这个突出问题，政府积极研究家庭节水方案，并公布相关网站，在网站上可以查到相关的节水措施，帮助居民购买和在家里安装水管、双重冲水马桶、节水洗衣机和淋浴头等；为减少污染，政府鼓励居民采取太阳能发电，除给予一定补贴外，对居民多余的太能发电政府进行购买。

（2）发挥政府在生态环境保护中发挥主导作用。澳、新两国政府在生态环境保护和生态环境建设工作中担当了重要角色，属典型的政府主导型模式。澳、新均属联邦制国家，设三个层次的政府，即联邦政府、州政府和地方政府。不同层次的政府都享有生态环境事务的管理权，但职责和分工不同，形成从宏观到微观的系统管理职能体系。联邦政府只负责有限范围内的生态环境保护工作。可持续发展、生态建设和生态环境保护的相关工作由政府主导，在联邦、州和地方三级政府都设有专门的生态环境保护机构，生态环境保护人力配置优势相当明显，环境保护警察人数占到生态环境保护公务人员总数的一半以上。联邦政府每年直接用于生态环境保护的财政投资总量约占到全国 GDP 的 1.6% 以上。

一是注重保护物种的多样性。澳、新两国政府认为保护生态环境，关键是注重保持生态系统的自然结构和功能，包括生物多样性和自然生产力。生物多样性包括生物基因、生物种类多样性，生态群落、生态系统功能多样性及生物栖息地多样性。澳大利亚渔业管理部门对主要经济鱼类实施限量、配额管理，当实际总捕捞量达到设定的限量或限额时，就对该鱼类捕捞活动进行禁止。新西兰罗托鲁阿当地官员告诉我们，他们的湖泊中不准人工养鱼，不准用网打鱼，只能钓鱼；生活污水先集中处理，不直接排往湖中。澳大利亚政府规定，如果确属需要，无论什么原因，每砍一株树木，必须新植十株幼树。外来移民加入澳大利亚国籍时，必须要种一棵树。

二是设立一批生态保护区。例如，划定大面积的国家公园与保护地，澳大利亚全国有 70% 的土地被划为国家保护地。位于昆士兰州的凯恩斯珊瑚礁保护区，面积巨大，气势宏伟，礁区内的珊瑚、鱼、虾、贝、蟹等各种水生动植物，种类繁多，色彩光怪陆离，造访者无不叹为观止，每年都吸引上百万的观光游客。良好的生态环境、天堂般的美景，得益于当地生态管理部门每年投入上百万澳元对保护区的维护和改良。

三是加强生产活动对生态环境影响的效应评估。澳大利亚生态环境保护法要求，所有的工业废水须经处理达标后才能排放，生态环境管理部门要进行设点监控分析；沿海城市生活污水需经收集处理后通过排污管道，排放到离岸 1km 外或 200m 深的海域。

四是注重引进市场机制。垃圾处理场全面推向市场，每年地方政府只按总预算费用一次性付费，垃圾处理场建设、垃圾收集、运输、处理和再利用由企业具体实施。城市公共卫生管理通过签订合同，由私营保洁公司承担，每三年重新进行一次招标。

五是鼓励企业参与生态环境保护产业的开发。澳大利亚政府对从事生态环境保护事业的企业在税收、设施等方面给以优惠，吸引更多的企业投资生态环境保护产业。布里斯班市有 70～80 家企业从事垃圾收集、分类和填埋工作，每年创造 1000 余万美元的产值。政府还与商业企业合作，推出了"生态商业"计划，鼓励商业企业减少水、电、汽等资源的使用。

（3）重视并严格生态环境保护执法。澳、新两国政府非常重视生态环境法的实施。一是有专门机构来管理。目前联邦和州都有负责实施生态环境法的行政机构，如生态环境保护、林业、土地等部门和各种专门委员会。在通常情况下，联邦和各州都有多名部长负责生态环境事务，其中环境保护局的作用较大。在联邦一级，环境部长负责许多法律的实施；国家公园和野生生物署负责《国家公园和野生生物保护法》的实施。澳大利亚政府十分重视生态环境保护工作的综合协调。在实施生态环境法过程中，十分注重综合协调生态环境保护有关部门的行动。在澳大利亚，三级政府都有好几个部门涉及生态环境保护和建设事务，为了避免推诿，减少摩擦，各级政府通过法律和跨部门机构来协调。二是建立有效的监管机制。澳、新两国是通过完善的监督机制和专门的监督机构对生态环境进行管理，并采取高额罚款和向公众公布等方式对违规者进行处罚。为加强生态环境保护执法，澳大利亚各州都组建了"环境保护警察"，环境保护警察隶属环境保护局领导。环境保护警察身着统一制服，佩戴鲜明臂章，专司生态环境执法工作，具有很大权威。为了加强生态环境行政执法，法律授予环境保护局等行政官员以广泛的调查权、应急权。环境保护局有权对违法行为实行制裁，有权命令排污或造成污染事故的单位和个人减轻或排除污染。生态环境保护通知是保障生态环境法律实施的一个主要行政工具。环境保护局有权对违法行为人发出消除污染通知、预防通知、禁止通知和承担有关执行经费的通知，不执行上述通知属于犯罪行为。各地对居民洗车、浇草坪等耗水性活动都依法实行严格的时间限制，不管任何人违反，都要受到重金处罚；在一些风景游览区和主题公园，明文规定游客不许带走任何自然物体（包括海底贝壳、珊瑚），违者处以高额罚款；在"禁烟区"吸烟，处 900 澳元罚款。

（4）充分发挥生态环境保护组织及社会中介的积极作用。各州非政府组织，包括非政府生态环境保护组织、各种企业联合组织、民间组织及行业协会等，成为生态环境保护计划的主要实施者。这些组织有营利性的，也有非营利性的。他们主要是在政府和民众以及企业之间起桥梁作用，一方面把民众的建议和意见经过包装，以政府乐意接受的形式反映给政府；另一方面，他们接受政府的委托，为政府宣传、执行和实施一些生态环境保护政策；另外，他们还为企业提供生态环境保护信息和技术咨询和培训等服务，并联合企业与公众一起实施生态环境保护和污染治理的计划等。如在新西兰 TauRi 小镇所有的沿街建筑标牌，全部用废弃的铁皮屋顶制作成各式各样的装饰物，显得精致美观、别具匠心。这其中，生态环境保护组织发挥了重要作用，既实现了资源的节约利用，又美化了家园。

（5）坚持开展公民生态环境保护教育。一是注重公民对生态环境法律制定的参与。澳大利亚有关生态环境法律法规的制定，采取全民参与的方式，面向社会招标，任何单位和个人都可以竞标，由中标者负责起草，法律法规草案散发广大公民，广泛征求意见。这样做，既提高了公民对生态环境保护事业的参与度，拉近了公民与法律和政府的距离，增强了公民遵法守法的自觉性，又保证了法律法规条款的完善和对现实生活的贴近。

二是始终把生态环境保护教育贯穿于学校教育、家庭教育、公民教育全过程。澳、新两国民众都深刻认识到：自然万物皆源于地球母亲，自然生态环境是人类经济社会活动的前提和基本保障，人类经济社会活动受自然生态环境的制约。人类发展过程对地球生态环境有很大的负面影响，必须高度重视与切实保护大自然，否则，必将受到大自然的报复。澳、新两国从小培养未成年人爱护大自然、保护生态、不影响他人、不妨碍社会的良好行为习惯。广大居民以实际行动参与生态环境保护和建设，自觉参与植树、清理垃圾、拯救动物等活动。居民房屋前后的花园和草坪，都按政府有关部门的统一规划和要求，由居民负责栽植和管护。全民的广泛参与，真正实现了国民生态环境行为与政府生态环境导向的统一。城市与乡村建有完善的垃圾回收系统，主要是将垃圾分为可循环与不可循环两类，进行分拣、回收。居民相当配合，一般都会按要求将自家的垃圾按可循环与不可循环两类置于家门前的两色桶内；上街购物能自觉使用布质、纸质等生态环境保护型包装物和可降解塑料袋；在室外、公园等公共场所吃完水果、食物后会自觉打理干净；公共设施干净整洁，鲜有损坏丢失。

3. 经验与启示

澳、新两国在生态文明建设方面堪称典范，其经验值得我们认真学习借鉴。

（1）要确立生态文明、生态环境保护优先发展的理念。观念决定态度和做法。总结澳、新两国的经验，我们应树立起人与自然和谐统一、自然资源有限的观念；人类的不当活动会危及地球母亲的观念；每个人都是世界公民，应从自身、从当下做起的观念；兼顾经济发展与社会可持续发展的观念。在发展经济的同时，一定要加强生态环境生态的协调建设，要走内涵式的经济发展道路。实践证明，当今世界的竞争，将是优美生态环境的竞争、生态文明的竞争，人类将通过生态文明竞争，实现全世界的共赢与和谐发展。因此，必须对生态环境保护工作的重要意义有一个清醒的认识，任何地方，任何时候，都不能以牺牲生态环境为代价去换取经济的一时增长。要立足"生态立省，生态环境优先"的发展战略，全面贯彻落实科学发展观，走可持续发展道路，把生态优势变为经济优势，把生态环境优势变为发展优势，通过倡导生态文明，努力构建人与自然和谐发展的良好局面。

（2）充分发挥政府在生态环境保护工作中的主导性和能动性。任何一种习惯都不是与生俱来的，而是慢慢养成的，生态环境保护习惯也是这样。澳大利亚人良好的生态环境保护习惯也不是天生就有的。20 世纪中期，澳大利亚曾有过因土地使用不当，造成大面积沙化的沉痛教训。70 年代初，澳大利亚政府认识到问题的严重性后，提出了"人人参与生态环境保护、打扫澳大利亚"的口号，努力提高全民的生态环境保护意识。民众生态环境保护习惯的养成，主要靠政府的主导和引导。政府的主导性表现除了要健全立法、严格管理、严格执法外，更多的是应将精力放在如何具体引导和指导上，而且是越细化越好，而不是停留在口号和干巴巴的说教上。

（3）不断优化产业结构。在区域、城市发展起步阶段，传统工业的发展必不可少。随着工业化、城市化的发展，应借鉴澳、新两国经验，大力推动产业结构的调整和上档升级，大力发展高端制造业和高新技术产业，减少高能耗和高污染的项目，大力发展服务业，使服务业在国民经济中的比重不断提高。充分利用国际分工与国内经济发展梯度，使我们的产业结构更加科学合理，更加低碳和绿色。

（4）加强生态文明法制建设。生态文明建设，需要建立长期稳定的法律保障机制。澳大利亚良好生态环境的保持，很大程度上得益于其有完善的生态环境保护法律法规及这些法律法规得到严格落实。我国虽已制定了一系列生态环境保护法律法规和标准，地方也早已出台了生态环境保护条例，但是时至今日仍然存在生态环境法律法规体系不完善、有法不依、执法不严、违法成本低、守法成本高等现象。因此，应借鉴澳大利亚生态环境法制建设经验，大力加强生态文明建设和生态环境保护法制建设。主要应包括：一是完善地方法规政策体系，填补在生态文明建设等方面存在的立法空白，比如说设立生态环境恢复性执法、司法制度，即对于破坏生态环境者，除了要承担赔偿损失甚至刑事责任外，还要负责将破坏的生态环境恢复到被破坏前的状态。要将生态文明建设作为最重要的指标纳入各级政府的绩效考核中，明确划分市、县、乡镇的责任。要制定各个行业的可持续发展目标，制定行业控制标准，并严格执行。要从法律上明确企事业单位和公民在生态文明建设方面的义务和权利。二是强化预防为主的原则，充分运用经济手段加强管理，积极扶持发展生态环境保护产业，加强生态环境宣传教育，充分发挥非政府组织的作用，鼓励公众参与生态环境监督管理。三是严格执法，任何单位和个人，只要违法，都应受到法律的严厉制裁。四是应广泛吸引社会各界参与生态环境法律法规政策的制定。生态环境法律法规正式颁布前，应向全社会公布草案，广泛征求意见，提高社会公众的参与度。

（5）建立有效运用市场的监管机制。开发社会监管渠道，作为对政府监管的补充。积极引导行业协会、检测机构、消费者以及销售商等社会监督力量，多渠道、多环节监督生态环境建设。同时鼓励企业之间的竞争和诚信经营，充分发挥市场调节的监管作用。

（6）注重市民素质教育。进一步强化生态文明、全民生态环境保护意识，把生态环境保护教育贯穿于学校教育、家庭教育、公民教育的全过程；鼓励生态环境保护组织、学校、生态环境保护志愿者举办生态环境保护宣传活动，大力宣传生态环境保护产品，倡导绿色生产、绿色消费，通过丰富多彩的生态环境保护宣传活动告诉公众有关生态环境保护的法律法规、科学知识，以及公民在保护生态环境方面的责任、权利和义务，使生态环境保护理念深入人心和生活的方方面面，使生态环境保护成为每个人的自觉行动。

（七）不丹

1. 不丹概况

不丹的地势高低悬殊，北高南低，从北至南，逐渐下降，分为北部高山区、中部河谷区和南部丘陵平原区，全国除南部小范围的杜瓦尔平原外，山地占总面积的95%以上。另外不丹各地的海拔高度悬殊。一个是全国海拔最低的位于东南地区的马纳斯河，它的海拔高度只有97m。另外则是北部喜马拉雅山脉，那里的高峰海拔高度都在6000m以上。库拉康日山海拔高度达到了7554m，是不丹海拔的最高点。不丹冰川主要位于不丹北部的高山地区，占不丹总面积的10%。这些冰川是不丹河流重要的可再生水资源的源头，每年都可以给不丹的人民带去大量的清新的水资源。

不丹是一个多山的国家（图3.36），在其境内除了喜马拉雅山主脉外，还有不少支脉。这些支脉，大多呈南北走向，地势北高南低。山脉北端大多海拔5000～7000m，并常年在雪线以上。主要山脉有：喜马拉雅（Himalaya）山脉主脉（4800～7300m）、顿嘎山脉（300～4500m）、汝东山脉（600～4500m）、尤多山脉（1200～4500m）、黑山山脉（1500～4500m）、朵炯山脉（600～4500m）、孔桑炯洞山脉（1000～4500m）等。除了以上海拔较高的山脉之外，不丹境内还有一些比较著名的海拔比较低的山脉，例如色里拉（3658m）、乞里拉（4087m）、则里拉（3552m）、多尔楚拉（3174m）、佐东什（4918m）、佩里拉（3370m）、尤托拉（3354m）、当拉拉（3811m）、润滚拉山等，以上是不丹一些主要的山脉。还有不丹的山峰。不丹山峰多，海拔高。其中，海拔6000m以上的山峰大多位于中不边境喜马拉雅山脉地区，且长年被冰雪所覆盖。此外，还有其他一些山峰，其中有些位于中不两国边境地区，有些位于不丹境内腹地，海拔2000～6000m。

图 3.36 不丹寺庙

（资料来源：http://www.tmyou.com/guide/328.html）

不丹的矿产资源主要有白云石、石灰石、大理石、石墨、石膏、煤、铅、铜、锌等矿藏。不丹水电资源蕴藏量约为 2 万 MW，仅约 2% 得到开发利用。森林覆盖率约占国土面积的 72%。1995 年，不丹国民议会规定，不丹森林覆盖率至少应保留到 60%。兰花、野罂粟和罕见的雪豹就在这个与世隔绝的生态环境中生长，南亚虎通常出没于低海拔的森林地带，但在不丹，它的踪迹却可能出现在海拔三四千米的雪线之上。

大部分国家使用 GDP 作为衡量经济的指标，但是不丹采用的是 GNH（国民幸福指数）标准，主要考察四个方面：可持续发展、生态环境保护、文化保护以及政府的有效管理。1961 年起，不丹开始实行经济发展的"五年计划"，并从印度、瑞士、联合国开发计划署等国家和国际组织获得经济援助。"十五"计划（2008 年至 2013 年）总投资约 1462.522 亿努扎姆，比上一个五年增长 111.4%，主要目标是进一步贯彻"国民幸福总值"理念，保持 9% 左右的经济增长率，到 2013 年使贫困率由 2007 年的 23.3% 降至 15%，实现经济和生态环境、社会、文化均衡可持续发展。农业是不丹的支柱产业。20 世纪 50 年代实行土地改革后，98% 以上的农民拥有自己的土地、住房，平均每户拥有土地约 1hm^2。粮食基本自给。第二、三产业发展较快，2010 年分别占 GDP 的 42.7% 和 40.5%。水电资源丰富并向印度出口，水电及相关建筑业已成为拉动经济增长的主要因素。

在美丽生态指数评价中，不丹美丽生态指数为 54.510（表 3.15），全球排名第 6。

表 3.15　不丹的美丽生态建设指数

生态指数	资源指数	生态环境指数	景观指数	美丽生态指数	全球排名
49.876	36.490	72.600	71.300	54.510	第 6 位

2. 不丹生态建设的主要做法

不丹政府和人民生态环境保护意识很强，十分重视对自然生态环境尤其是森林资源的保护。在不丹人看来，丰富的森林资源是上苍赐予的，是他们赖以生存的物质保障。俗话说"靠山吃山"此话只说对了一半，还有一半是，在"吃山"的同时还要"养山"，否则就会坐吃山空。信奉佛教的不丹人深深懂得这个道理，他们爱护身边的一草一木，懂得如何与自然和谐相处，因此任何破坏生态环境的行为都会受到社会舆论的谴责。虽然有时会发生偷猎、乱砍滥伐事件，但如果被发现，肇事者除了被处罚外，还会遭到民众的指责，一旦面子丢尽，他们在社会上就难以立足。正是这种舆论和道德压力使一些想发"生态环境财"的人不敢轻举妄动。在国家层面，不丹政府不断采取措施保护森林资源。旺楚克国王多次强调，不丹的森林资源乃上天所赐，它关系到子孙后代的生存，一旦被破坏，后果不堪设想，不能把发财的希望寄托在采伐森林上。根据国王的指示，不丹政府制定了相关政策，采取了各种措施，使森林资源不被破坏。

（1）制定法律。自 1959 年实行计划经济后，不丹政府日益重视林业，1962 年成立国家林业局，加强了林业管理，1969 年政府颁布"森林法"，宣布所有森林为政府的"保留森林"；禁止毁林造田；政府有权控制一切森林产品（圆术胶合橱松脂、紫胶、橡胶）

的贸易；禁止乱砍滥伐，实行有计划地采伐，经过长期的努力，目前不丹的森林面积递减率为0.11%，有效地保护了森林资源。此外，政府每年对林业的投资至少占总预算的10%。

（2）实施造林计划。1973年不丹开始实施“社会造林”计划，1979年又规定每年6月2日为全国植树日。每到植树日，全国各地都有成千上万的人参加植树活动。据统计，自造林计划和植树日实施以来，全国的植树量年均为600万株，至1997年，在森林被毁的274.7hm^{2}土地上种上了各种树木，另外造林866.6hm^2。

（3）培养林业专门人才。为加强对森林木材加工、木材出口的管理，政府开办了林业学校，培养林业专门人才。政府还派林业官员到国外知名大学（如美国耶鲁大学）进修。

（4）设立自然保护区。近年来，不丹政府把国土面积的26.23%划入自然保护区，现已建成6个国家公园和9个生态保护区，其中皇家玛纳斯国家公园最大，面积达300 km^{2}余。2001年不丹政府还将全国9%的土地划为连结各保护区的生态走廊，以便于动物的自由迁徙。

（5）从邻国进口木材和禁止种茶。一些发展中国家为了发展经济过度开发森林资源，结果造成洪灾频发，水土流失严重，而不丹却没有走这条路。不丹政府在严格控制本国木材出口的同时，为了满足人民大众对生活（用作燃料）和基建用木材的需要，每年都从邻国进口木材，以保护本国的森林资源。不丹丰富的森林资源为外国商人所青睐，一些外国木材商多次提出高价收购不丹的木材，但不丹政府不为所动。不丹人喜欢喝茶，不丹南部地区的自然条件适合茶树生长，如果在这个地区发展茶业生产，至少能部分地满足本国人民对茶叶的需求。但不丹政府认为，林地辟为茶园肯定会减少森林覆盖率，不利于长远发展，因此宁愿进口茶叶也不种茶。

（6）合理开发和利用森林资源。保护森林的意义，一是保持原有生态环境，二是合理开发利用，不是为保护而保护，或者说光保护不利用。保护是为了可持续发展。据估计，不丹的木材储藏总量为6.7亿m^{3}按正常提取标准计算，不丹每年可产木材1380万m^3。但不丹每年的木材提取量很小。例如，1988年伐木量仅为17.7万m^3，1995年只有40万m^{3}为了充分利用木材资源，80年代在联合国粮农组织林业发展咨询团的帮助下，不丹建立起胶合板厂、木材加工公司、木板生产有限公司等企业。森林资源的合理采伐和科学利用对不丹国民经济的发展起到了重要的作用。

（7）限制游客数量和旅游景点。不丹奇异的自然风光，长期与世隔绝的神秘感和古老的宗教文化吸引着世界各地的游客。此外，北部的雪山是旅游者登山的理想之地，玛纳斯野生动物保护区和拉雅野生动物保护区有许多珍奇动物，也是游客观光的好去处。自1974年不丹对外国游客开放以来，不丹旅游业有了长足发展。1996年外国游客达到5150人次，2000年增加到7559人次，旅游收入已成为国家外汇收入的重要来源。但是随着游客的日益增多，旅游区的环境污染也趋于严重。同时，来不丹旅游的人多为西方游客，他们带来的西方文化思想对不丹人产生了不良的影响。针对这种情况，不丹政府采取了四项措施：旅游部门只能接待有组织的观光团体，不能接待散客；所有寺院、宗教圣地不对外开放；旅游点由政府指定，旅游点之外的其他地方不得接待游客；提高旅游价格，以限制游客人数（力争每年不超过 7000 人次）。从这里可以看出，不丹政府为了控制自然生态环境和西方文化的污染，不惜牺牲部分经济利益，这是很有长远眼光的。

3. 经验与启示

不丹是全球第一个对经济发展"金钱至上"观念提出挑战的国家，它是世界上最不发达的地区之一，如今却被奉为现代版的世外桃源。不丹模式不仅实现经济高速发展，还有效保护了自然资源，促进了传统文化的发展，使人民的心灵得到净化，并且让人民学会管理国家，最终实现经济发展和国民幸福的双重目标。该模式影响了英国、法国、美国、加拿大等发达国家，也对我们建设美丽中国具有重要借鉴和启示意义（詹必万等，2013）。

（1）确立中国特色幸福理念。不丹模式的成功，首先在于其独特的幸福观，明确了人类发展的本质是为了幸福，这是对以金钱、物质为幸福的发展方式和生活方式的有力批判。建设幸福中国，首先必须确立并树立科学幸福观。当前，我国存在着幸福边缘化、幸福物质化、幸福消费化、幸福享乐化、幸福个人化等现象和问题。我们应学习借鉴不丹独特的幸福观，确立幸福的终极性、至上性地位，坚决抵制拜金主义、享乐主义、利己主义、个人主义幸福观，尽快从工业文明幸福观转向生态文明幸福观。不丹的独特幸福观与我国的科学发展观不谋而合。科学发展观强调以人为本，就是要探索在外部约束条件的限制下，如何使人们更幸福，如何使幸福最大化，科学发展观就是以人民幸福为本的科学幸福观。不丹虽然没有提出科学发展观，但以国民幸福为发展导向，提出了 GNH 发展理念，建立了一套幸福模型，是科学发展观和科学幸福观的真正实践者。不丹幸福模式的成功，对我们国从幸福观角度认识科学发展观，从而牢固树立和贯彻落实科学发展观，以科学发展观指导幸福中国的建设、建立中国特色的幸福模型、探索中国特色幸福之路。

（2）建立中国特色幸福模型。不丹模式的成功，在于其建立了由 4 大支柱、9 个区域、72 个幸福指示器组成的一整套幸福模型，使幸福理念成为一套切实可行、具有可操作性的管理工具。我国提出科学发展观已有 10 年，十八大将其确立为中国共产党的指导思想。但我们在生产发展、生活富裕的同时，生态被破坏了、幸福感也下降了。原因之一，在于我们至今没有像不丹那样构建一套可操作的科学发展、文明发展、幸福发展的模型。十六大以来，我国在反思传统 GDP 基础上，提出了绿色 GDP。2006 年，我国发布了《中国绿色国民经济核算研究报告 2004》，这是中国第一份也是迄今为止唯一一份被公布的绿色 GDP 核算报告。尽管我们提出了科学发展观，但在很多人眼里 GDP 依然是衡量经济社会发展的根本指标。罗伯特·肯尼迪认为，GDP 并不能对诗歌的美妙、婚姻的牢固等进行统计，GDP 能够衡量一切，却不能衡量生活的价值。因此，我们要借鉴学习不丹经验，把幸福融入到具体发展战略中，构建一套既符合国际惯例又适合中国国情，以幸福为核心目标的发展指数体系，这是我国落实科学发展观，建设幸福中国的根本途径。

（3）探索中国特色幸福之路。不丹模式的成功，在于其打破了以 GDP 为唯一导向的发展模式的神话，走以大众幸福为导向的社会经济发展之路，即社会建设、经济建设、文化建设、生态建设和政治建设的全面协调可持续发展。建设幸民主政治改革。文化需求是幸福指数的重要因素，精神幸福的重要性要求我们重视文化建设。信仰可以提高人民幸福，我们应加强理想信念教育；要大力弘扬中华民族优良传统，加强科学幸福观研究与教育。社会和谐是人民幸福的重要保证，社会建设与人民的幸福息息相关，我们要努力使全体国民学有所教、劳有所得、病有所医、老有所养、住有所居，尤其要确保公平分配，实现共同富裕。建设生态文明关乎人民福祉，我们要重点解决严重损害群众健康的突出生态环境问题，让人民群众喝上干净的水、呼吸上清新的空气，吃上放心的食物。幸福必须建立在自然能够承受的范围之内，绝不能以牺牲后代人幸福为代价。总之，我们要通过经济建设奠定幸福的物质基础，政治建设提供幸福的政治前提，文化建设铸造幸福的精神支撑，社会建设营造幸福的社会生态环境，生态文明建设提供幸福的生态环境，满足人民群众日益增长的经济、政治、文化、社会、生态等多种幸福需要。

—— 第四章 ——

中国美丽生态指数评价

本章对中国美丽生态指数、分指数及其各省级行政区域现状进行具体分析，以期探寻中国在美丽生态建设各领域、各区域的优劣特点，为美丽中国建设提供决策参考。

一、中国美丽生态指数计算与分析

根据计算，中国的美丽生态指数为 39.698，在全球 185 个国家中居第 67 位，略高于全球 185 个国家的平均水平。

从中国的美丽生态指数各分指数的得分和排名来看，中国的美丽生态建设现状有喜有忧：景观排名第 5，比较靠前，但环境堪忧。

（一）总体分析

中国美丽生态建设与经济社会发展基本上处于同步发展状态，但新型工业化道路尚未完全形成，部分地区依然是一种"先污染，后治理"的发展模式，造成整体生态逐步改善、局部生态恶化的问题。通过国际比较，可以看出在美丽生态建设上我们与世界各国尚有很大的差距（表 4.1）。

中国的美丽生态指数与亚洲、世界最高水平相差较大，但高于世界和亚洲的平均水平。虽然中国美丽生态指数处在世界中等偏上的位置（第 67 位），但生态系统退化、环境质量低下和资源利用效率较低的问题还非常突出。除了要转变经济发展方式和提升生态保护意识等措施外，当前还应从保护修复和重建自然生态系统、加强环境保护和污染治理、提高资源利用效率等方面加强中国美丽生态的建设。

世界排名第 67 位，得分为 39.698 分，相对较低的美丽生态指数敲响了警钟：中国的生态环境情况堪忧。

表 4.1　中国美丽生态指数的国际比较

指标		中国	最高值		平均值	
			世界	亚洲	世界	亚洲
一级指标：美丽生态		39.698	63.3995	54.51	37.0875	32.886
二级指标	生态	55.5795	77.0615	65.0785	34.70355	28.244
	资源	24.4145	86.6295	36.4895	18.3379	12.756
	环境	59.4665	91.8275	91.8275	64.5012	67.229
	景观	93.932	93.932	93.932	27.2665	26.703
三级指标	森林覆盖率/%	32.361	100	100	46.3565	32.16665
	湿地覆盖率/%	3.335	100	100	16.514	10.419
	草原覆盖率/%	78.384	100	100	38.0535	35.52925
	荒漠覆盖率/%	95.726	100	100	62.3875	40.40525
	主要野生哺乳动物鸟类与植物种类	100	100	100	25.2655	29.03405
	人均耕地面积/hm²	10.63865	100	100	29.44	17.90435
	人均可再生内陆淡水资源/m³	2.1804	100	100	13.869	7.2542
	能源资源储量（等效石油）/亿桶	31.16155	100	100	15.502	27.7587
	林木蓄积量/10⁶m³	81.57065	100	81.57065	9.66	7.17945
	矿石和金属储量	0.94553	100	100	28.428	21.45555
	海洋专属经济区	5.45675	100	71.415	20.0445	6.15365
	人均 CO_2 排放量/t	77.5813	100	100	89.102	80.13775
	单位能耗 GDP 产出（购买力平价，美元/kg 石油当量）	11.7392	100	50.51375	20.3435	18.4805
	全国平均 PM2.5/（μg/m³）	42.46835	100	100	73.5425	77.35475
	可燃性再生资源和废弃物	100	100	100	83.4325	97.0393
	世界自然遗产数量	100	100	100	21.6085	22.1421
	世界人与生物圈保护区数量	100	100	100	27.186	22.2801
	自然保护区覆盖率/%	55.4967	100	100	36.3515	29.8379

注：表中"数字加粗（37.0875）"表明该项指标中国高于亚洲和世界水平，"数字阴影（63.3995）"表明该项指标中国低于亚洲和世界水平。

（二）生态指数

从自然生态系统来看，中国在亚洲排名第 2 位，也高于亚洲和世界平均水平，其中"草原覆盖率"、"荒漠覆盖率"、"主要野生哺乳动物、鸟类与植物种类"远高于亚洲和世界平均水平，"森林覆盖率"略高于亚洲平均水平，但"湿地覆盖率"与亚洲和世界平均水平都有较大差距。

森林覆盖率和湿地覆盖率两个指标在世界范围内都处于中等偏下的水平，代表了中国目前在自然生态方面也没有任何优势可言。

（三）资源指数

从资源存量来看，中国与亚洲、世界最高水平相差较远，略高于亚洲和世界平均水平。由于中国国土面积大和人口众多，在"能源资源储量（等效石油亿桶）""林木蓄积量（$10^6 m^3$）"高于亚洲或世界平均水平，并且"林木蓄积量（$10^6 m^3$）"处于亚洲最高水平，在"人均耕地面积（hm^2）"、"人均可再生内陆淡水资源（m^3）"、"矿石和金属储量"、"海洋专属经济区"与亚洲和世界平均水平差距都很大。

庞大的人口基数带来的是人均资源占有量的不足。在反映人均资源占用情况的两个指标"人均耕地面积"和"人均可再生内陆淡水资源"中，我国均与 185 个国家的平均值相去甚远，说明我国庞大的人口数量给自然环境带来的巨大压力。

（四）环境指数

从环境质量来看，中国均低于亚洲和世界的平均水平，四项三级指标中仅"可燃性再生资源和废弃物"高于亚洲和世界的平均水平。"人均 CO_2 排放量"得分低于世界平均水平，而中国人口众多，从而使中国成为最大的温室气体排放国；"全国平均 PM2.5（$\mu g/m^3$）"得分远低于亚洲和世界平均水平，处于 185 个国家中 153 名的位置，这反映了我国面临着非常严重的环境污染压力。单位能耗 GDP 产出也低于世界和亚洲的平均水平。

较高的人均 CO_2 排放量和较低的单位能源 GDP 产出，反映了我国目前经济增长尚属粗放型，对资源的浪费和对环境的破坏比较严重，可持续发展能力不足。

（五）景观指数

从景观层面来看，中国得分较高，大幅高于亚洲和世界平均水平，"世界自然遗产数量"和"世界人与生物圈保护区数量"都处于世界最高水平，"自然保护区覆盖率（%）"与世界最高水平相去甚远，但高于亚洲和世界平均水平。

二、中国美丽生态指数的空间分析

美丽生态指数体系不仅可以用来比较不同国家在建设美丽生态方面的努力和成就，还可以被稍加修改用在国内不同省级行政区划上，对各省、自治区、直辖市在美丽生态建设方面的努力和成就进行研究和评判。

（一）美丽生态指数的适应性修改

为了适合对国内各省级行政区划进行美丽生态指数上的研究，对美丽生态指数的组成进行了少量修改。对一些国内无法获取的指标使用相近指标替代，被替代的指标见表 4.2。

表 4.2　各省级行政区划的指标替代情况

被替代指标	替代
（4）荒漠覆盖率	（4′）建成区绿地覆盖率
（5）野生动植物种类	以该项目中国的得分替代
（6）人均耕地面积	（6′）人均农作物耕种面积
（10）矿石和金属储量	（8′）主要矿产资源储量
（11）海洋专属经济区	以该项目中国的得分替代
（12）人均 CO_2 排放量	（14′）人均废气污染物排放总量
（13）单位能耗 GDP 产出	（13′）人均废水总排放量
（14）全国 PM2.5 浓度	（15′）工业污染治理投资
（15）可燃性再生资源和废弃物	（12′）人均固体废弃物产生量

经上述处理后，国内各省级行政区划的美丽生态指数见表 4.3。

表 4.3　美丽生态指数省级指标理想值与最差值

指标	理想值	最差值	说明
（1）森林覆盖率/%	61.68	6.58	同世界应用
（2）湿地覆盖率/%	41.57	1.2	同世界应用
（3）草原覆盖率/%	61.28	6.25	同世界应用
（4）建成区绿地覆盖率/%	45.17	31.93	同世界应用
（5）野生动植物种类/种	33923	33923	同世界应用
（6）人均农作物耕种面积/hm^2	0.346	0.014	同世界应用
（7）人均水资源/m^3	45091.7	115.33	同世界应用
（8）主要矿产资源储量/万 t	399112.9	3.33	同世界应用
（9）能源资源储量/万 t	3859045	722.75	同世界应用并按省平均和换算
（10）森林蓄积量/亿 m^3	18.78	0.041	同世界应用，按省平均
（11）海洋专属经济区	2.3	2.3	同世界应用
（12）人均固体废弃物产生量/kg	1710.18	12.35	同世界应用
（13）人均废水排放总量/kg	85051.64	25303.28	同世界应用
（14）人均废气污染物排放总量/kg	122.63	15.38	当前最佳、最差值
（15）工业污染治理投资/万元	717897.3	18879	同世界应用并换算得到
（16）世界自然遗产数量/处	6	0	同世界应用
（17）世界人与生物圈保护区数量/处	3	0	同世界应用
（18）自然保护区覆盖率/%	46.73	1.99	同世界应用

针对全国 31 个省级行政区（不含香港特别行政区、澳门特别行政区和台湾省），各种数据均来自于国家统计局官方网站上发布的权威数据（国家统计局，2015），各项数据中，能源资源储量由原煤、原油、天然气三部分组成，三者之间按照"1t 原油=1.43t 标准煤"，"1m³ 天然气=1.33kg 标准煤"和"1t 原煤=0.714t 标准煤"的换算标准换算为标准煤并求和得到能源资源总储量。

（二）各省级行政区美丽生态指数分析

使用相同的计算方法，得到各省级行政区的美丽生态指数、各项分指数以及排名（表 4.4）。

表 4.4　各省级行政区的美丽生态指数、各项分指数及其排名

省级行政区	生态	排序	资源	排序	环境	排序	景观	排序	美丽生态指数	总排序
北京	42.560	14	7.340	30	60.840	24	39.390	12	37.86	18
天津	28.550	28	7.800	29	64.930	16	15.950	29	31.34	29
河北	33.970	22	21.040	14	64.320	17	24.360	23	37.52	20
山西	29.390	26	33.010	7	41.020	28	26.990	21	33.10	28
辽宁	43.710	12	54.320	2	31.280	30	48.530	3	43.72	10
内蒙古	43.350	13	27.040	9	44.100	27	40.430	9	39.03	17
吉林	41.960	15	34.700	6	61.690	21	24.870	22	43.48	11
黑龙江	46.290	9	49.350	3	67.220	10	46.070	4	52.48	3
上海	40.060	19	6.820	31	61.540	22	15.400	30	34.55	25
江苏	36.700	20	11.300	28	67.450	9	29.620	18	37.38	21
浙江	58.680	1	11.760	27	68.900	7	43.070	5	47.61	5
安徽	33.090	23	19.460	16	66.600	14	18.260	27	36.76	22
福建	55.270	3	17.170	19	68.260	8	28.550	20	46.09	7
江西	57.680	2	17.470	18	63.040	20	31.520	17	46.04	8
山东	29.270	27	16.840	21	70.330	5	21.280	25	35.89	24
河南	30.040	24	16.520	22	63.350	19	40.720	8	36.23	23
湖北	44.300	10	16.930	20	65.980	15	35.930	14	41.99	15
湖南	48.260	8	15.480	23	72.620	2	20.570	26	43.31	12
广东	50.120	6	13.350	25	61.230	23	38.130	13	42.28	14
广西	53.020	4	21.470	13	66.920	12	34.740	16	46.62	6
海南	52.270	5	13.220	26	69.740	6	35.400	15	44.99	9
重庆	40.820	18	14.210	24	63.890	18	17.870	28	37.61	19
四川	43.840	11	40.400	4	71.200	4	70.770	1	52.73	2
贵州	35.310	21	22.280	11	66.940	11	39.750	11	40.57	16

续表

省级行政区	生态	排序	资源	排序	环境	排序	景观	排序	美丽生态指数	总排序
云南	49.020	7	37.190	5	71.830	3	53.070	2	52.27	4
西藏	41.350	17	55.180	1	73.740	1	40.860	7	53.27	1
陕西	41.880	16	22.270	12	66.920	13	40.090	10	43.11	13
甘肃	24.270	29	23.910	10	54.400	25	41.700	6	33.72	26
青海	29.550	25	17.780	17	28.970	31	22.200	24	25.62	30
宁夏	17.840	31	19.710	15	39.170	29	5.750	31	22.64	31
新疆	23.440	30	32.930	8	51.240	26	29.290	19	33.68	27

根据计算结果，全国 31 个省级行政区美丽生态指数平均分 40.385 分，标准差 7.451。该平均分与中国作为一个整体在世界 185 个国家的比较中得到的 39.698 分比较接近，可以认为在误差范围之内，这种结果从另一个侧面说明了本书所使用的指数体系与计算方法的科学性。

美丽生态指数总评排名前 5 位的省级行政区分别是：西藏自治区（53.27）、四川省（52.73）、黑龙江省（52.48）、云南省（52.27）和浙江省（47.61），排名后 5 位的分别是：宁夏回族自治区（22.64）、青海省（25.62）、天津市（31.34）、山西省（33.10）和新疆维吾尔自治区（33.68）。图 4.1 所示为各省级行政区划美丽生态指数得分的分布情况。

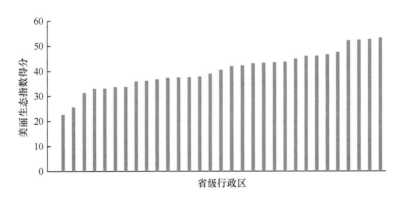

图 4.1 各省级行政区美丽生态指数得分分布

将 31 个省、自治区、直辖市的美丽生态指数及其分指数以颜色的方式填充在中国地图上，高分为红色和橙色，中间分数为黄色，低分为绿色，得到中国大部分省级行政区美丽生态指数及其分指数得分的示意图（图 4.2～图 4.6，国界与省界均为示意，不表示本书作者任何倾向，由于本次计算中未计算香港特别行政区、澳门特别行政区和台湾省的指数，故此部分地区以灰色表示）。

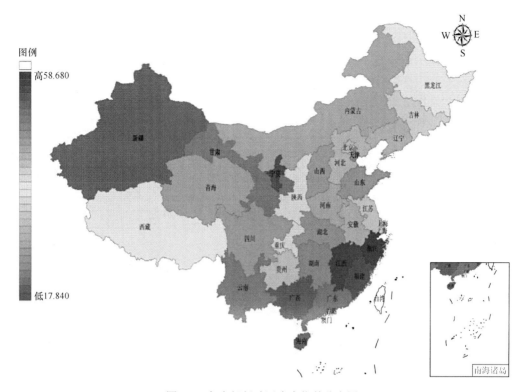

图 4.2　各省级行政区生态指数分布图

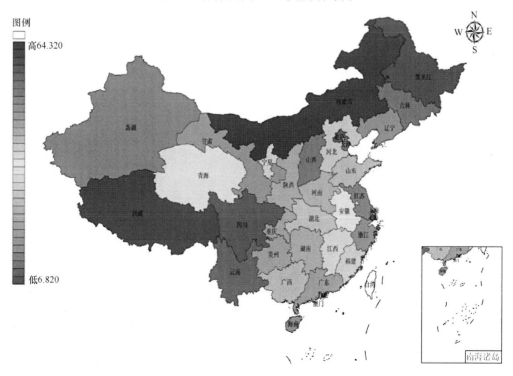

图 4.3　各省级行政区资源指数分布图

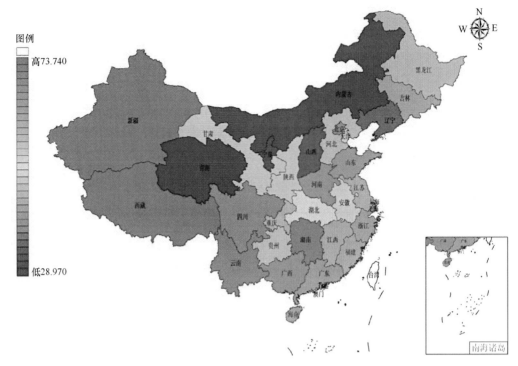

图 4.4　各省级行政区环境指数分布图

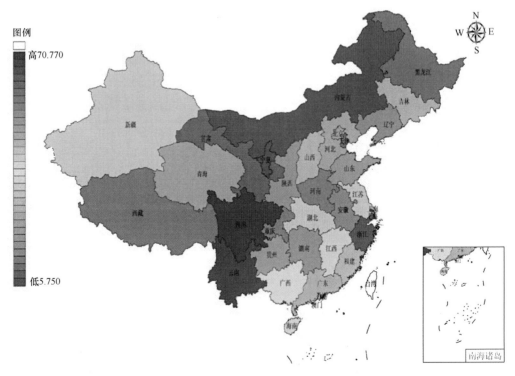

图 4.5　各省级行政区景观指数分布图

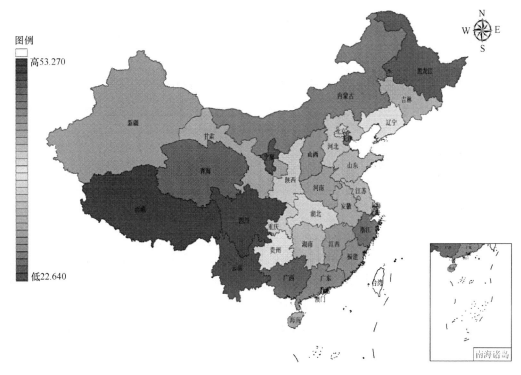

图 4.6　各省级行政区美丽生态指数分布图

从美丽生态指数排名示意图（图 4.6），可以看出，我国的生态环境总体来讲呈现与地理位置明显相关的态势。美丽生态指数比较靠前的几个省级行政区集中在西南、东北和长江以南地区，而华北和西北则是美丽生态指数比较靠后的区域，这个结论也对把握我国总体的生态环境态势有一定的参考价值。

从分指标来看，生态指标东南沿海地区得分较高，与其优越的地理环境有关，西北地区得分较低。资源指标东北地区和西南地区得分较高。环境指标西南地区得分较高。景观指标东北和中南地区得分较高。

（三）不同行政区域美丽生态指数分析

从不同行政区域来看，华北、华东、中南、东北、西南、西北六大区美丽生态指数及各个分指标如表 4.5 和图 4.7 所示。

针对不同区域的美丽生态指数可以看出，西南地区的美丽生态指数得分最高（47.29分），东北地区排名第 2（45 分），中南地区排名第 3（42.57 分），而华东（40.62 分）、华北（36.71 分）和西北（31.75 分）接近或低于全国 31 个省级行政区（不含香港特别行政区、澳门特别行政区和台湾省）的平均分，排名后三位。

从分指标来看，生态指标中南地区得分最高，西北地区得分最低，主要差异体现在森林覆盖率上。资源指标东北地区得分最高，华东地区得分最低，主要差异体现在人均

表 4.5　我国不同行政区域的美丽生态指数及各项分指数

行政区划	华北	东北	华东	中南	西南	西北
（1）森林覆盖率	27.32	61.73	53.28	69.98	50.76	16.28
（2）湿地覆盖率	15.91	18.54	36.33	12.90	4.01	8.36
（3）草原覆盖率	43.75	31.04	18.04	40.91	58.79	45.32
（4）建成区绿地覆盖率	64.08	41.31	74.44	50.38	53.10	30.53
（5）主要野生哺乳动物鸟类与植物种类	50.00	50.00	50.00	50.00	50.00	50.00
生态	35.64	43.87	44.39	46.34	42.07	27.40
（6）人均农作物耕种面积/hm²	31.14	67.45	12.23	17.47	29.45	45.49
（7）人均水资源/m³	1.00	2.52	3.90	4.92	24.90	6.73
（8）主要矿产资源储量/万 t	37.39	37.76	10.93	10.47	20.28	8.16
（9）能源资源储量/万 t	40.93	7.24	4.94	3.05	9.66	15.94
（10）森林蓄积量/亿 m³	16.52	49.91	11.76	15.29	60.60	10.42
（11）海洋专属经济区	50.00	50.00	50.00	50.00	50.00	50.00
资源	24.70	37.03	14.40	16.16	33.85	23.32
（12）人均固体废弃物产生量/kg	54.41	76.56	87.05	92.93	90.60	64.22
（13）人均废水排总放量/kg	56.78	61.78	32.46	53.50	80.39	75.18
（14）人均废气污染物排总放量/kg	54.23	65.46	85.96	92.40	86.39	39.82
（15）工业污染治理投资/万元	43.06	21.36	56.80	29.79	12.18	15.39
环境	52.48	57.67	66.59	66.64	69.52	48.14
（16）世界自然遗产数量	60.00	22.22	45.24	44.44	53.33	30.00
（17）世界人与生物圈保护区数量	20.00	55.56	23.81	33.33	53.33	26.67
（18）自然保护区覆盖率	12.21	31.27	11.41	25.09	28.27	26.64
景观	31.04	37.12	26.81	34.25	44.46	27.81
美丽生态	36.71	45.00	40.62	42.57	47.29	31.75

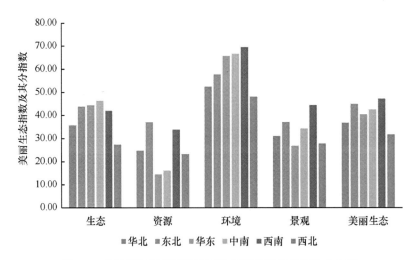

图 4.7　我国不同行政区域美丽生态指数及其分指数分布图

农作物耕作面积和森林蓄积量上。环境指标西南地区得分最高，西北地区得分最低，差异主要体现在人均固体废弃物产生量和人均废气污染物排总放量上。景观指标西南地区得分最高，华东地区得分最低，差异主要体现在世界人与生物圈保护区数量上。

总体来看，我国的生态环境发展在地区上还很不均衡，尤其应该重视西北地区的生态环境保护。

三、中国美丽生态指数的历史时期分析

除了上述横向比较应用之外，美丽生态指数体系还可以用来对我国不同历史时期在建设美丽生态方面的努力和成就进行研究和评判，从而更好地回顾历史，把握现在，开创未来。为此，我们针对中华人民共和国成立初期、改革开放初期、世纪之交和当前这 4 个具有代表性的关键时间点，对美丽生态指数的指标体系进行少量调整，从多种可靠渠道获取数据并进行分析，得到我国这 4 个历史时期美丽生态指数纵向比较的结果。

针对上述 4 个典型历史时期，本书从多种权威渠道获取了相关指标数据，数据来源主要有：中国政府网、国家统计局国家数据、国家林业局（2015）中国林业数据库等权威部门的门户网站，水利部水文局、国家林业局、国家统计局等权威部门发布的公报和年鉴，以及相关领域专家的专著和论文等。与美丽生态指数在各省级行政区划上的应用相比，由于指标时效性比较强，或者缺乏早期的权威数据，能源资源储量指标和景观指标被取消并将其权重按比例分配到其他指标。

由于早期数据的不完整，为了能够获得权威、详细的数据，本书将 4 个历史时期分别定为 4 个跨越数年的时间段：中华人民共和国成立初期的数据采用 1949～1952 年的数据，改革开放初期数据采用 1978～1982 年的数据，世纪之交的数据采用 2000～2004 年的数据，当前的数据采用 2014～2015 年的数据。其中有部分特例：中华人民共和国成立初期的自然保护区覆盖率由于 1956 年前未设立自然保护区而赋值为 0，改革开放初期的人均水资源采用的是水利水电部水文局（1987）第一次全国水资源评价的结果，改革开放初期的人均废气（SO_2）污染物排放量采用的是 1985 年首次公布的数据。使用相同的计算方法，计算了我国不同历史时期的美丽生态指数以及各项分指数，结果如表 4.6 所示。由于国内应用与国际应用在指标选取上有所不同，计算得到的美丽生态指数上也有所差异，但其取值总的来讲是接近的，这也说明了本书所选取的这些指标和计算方法的科学性。

表 4.6　我国不同历史时期的美丽生态指数及各项分指数

历史时期	中华人民共和国成立初期	改革开放初期	世纪之交	当前
生态	30.77	30.48	36.66	55.58
资源	22.26	20.83	24.96	24.42
环境	46.68	36.35	31.80	59.467
美丽生态指数	32.93	29.38	31.82	39.698

针对我国不同历史时期的美丽生态指数以及各项分指数，绘出了我国不同历史时期美丽生态指数及其分指数趋势图（图4.8）。从趋势图中可以看出，以改革开放为转折点，美丽生态指数的发展趋势呈现先下降后上升的态势。这种趋势如实地反映了我国自中华人民共和国成立以来在环境保护与生态建设方面走过的弯路。随着改革开放的进一步深化、生态环境保护意识的日益提升，相信，我国将在建设美丽生态的历史进程中取得更多丰硕的成果。

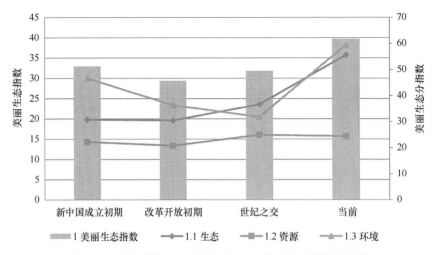

图4.8　我国不同历史时期美丽生态指数及其分指数趋势图

从美丽生态指数的3个侧面来看，由于受到人口不断增长和经济不断发展等客观因素的影响，资源和环境方面的恢复相对缓慢，资源还有下降的趋势，而受益于生态环境保护意识的不断增强和国家在生态环境保护方面的大力投入，我国在生态环境方面已经逐步得到了恢复和改善。例如，当前我国的森林覆盖率为21.63%，远远高于中华人民共和国成立初期的8.6%。相信，随着我国经济实力的进一步提升和生态环境保护意识的进一步增强，我国的美丽生态指数也一定能够得到进一步的恢复和提高。

四、中国美丽生态指数的聚类分析

针对最终的美丽生态指数结果，对全国31个省级行政区使用系统聚类分析法进行了单因素聚类分析。分析结果将全国31个省级行政区分成了3个聚类。

第一聚类。由位列榜首的西藏自治区（53.27）到第16名的贵州省（40.570）的16个省份组成了美丽生态指数的第一集团。这些省份的美丽生态指数遥遥领先于其他省份。第一聚类的省份美丽生态指数为40~60分，都属于"初级美丽生态"。这说明目前中国尚不存在美丽生态指数在60分以上的中级美丽生态省份，在建设美丽生态的道路上，中国还要继续努力。

第二聚类。从由第17名的内蒙古自治区（39.03）到第30名的青海省（25.62）的14个省份组成，是美丽生态指数的第二集团。这些省份的美丽生态指数略低于中国31

个省级行政区的平均分,处于略偏下的位置。第二聚类的省份美丽生态指数为 25～40 分,是"欠美丽生态"。

第三聚类。处于最后的的宁夏回族自治区(22.64),是美丽生态指数的第三集团。其美丽生态指数远低于中国 31 个省级行政区的平均分,处于最后的位置,反映了宁夏回族自治区在建设美丽生态方面的不足。第三聚类的美丽生态指数在 25 分以下,属于"不美丽生态"

表 4.7 和图 4.9 所示为聚类分析的结果。

表 4.7 各省区市美丽生态指数聚类分析结果

项目	省份数量	最高分	最低分	平均分	美丽生态划分
第一聚类	16	53.27	40.57	46.285	初级美丽生态
第二聚类	14	39.03	25.62	34.909	欠美丽生态
第三聚类	1	22.64	22.64	22.64	不美丽生态
总计	31	53.27	22.64	40.385	

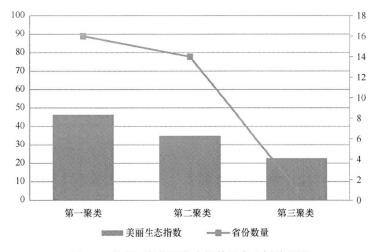

图 4.9 各省区市美丽生态指数聚类分析结果图

从 3 个聚类的省份数量分布来看,图 4.9 的分布反映了目前我国美丽生态建设方面普遍存在的多数初级美丽生态和欠美丽生态、少数不美丽生态并存的不均衡现状。

五、典型省区市美丽生态案例分析

(一)西藏

1. 西藏概况

西藏自治区位于我国的西南部,地跨北纬 26°50'～36°53'、东经 78°25'～99°06',面积约 122 万 km²，约占全国陆地总面积的 1/8，在全国各省级行政区中，仅次于新疆维吾尔自治区，位居第 2，相当于英国、法国、德国、荷兰和卢森堡 5 国面积的总和。北面与新疆维吾尔自治区、青海省相邻，东面和东南面同云南省、四川省接壤；南部与西部自东而西与缅甸、印度、不丹、尼泊尔等国以及克什米尔地区毗邻，国境线长约 3842km。

青藏高原是世界上隆起最晚、面积最大、海拔最高的高原，因而被称为"世界屋脊"，被视为南极、北极之外的"地球第三极"。西藏高原位于青藏高原的主体区域。青藏高原总的地势由西北向东南倾斜，地形复杂多样、景象万千，有高峻逶迤的山脉，陡峭深切的沟峡以及冰川、裸石、戈壁等多种地貌类型；有分属寒带、温带、亚热带、热带的种类繁多的奇花异草和珍稀野生动物，还有垂直分布的"一山见四季"、"十里不同天"的自然奇观等。地貌大致可分为喜马拉雅山区，藏南谷地，藏北高原和藏东高山峡谷区。

西藏是中国湖泊最多的地区（图 4.10），湖泊总面积约 2.38 万 km²，约占全国湖泊总面积的 30%。1500 余个大小不一、景致各异的湖泊错落镶嵌于群山莽原之间，其中面积超过 1000km² 的有纳木错、色林错和扎日南木错，超过 100km² 的湖泊有 47 个。西藏湖泊类型多样，几乎包含了中国湖泊的所有特征；区属湖泊中，淡水湖少，咸水湖多，初步查明的各类盐湖大约有 251 个，总面积约 8000km²，盐湖的周围多有丰饶的牧场，也是多种珍贵野生动物经常成群结队出没之地。最为著名的湖泊有纳木错、羊卓雍湖、玛旁雍错、班公错、巴松错、森里错等。在西藏，许多湖泊都被赋予宗教意义。其中纳木错、玛旁雍错、羊卓雍错，被并称为西藏的三大"圣湖"。此外，还包括在藏传佛教活佛转世制度中具有特殊地位的拉姆拉错湖、地处藏北的本教著名神湖当惹雍措、位于安多县的热振活佛"魂湖"——错那湖等。

图 4.10　西藏拉鲁湿地自然保护区

（资料来源：http://news.yuanlin.com/detail/201568/215247.htm）

西藏自治区已发现 101 种矿产资源，查明矿产资源储量的有 41 种，勘查矿床 100 余处，发现矿点 2000 余处，已开发利用的矿种有 22 种。西藏优势矿种有铜、铬、硼、锂、铅、锌、金、锑、铁，以及地热、矿泉水等，部分矿产在全国占重要地位，矿产资源潜在价值万亿元以上。矿产资源储量居全国前 5 位的有铬、工艺水晶、刚玉、高温地热、铜、高岭土、菱镁矿、硼、自然硫、云母、砷、矿泉水等 12 种。

西藏自治区土地资源丰富,总面积约 122 万 km^2,其中牧草地 65 万 hm^2;耕地集中分布在藏南河谷及河谷盆地中,东部和东南部也有少量分布,总面积达 36 万 hm^2。西藏土地资源的最大特点是未利用土地多,占土地总面积的 30.71%。

西藏已发现野生哺乳动物 142 种,鸟类 488 种,爬行类动物 56 种,两栖类动物 45 种,鱼类 68 种。西藏野生脊椎动物共计 799 种,构成了西藏的动物资源优势。在这些动物中,野驴、野牦牛、马鹿、白唇鹿、黑颈鹤、小熊猫等 123 种被列为国家重点保护动物,占全国重点保护动物的 1/3 以上。其中滇金丝猴、孟加拉虎、雪豹、西藏野驴、野牦牛、羚牛等 45 种野生脊椎动物是濒危灭绝或西藏特有的珍稀保护动物。在海拔 3000~4000m 的喜马拉雅山麓,偶尔可以见到国家一级保护动物"喜马拉亚塔尔羊"。陆生无脊椎动物在西藏有 2307 种。其中,中华缺翅虫、墨脱缺翅虫是国家重点保护动物。

西藏能源资源主要有水能、太阳能、地热能、风能等可再生能源。水能资源理论蕴藏量为 2 亿 kW,约占全国的 30%,居全国首位,其中蕴藏量在 1 万 kW 以上的河流多达 365 条。西藏是中国地热活动最强烈的地区,各种地热显示点有 1000 余处。初步估算,西藏地热总热流量为 55 万 kcal(1kcal≈4.18kJ)每秒,相当于一年烧 240 万 t 标准煤放出的热量。西藏太阳能资源居全国首位,是世界上太阳能最丰富的地区之一。这里阳光直射比例大,年际变化小,大部分地区年日照时间达 3100~3400h,平均每天 9h 左右。有两条风带,推测年风能储量 930 亿 kW·h 时,居全国第 7 位。除藏东地区风能资源较贫乏外,大部分地区属风能较丰富区和可利用区。其中藏北高原年有效风速时数在 4000h 以上。

作为印度佛教传入西藏以前的先期文化,古象雄文化的痕迹贯穿于西藏的方方面面。"从生产到生活,从民俗到信仰,处处都有象雄文化的影子。比如祭山神、转山等宗教活动仪式,都源自象雄文化。

在美丽生态指数评价中,西藏美丽生态指数为 53.27(表 4.8),全国排名居首位。

表 4.8　西藏的美丽生态建设指数

生态指数	资源指数	环境指数	景观指数	美丽生态指数	全国排名
41.350	55.180	73.740	40.860	53.27	第 1 位

2. 西藏生态建设历程与举措

西藏自治区面积 122 万 km^2,平均海拔在 4000m 以上,有着独特的自然生态和地理环境。西藏的气候自东南向西北由暖热湿润向寒冷干旱呈递次过渡,自然生态由森林、灌丛、草甸、草原到荒漠呈带状更迭。复杂多样的地形地貌和特殊的生态系统类型,为生物多样性营造了天然乐园。20 世纪 50 年代以前的旧西藏,长期处于封建农奴制的统治之下,生产力发展水平极其低下,基本处于被动适应自然条件和对自然资源的单向索取状态,根本谈不上对西藏生态环境客观规律的认识,也谈不上生态建设和环境保护问题。19 世纪下半叶起,一些外国探险家和科学家在青藏高原进行过各种考察和调查;20

世纪 30 年代，中国科学家也在青藏高原进行过考察和调查，但总体上说，他们对青藏高原特殊自然生态环境的认识还不全面、不系统。西藏生态建设和环境保护起步于西藏和平解放以后，并随着西藏现代化建设的发展而得到发展，可以分为 3 个阶段：

（1）第一阶段，和平解放开启了科学认识、主动保护和积极建设西藏生态环境的进程。1951 年西藏和平解放之初，为了揭开青藏高原的奥秘，促进西藏的社会进步与发展，中央人民政府就组织"政务院西藏工作队"（1958 年，在此基础上成立"中国科学院西藏综合考察队"），对西藏的土地、森林、草场、水利和矿产资源进行考察和评价，提出了科学开发利用的意见，从而开启了科学认识、利用和保护西藏生态环境的进程。

与此同时，改善西藏高原生存条件的生态建设和环境保护逐步开展起来。国家派遣林业技术人员对雅鲁藏布江流域部分地区进行考察，并在拉萨市西郊七一农场开展育苗造林试验，为在西藏开展大规模植树造林、改善生态奠定基础。1959 年实行民主改革以后，西藏以乡土树种为主，掀起了大规模的群众性义务植树活动。植树造林工作的开展，使西藏人民实现了由千百年来被动适应自然，进入主动改造自然的质的飞跃。

1965 年 9 月西藏自治区人民政府正式成立以后，生态建设和环境保护工作伴随着人民民主政权各方面工作的开展纳入议事日程，得到组织上的保证。1975 年西藏自治区环境保护领导小组和办公室成立，1983 年正式成立自治区城乡建设环境保护厅，此后，组织机构和管理体制不断完善，西藏的生态建设和环境保护工作逐步走上良性发展轨道。

有关青藏高原的科学考察活动全面铺开，对西藏自然生态环境的认识更加系统、深入，生态建设开始取得实质性进展。中国科学院制定了《青藏高原 1973～1980 年综合科学考察规划》。1972 年中国科学院在兰州首次召开了"珠穆朗玛峰地区科学考察学术研讨会"，其后，有关青藏高原自然生态环境的各类综合性、专题性学术会议不断召开。一大批学术成果相继问世，仅一套《青藏高原综合科学考察丛书》就达 31 部 42 册，约 1700 万字。这些科研成果，为西藏在经济建设和发展中更好地利用自然资源，不断改善人类生存环境提供了科学依据。1977 年，国家农林部组织了对西藏全区的第一次全面森林资源清查。1978 年起，为适应造林绿化的需要，各地先后建立苗圃近 50 个，引进、驯化、培养了数十种适宜西藏生长的造林绿化树种。

（2）第二阶段，改革开放使西藏的生态建设和环境保护事业的发展走上法制化道路。改革开放后，生态建设和环境保护随着西藏现代化的发展日益受到重视，西藏的生态建设和环境保护事业在法制化的轨道上不断得到发展。1982～1994 年的 13 年间，西藏自治区人民代表大会常务委员会、西藏自治区人民政府及政府各部门颁布实施的生态建设和环境保护类地方性法规、政府规范性文件、部门规章等共计 30 余件，形成了比较系统的地方性环境保护法规体系。从内容上看，既有涉及生态与环境保护的综合性法规，如《西藏自治区环境保护条例》，也有涉及生态与环境保护各个领域的，如土地管理、矿产资源管理、森林保护、草原保护与管理、水土保持、野生动物保护、自然保护区管理、污染治理等方面的专项法规，基本上涵盖了生态与环境保护的各个领域，做到了有法可依。

国家直接投资建设了以改善生态环境为重点的"一江两河"（雅鲁藏布江、拉萨河、年楚河）中部流域农业综合开发工程项目，取得了明显的生态效益。政府专门制定了在荒山、荒坡、荒滩地区植树种草实行"谁开发，谁经营，谁受益，长期不变，允许继承"的政策，鼓励人民群众植树造林和种草，保证了人民群众在改善生态方面应有的权益。西藏相继开展并完成了对土地资源、野生动物资源、植物资源和昆虫资源、湿地资源等生态环境现状的调查。生态环境科学研究开始关注人类活动对生态环境影响的监测和跟踪，开展了如西藏"一江两河"中部流域农业综合开发生态环境遥感动态监测、西藏粮食中有机氯残毒污染普查、工业污染源调查等方面的工作，并提出了污染防治的相关政策措施。

改善生态、保护环境的宣传教育广泛开展、深入人心。广播、电视、报纸、互联网等宣传媒体都把造林绿化、保护野生动植物、保护环境作为重要栏目，加大宣传报道力度。世界湿地日、植树节、地球日、世界环境日、世界防治荒漠化与干旱日等重要纪念日受到西藏各界的关注。生态建设和环境保护的知识进入课堂，"绿色学校"创建活动全面开展。

（3）第三阶段，中央政府的关心、全国人民的支持，使西藏生态建设和环境保护进入新时期。1994年，中央政府召开第三次西藏工作座谈会，作出了中央关心西藏、全国支援西藏的重大决策，有力地推动了西藏生态建设和环境保护事业的快速发展。

国务院在1998年和2000年制定的《全国生态环境建设规划》和《全国生态环境保护纲要》，对西藏的生态建设和环境保护工作给予了高度重视，将青藏高原冻融区作为全国八大生态建设区之一，进行专门规划，提出明确的建设任务和建设原则。据此，西藏自治区人民政府于2000年制定了《西藏自治区生态环境建设规划》，对西藏的生态环境建设进行全面规划和部署。国家实施西部大开发战略后，中央政府于2001年召开第四次西藏工作座谈会，进一步加大了对西藏生态建设投资力度，西藏从实现可持续发展的角度出发，明确把发展旅游、绿色农业等作为推动地区经济增长的支柱产业。

国家加大对西藏生态建设和环境保护的投入力度，加强了生态环境领域的执法监督。统计表明，1996年以来，中央政府仅在西藏生态建设项目方面的投资就达3.68亿元。与此同时，天然林资源保护工程、退耕还林还草工程、拉萨市及周边地区造林绿化工程、野生动植物保护及自然保护区建设工程等一大批生态工程项目相继实施，有效地改善了西藏的生态环境。

半个多世纪以来，西藏的生态建设和环境保护事业从无到有，不断发展，实现了从自发到自觉，从被动到主动，从盲目到科学的质的飞跃。据国家有关部门2000年公布的生态环境状况公报，西藏的环境质量保持在良好状态，大部分地区基本处于原生状态，是世界天然环境最好的地区之一。

3. 经验与启示

（1）重视宣传科学的生态文明理念。思想指导行为，理念引领行动。生态文明建设离不开科学的生态文明理念的引领与导航。科学的生态文明理念，贯穿西藏生态文明建设的始终，并在生态文明的制度建设中得以体现。为人民提供良好的生态环境是政府的职责所在。作为生态文明建设的主力军，西藏自治区政府把保护生态环境视为西藏发展的应有之义，把持续良好的生态环境作为西藏最大的财富和最大的发展潜力，把保护生态作为发展的红线、底线、高压线，把绿色发展理念贯穿发展布局、规划和开发建设各个环节，始终遵循经济规律、社会规律和自然规律，不以牺牲自然环境为代价，注重和谐发展、绿色开发、安全开发，走可持续发展之路。

西藏社会成员的生态文明意识不断提高，崇尚生态文化的良好氛围在全社会蔚然成风，筑牢了生态文明建设的共同的思想基础，形成了广泛的社会共识，实现了力量的汇聚和行动的协同，西藏生态文明建设获得了跨越式发展的良好态势（齐霜等，2016）。

（2）重视建设生态文明制度体系。生态制度是生态建设的核心，是生态理念的具体体现，是生态行为文明的有力保障。新时期西藏生态制度建设取得了长足进展，初步形成了比较系统的、具有西藏特色的生态文明制度体系，实现了用制度保护西藏生态环境。一是制定了与国家法规相配套的关于西藏生态环境保护与建设规划、部署的制度。西藏自治区编制了《生态环境建设规划》、《水土保护规划》、《农牧区环境综合整治规划》、《城镇饮用水水源地环境保护规划》、《重金属污染综合防治"十二五"规划》、《"一江四河"流域污染防治规划》、《生态功能区划》等一系列生态环境保护与建设规划。二是制定了环境准入和淘汰制度。西藏制定了矿产资源勘查开发自治区政府统一管理和环境保护一票否决制，严把建设项目环评审批关，确保"三高"企业和项目零审批、零引进，从源头防止环境污染和生态破坏。三是制定了环境保护和监督制度。通过立法保护生态环境，近年来西藏自治区人民代表大会、自治区人民政府及政府有关部门修订了《西藏自治区环境保护条例》、《西藏自治区实施〈中华人民共和国草原法〉细则》、《西藏自治区实施〈中华人民共和国野生动物保护法〉办法》，以及《西藏自治区人民政府实施〈国务院关于落实科学发展观加强环境保护的决定〉的意见》，出台了《西藏自治区生态环境保护监督管理办法》等规章。四是制定了生态效益补偿制度。生态效益补偿制度是通过调整生态环境保护涉及的各方面环境利益背后的经济利益关系，实现"保护者受益、破坏者受罚、受益者付费"的原则，建立保护生态环境的经济激励机制。目前，西藏建立了森林、草地、湿地生态保护补偿机制。截至2014年，西藏重点生态功能区转移支付范围由原来的8个县扩大到现在的18个县。"十二五"期间，西藏累计兑现草原生态保护补助奖励、森林和湿地生态效益补偿资金共计147亿元。五是制定了生态环境保护管理体制。西藏自治区政府办公厅下发《西藏自治区环境监管网格化建设指导意见》。按照"属地管理、分级负责，无缝对接、上下联动，全面覆盖、责任到人"和"谁主管、谁负责"的原则，构建"条块结合、划片包干，各负其责、齐抓共管，定人定岗、责任到人"的网格化环境监管体系，逐步形成"各级政府统一组织、环保部门统一协调、相关部门各负其责、社会各界广泛参与"的环境监管格局。

（3）重视培养人们良好的生态行为。好的理念和制度设计，最终在引导规范人们丰富的生产生活的具体实践中得到生动体现。西藏生态行为文明是科学的生态理念文明和生态制度文明的具体展现和落实。作为生态文明建设的主力军，西藏各级政府严格实施中央和西藏自治区政府制定的各种规划部署。一是全面实施西藏生态安全屏障保护与建设规划，投入 71 亿元，"十大工程"扎实推进。加强资源开发和生态环境保护监督管理，环境执法监管能力明显提高。二是采取严格的环境保护措施。实施天然林保护工程、退耕还林退牧还草工程和天然草地保护与建设、游牧民定居、人工种草、草场改良等草地生态环境建设项目；启动了国家森林生态效益补偿基金，开展了防沙治沙、水土流失和小流域综合治理及地质灾害防治工作。坚持慎重发展工业的原则，严格限制高能耗、高污染、高排放行业在区内发展，推广使用清洁能源，努力减少温室气体排放。西藏自治区政府采取严格措施，严禁矿产资源开发。

西藏生态文明建设的基础是广泛的社会参与，既体现在政府的生态行政中，还蕴含在社会组织及其社会成员的行为中。新时期，在推进绿色城镇建设方面，西藏各类企业、社会组织和社会成员积极倡导和践行绿色生产方式、生活方式和消费方式，推动城镇低碳绿色发展，严格执行节能、节水、节地、节材等强制性标准，最大限度地减少对资源的消耗和对环境的污染。

（二）四川

1. 四川概况

四川省位于中国西南腹地，介于东经 97°21′～108°33′和北纬 26°03′～34°19′之间，地处长江上游，辖区面积 48.6 万 km²，居中国第 5 位，东西长 1075km，南北宽 921km，东西边境时差 51min。与 7 个省（自治区、直辖市）接壤，北连陕西、甘肃、青海，南接云南、贵州，东邻重庆，西衔西藏。是西南、西北和中部地区的重要结合部，是承接华南、华中，连接西南、西北，沟通中亚、南亚、东南亚的重要交汇点和交通走廊。

四川位于中国大陆地势三大阶梯中的第一级和第二级，即处于第一级青藏高原和第二级长江中下游平原的过渡带，高低悬殊，西高东低的特点特别明显。西部为高原、山地，海拔多在 3000m 以上；东部为盆地、丘陵，海拔多为 500～2000m。全省可分为四川盆地、川西高山高原区、川西北丘状高原山地区、川西南山地区、米仓山大巴山中山区五大部分。地貌复杂，以山地为主要特色，具有山地、丘陵、平原和高原 4 种地貌类型，分别占全省面积的 74.2%、10.3%、8.2%、7.3%。土壤类型丰富，共有 25 个土类、63 个亚类、137 个土属、380 个土种，土类和亚类数分别占全国总数的 43.48%和 32.60%。

四川河流众多，以长江水系为主。黄河一小段流经四川西北部，为四川和青海两省交界，支流包括黑河和白河；长江上游金沙江为四川和西藏、四川和云南的边界，在攀枝花流经四川南部，在宜宾流经四川东南部，较大的支流有雅砻江、岷江、大渡河、理塘河、沱江、嘉陵江、赤水河。主要的湖泊有邛海、泸沽湖和马湖，水域面积均不超过

$1km^2$。

　　矿产资源丰富且种类比较齐全，能源、黑色金属、有色金属、稀有金属、贵金属、化工、建材等矿产均有分布。已发现各种金属、非金属矿产132种，占全国总数的70%；已探明一定储量的有94种，占全国总数的60%，分布在全省大部分地区。有32种矿产保有储量居全国前5位，其中天然气、钛矿、钒矿、硫铁矿等7种矿产居全国第1位。钒、钛具有世界意义，钛储量占世界总储量的82%，钒储量占世界总储量的1/3；锂矿、芒硝等11种矿产居全国第2位；铂族金属、铁矿等5种居全国第3位；炼镁用白云岩、轻稀土矿等8种矿产居全国第4位；磷矿居全国第5位。

　　四川有世界遗产6处，列居全国第2位。其中：世界自然遗产3处（九寨沟、黄龙、四川大熊猫栖息地），世界文化与自然双重遗产1处（峨眉山-乐山大佛），世界文化遗产1处（青城山-都江堰），世界灌溉工程遗产1处（东风堰）。列入世界《人与生物圈保护网络》的保护区有4处（九寨、卧龙、黄龙、稻城亚丁）。

　　拥有国家级风景名胜区15处（2017年），省级风景名胜区75处（2010年）。有"中国旅游胜地40佳"5处（2010年）。截至2017年7月，四川省境内国家5A级旅游景区12家，4A级185家，峨眉山、九寨沟为首批国家5A级旅游景区。2016年年末，四川全省自然保护区169个，面积8.345万km^2，占全省土地面积的17.2%。年末有国家级生态县（区）15个，省级生态县（市、区）48个。地质构造复杂、地质地貌景观丰富，已发现地质遗迹220余处，有兴文和自贡两处世界地质公园（自贡恐龙博物馆与美国国立恐龙公园、加拿大恐龙公园齐名，为世界三大恐龙遗址博物馆之一），国家地质公园14处，国家水利风景区16处，其数量居全国前列。拥有国家历史文化名城8个（图4.11），中国优秀旅游城市21座。全国重点文物保护单位230处，国家级非物质文化遗产名录139项。

图4.11　四川龙华古镇

（资料来源：http://www.ybps.gov.cn/template/default/news_detail.jsp?id=8a1326265da63e0d015e026145b40fc4）

在美丽生态指数评价中，四川美丽生态指数为 52.73（表 4.9），全国排名第 2，居于前列。

表 4.9　四川省的美丽生态建设指数

生态指数	资源指数	环境指数	景观指数	美丽生态指数	全国排名
43.840	40.400	71.200	70.770	52.73	第 2 位

2. 四川生态建设历程与主要内容

四川生态文明建设与生态省建设紧密相关，生态省建设为生态文明建设奠定了基础。2004 年四川省委、省政府正式确定生态立省的战略目标，2005 年启动《生态省建设规划纲要》的编制工作，并于 2006 年 9 月 21 口正式实施。同时，编制《四川省环境保护"十一五"规划》。2006 年，省委、省政府作出了《中共四川省委四川省人民政府关于建设生态省的决定》，原则上通过《四川生态省建设规划纲要》，明确提出按照国家生态省建设的要求，建设生态四川，打造绿色天府，通过 15 年或更长时间的努力，基本实现发达的生态经济、良好的生态环境、繁荣的生态文化、和谐的生态社会的奋斗目标，全面启动生态四川建设。2007 年，省政府就贯彻《国务院关于落实科学发展观加强环境保护的决定》提出了具体实施意见。2008 年，省政府决定在全省开展省级生态县创建工作。2011 年，省政府通过，开始实施《四川省"十二五"生态建设和环境保护规划》。

《中共四川省委关于贯彻落实党的十八届三中全会精神全面深化改革的决定》明确提出，加快建设美丽四川，推动形成人与自然和谐发展的新格局。这对于建设美丽四川进行了具体部署，也是落实中央建立美丽中国，推进生态文明建设的重要行动，这也标志着四川省进入建设美丽四川，推进四川生态文明建设的新阶段。四川省从启动生态省建设，进入生态文明建设，到提出建设美丽四川，三者紧密联系。生态文明是人类继原始文明、农业文明、工业文明之后的一种新的更高层次的文明形态。生态文明不是抛弃工业文明、而是高于工业文明，是现代工业高度发展阶段而出现的产物，更是人与自然关系认识深化发展的结果，是人类摒弃了农业文明阶段不合理的土地利用方式和工业文明阶段以牺牲环境为代价的生产方式、生活方式和思维方式。美丽四川建设是生态文明全面融入四川经济、社会、文化、生活建设的全过程和各方面。总结四川绿色发展和生态文明建设的主要内容，主要有五个"坚持"。

（1）坚持实施主体功能区战略，构建科学合理发展空间格局。四川地形地理条件复杂，有平原、有丘陵、有山地、有高原，不同区域资源环境承载能力不同，必须明确差异化发展定位，实现经济效益、社会效益、生态效益的有机统一、同步提升。重点开发区域积极推进新型工业化城镇化，进一步提高产业和人口集聚度，优化土地利用结构，增加生活空间，拓展生态空间。农产品主产区严守农业空间和生态空间保护红线，继续限制大规模高强度开发，提高农产品生产能力。重点生态功能区以保护和修复生态环境、提供生态产品为首要任务，严控开发活动，着力建设国家公园，保护好珍稀濒危动物，保护好自然生态系统的原真性和完整性。通过统筹各类空间规划，实现生产空间集约高效、生活空间宜居适度、生态空间山清水秀。

（2）坚持开展绿化全川行动，增强自然生态系统服务功能。巴山蜀水只有在绿色装点下才会更加美丽。重点抓好若尔盖、川滇、秦巴、大小凉山等4大重点生态功能区建设，切实加强长江、金沙江、嘉陵江、岷江、沱江、雅砻江、涪江、渠江等8大流域生态保护，大力实施水土流失及石漠化治理、退耕还林还草等工程，构建"四区八带多点"的生态安全格局。着力构建新型绿色城镇体系，推进城乡总体规划、控制性详细规划与道路、绿地、广场、水系、排水防涝等相关专项规划"多规衔接"，科学布局城市群、城市内和城市周边绿地系统，积极推动城市湿地公园、山体公园和绿廊绿道建设，抓好海绵城市建设试点，保护好城市生态水系，让城市生活更加贴近生态自然。扎实推进幸福美丽新村建设，坚持"小规模、组团式、微田园、生态化"，全面推进山水田林路综合治理，实施农村环境整治行动，健全农村垃圾分类、收集、运输、处理机制，加强农村面源污染和河渠沟塘治理，做到"房前屋后、瓜果梨桃、鸟语花香"，展现美好田园风光。

（3）坚持打好污染防治攻坚战，不断提高生态环境质量。良好生态环境是最普惠的民生福祉。我们要全面打响大气、水、土壤污染防治"三大战役"，让老百姓呼吸上清新的空气、喝上干净的水、吃上放心的食物。落实"大气污染防治行动计划"，健全区域大气污染联防联控机制，促进企业进行脱硫脱硝改造，加快淘汰黄标车和老旧车，大力推广秸秆资源肥料化、燃料化、能源化等综合利用，有效减少工业废气、建筑扬尘、汽车尾气、秸秆焚烧等导致的雾霾污染，让四川的天空更蓝。落实"水污染防治行动计划"，推进涵养区、源头区等水源地环境整治，取缔小型造纸、制革等"十小"企业，集中整治农药、电镀等"十大"重点污染行业，推进重点小流域、城市黑臭水体等综合整治，让四川碧水长流。落实"土壤污染防治行动计划"，全面推行城镇生活垃圾分类收集和无害化处理，推进工业固体废弃物污染治理，强化重金属污染防控，让四川的环境更宜居。

（4）坚持发展绿色低碳循环经济，让经济增长与碧水蓝天相伴相随。绿色低碳循环发展，是当前科技革命和产业变革的方向，是最有前途的发展领域，也是四川推动转型升级的重要路径选择。必须着力把生态优势转化为经济优势，进一步从绿色端推进供给侧结构性改革，落实中美2+2《合作备忘录》，积极发展水电、风能、太阳能，打造国家重要的清洁能源基地。大力淘汰落后产能，加快推动传统制造业改造升级，做强节能环保装备、信息安全、新能源汽车等"五大高端成长型产业"和电子商务、现代物流、健康养老服务等"五大新兴先导型服务业"，加快发展生态有机农业和旅游产业，培育绿色发展新引擎。同时，探索建立碳排放权交易平台，加快建设西部碳排放权交易中心。

（5）坚持完善生态文明体制机制，推动绿色发展理念在四川落地生根。制度是行为的规范。我们要建立体现生态文明要求的考核评价体系，引导各地创造绿色GDP。完善资源有偿使用和生态补偿制度，实行能源消费强度和消费总量双控制度，建立自然灾害易发区调查评价、群测群防监测预警体系，强化监督问责。积极倡导绿色低碳生活方式，鼓励绿色消费、绿色出行、绿色居住，实行最严格的水资源管理制度和节约用地制度，切实增强全民环保意识、低碳意识、节约意识，推动绿色发展理念蔚然成风。

3. 主要经验与启示

（1）首次划定四条生态红线。2014 年 10 月 10 日，四川省林业厅印发《四川省林业推进生态文明建设规划纲要（2014—2020 年）》（以下简称《纲要》）。《纲要》阐释了林业在四川省生态文明建设中承担的职责，明确了构建五大体系的任务，给出划定四条生态红线、推进十大生态修复工程、实施十大行动的建设路径。

根据《纲要》，四川省林业将在四川生态文明建设中承担构建生态安全格局、保护自然生态系统安全、保障生态产品供给、助农增收、繁荣生态文化等五项职责，并将四川省林业生态文明建设布局划分为东部板块和西部板块，分别给出具体建设目标。《纲要》明确，到 2020 年，四川省长江上游生态屏障全面建成，并明确林地保有量等 23 项林业生态文明建设主要指标。届时，全省林业产值达到 3500 亿元。农民人均林业收入超过 1500 元。

《纲要》首次划定四川省林地和森林、湿地、沙区植被、物种 4 条生态红线。根据红线，全省林地面积不低于 2360 万 hm^2，森林面积不低于 1800 万 hm^2；湿地面积不少于 167 万 hm^2；治理和恢复植被的沙化土地面积不少于 88 万 hm^2；林业自然保护区面积不低于 726 万 hm^2，大熊猫栖息地面积不低于 177 万 hm^2，珍稀野生动植物种有效保护率不低于 95%。并提出，限制开发区域和生态脆弱区域建立生态破坏一票否决制和责任终身追究制。

（2）推出生态文明建设路线图。成都市生态文明先行示范区建设总体思路是，按照"五位一体"总体布局和生态文明建设总体部署，立足工业化转型期的特大型中心城市新型城镇化发展，以改革为动力，实现城市转型发展和体制机制创新的重大突破；以彰显蜀水生态文明精髓为核心，弘扬生态文化，塑造新型生态人格；以绿色、循环、低碳为基本途径，促进经济社会转型发展，奋力建设经济繁荣、环境优美、文明祥和、天人合一的现代化、国际化大都市，探索由"环境换增长"向"环境促增长"转变、由工业文明向生态文明跨超的发展模式。

在西部率先解决好平稳增长和加快转型的关系，引领西部地区城市转型发展。力争在政策法规制定、政府目标考核、干部政绩考核以及生态补偿机制等重点领域和关键环节率先探索、先行先试。传承都江堰蜀水文明精髓，着重从水资源保护和管理、水安全保障、水环境治理、水生态建设、水文化塑造等方面构建现代新型人、水和谐关系。

为了达成前述目标，成都提出七大主要任务：优化空间开发格局，建设生态宜居城市；加快产业转型升级，构建生态产业体系；推动资源集约高效利用，建设资源节约型社会；增强环境承载能力，建设环境友好型社会；倡导生态文明理念，塑造水生态文明典范；推进全面深化改革，创新生态文明体制机制；加强基础能力建设，构建全面支撑体系。

（三）黑龙江

1. 黑龙江概况

黑龙江位于中国东北部，是中国位置最北、纬度最高的省份，西起 121°11′，东至 135°05′，南起 43°26′，北至 53°33′，东西跨 14 个经度，南北跨 10 个纬度。北、东部与俄罗斯隔江相望，西部与内蒙古自治区相邻，南部与吉林省接壤。全省土地总面积 47.3 万 km² （含加格达奇和松岭区），居全国第 6 位。边境线长 2981.26km，是亚洲与太平洋地区陆路通往俄罗斯和欧洲大陆的重要通道，是中国沿边开放的重要窗口。

地貌特征为"五山一水一草三分田"。地势大致是西北、北部和东南部高，东北、西南部低，主要由山地、台地、平原和水面构成。西北部为东北-西南走向的大兴安岭山地，北部为西北-东南走向的小兴安岭山地，东南部为东北-西南走向的张广才岭、老爷岭、完达山脉。兴安山地与东部山地的山前为台地，东北部为三江平原（包括兴凯湖平原），西部是松嫩平原。黑龙江省山地海拔高度大多为 300～1000m，面积约占全省总面积的 58%；台地海拔高度为 200～350m，面积约占全省总面积的 14%；平原海拔高度为 50～200m，面积约占全省总面积的 28%。有黑龙江、松花江、乌苏里江、绥芬河等多条河流；有兴凯湖、镜泊湖、五大连池等众多湖泊。

黑龙江地处我国东北边陲，位于东北亚区域腹地，现已成为我国对俄罗斯及其他独联体国家开放的前沿。北部和东部隔黑龙江、乌苏里江与俄罗斯相望，西部与内蒙古自治区为邻，南部与吉林省连接。沿着黑龙江省与俄罗斯远东地区接壤的 2981km 边界线两侧，双方坐落着 20 余对对应城镇。这些对应城镇有的隔江相望、水陆相连，有的铁路相接、公路相通，使黑龙江省沿江、沿边、沿线对外开放的地缘优势得天独厚。早在 17 世纪，黑龙江省与俄罗斯远东地区的边民就开展了边境贸易。中华人民共和国成立后，特别是 20 世纪 50 年代，黑龙江与苏联在铁路、公路、河运、航空等运输方式上都有过通车、通航的往来。60 年代以后较长一个时期，黑龙江省对外只有一个绥芬河铁路货物交接口岸，承担着两国政府间贸易货物交接。改革开放以来，随着中俄经贸合作和边境旅游的蓬勃发展，黑龙江省获准对外开放的国家一类口岸，已由原来的 1 个增加到 25 个，成为我国对开放一类口岸最多的省份之一。其中，水运口岸 15 个（哈尔滨、佳木斯、桦川、绥滨、富锦、同江、抚远、饶河、萝北、嘉荫、逊克、孙吴、黑河、呼玛、漠河），公路口岸 4 个（东宁、绥芬河、密山、虎林），航空口岸 4 个（哈尔滨、齐齐哈尔、牡丹江、佳木斯），铁路口岸两个（绥芬河火车站、哈尔滨内陆港）。上述获准开放口岸现已开通使用 20 个，其余 5 个（孙吴、呼玛、桦川水运口岸及齐齐哈尔、佳木斯航空口岸）仍在筹备建设或报请国家验收之中。这些口岸星罗棋布在全省沿边 14 个市县和松花江、嫩江流域 6 个市县，构成了水陆空俱全和客货运兼有的口岸群体，在全国口岸对外开放总体格局中独具优势。

全省耕地面积 1594.1 万 hm^2，人均耕地面积 $0.416hm^2$，高于全国人均耕地水平。森林覆盖率 46.14%，森林面积 2097.7 万 hm^2，活立木总蓄积量 18.29 亿 m^3。天然湿地面积 556 万 hm^2，湿地面积居全国第 4 位，占全国天然湿地的 1/7，是丹顶鹤、东方白鹳等珍稀水禽的重要繁殖栖息地和迁徙停歇地。目前，全省已建成湿地类型自然保护区 87 处，其中国家级 23 处，省级 64 处，拥有扎龙、三江、洪河、兴凯湖、珍宝岛、七星河、南瓮河、东方红 8 处国际重要湿地；建立了 58 处国家湿地公园，其中国家级 41 处，省级 17 处。

图 4.12　黑龙江扎龙自然保护区

（资料来源：http://blog.sina.com.cn/s/blog_4e5917a301017ue9.html）

全省年平均水资源量 810 亿 m^3，其中地表水资源 686 亿 m^3，地下水资源 124 亿 m^3；境内江河湖泊众多，有黑龙江、乌苏里江、松花江、绥芬河四大水系，现有流域面积 $50km^2$ 及以上河流 2881 条，总长度为 9.21 万 km；现有常年水面面积 $1km^2$ 及以上湖泊 253 个，其中：淡水湖 241 个，咸水湖 12 个，水面总面积 $3037km^2$（不含跨国界湖泊境外面积）。主要湖泊有兴凯湖、镜泊湖、连环湖等湖泊。

在美丽生态指数评价中，黑龙江美丽生态指数为 52.48（表 4.10），全国排名第 3 位，排名前列。

表 4.10　黑龙江省的美丽生态建设指数

生态指数	资源指数	环境指数	景观指数	美丽生态指数	综合排名
46.290	49.350	67.220	46.070	52.480	第 3 位

2. 黑龙江省生态建设历程及主要做法

黑龙江省既是资源大省，也是农业大省，建立起了以资源为依托的产业格局和生产力布局。近年来，在国家的大力倡导下，黑龙江省虽然采取措施，加大了生态环境的保护和建设力度，但由于多年来对自然资源不合理的开发和利用，生态环境遭到了一定程度的破坏，并且成为经济社会协调、快速、持续发展的制约因素。为了解决这一问题，黑龙江省围绕环境保护、可持续发展、生态省建设等开展了一系列研究和实践。

1994年12月3日，黑龙江省第八届人民代表大会常务委员会第十二次会议通过了《黑龙江省环境保护条例》。《条例》不仅从环境监督管理、保护和改善环境、防治环境污染和其他公害几方面规定了环境保护的相关内容，而且详细规定了违反《条例》应负的法律责任，使环境执法有法可依，保证了环保工作的顺利进行。

从1996年开始，为配合"中华环保世纪行活动"，黑龙江省连续开展了"龙江环保世纪行"活动，每年确定一个关于环保的主题，集中开展宣传教育和执法检查。

1998年，黑龙江省公布了"绿色学校"评选条件。从组织管理工作、课堂环境教育、课外环境教育、环境教育效果几方面规定了"绿色学校"应达到的标准。虽然目前来看这一评选条件过于简单化，但在当时无疑具有重要的引导作用。这一年还开始实行天然林保护工程。"天保工程"实施十多年来，天然林成为野生动物的重要栖息地，也使野生动物生存环境得到改善，全省物种和生态系统的多样性得到了有效保护。据黑龙江省林业厅初步统计，近十年来全省自然保护区内鸟类物种数量有明显增加，其中丹顶鹤达到700余只，东方白鹳达到200余只，分别比2001年调查时增加了约200只和100只。

1999年，黑龙江省在可持续发展理念的指引下，从经济、社会、环境全局出发，认真审视省情，作出了创建生态省的重大战略决策。

2000年，黑龙江省成立了生态省建设领导小组，编制了《黑龙江省生态省建设规划纲要》。2001年，《黑龙江省生态省建设规划纲要》通过了由国家环保总局和省政府联合组织的专家论证并获省九届人大常委会第25次会议审议通过。2002年4月，省政府以正式文件的形式，将《黑龙江省生态省建设规划纲要》下发至全省各地市县人民政府及省直各单位。《纲要》规定黑龙江省生态省建设分三个阶段，第一阶段2001~2005年，为启动阶段，第二阶段2006~2015年，为推进阶段，第三阶段2016~2020年，为完善阶段。并制定了各阶段的目标。黑龙江省生态省建设的总目标是：经过20年奋斗，努力开创生产发展、生活富裕、生态良好的文明发展道路。建立起以先进适用技术和高新技术为支撑，以绿色产业和清洁生产为重点，具有较强科技创新和国内外市场竞争能力的生态经济体系；形成产业结构优化，经济布局合理，资源更新和环境承载能力不断提高，经济实力不断增强，集约、高效、持续、健康的社会-经济-自然复合生态系统。生态环境质量达到国内和国际同类型地区先进水平。60%的县（市）实现山川秀美、生态环境良性循环；80%的大中城市建成生态园林城市。经济社会总体发展水平跃居全国前列，把黑龙江省建成以绿色产业为主体的生态经济强省，进而达到自然和谐、地绿天蓝、物质丰富、生态文明，逐步实现可持续发展。

2001年，黑龙江省在全省范围内开始了"倡导绿色文明创建绿色家园"活动，成立了黑龙江省倡导绿色文明创建绿色家园指导委员会（简称"绿指委"），负责全省创建活动的计划、指导、协调、命名等工作。黑龙江省倡导绿色文明创建绿色家园指导委员会办公室（简称"绿指办"）负责创建工作的总体策划和具体实施工作。制定了《黑龙江省绿色家园创建工作管理办法》。《管理办法》规定，符合绿色家园创建要求，具备绿色家园创建条件，达到绿色家园创建标准，愿意接受指导和审核的单位和部门可向本地区"绿指办"申请参与绿色家园创建活动的相应称号。绿色家园创建称号不分省、市级别，全省统一按三个等级划分："参与创建单位"、"绿色单位"、"绿色单位标兵"。

2001年6月，黑龙江省人民政府发布了《黑龙江省人民政府关于进一步加强生态环境保护和建设的决定》。《决定》规定，新闻单位要充分发挥舆论宣传和监督作用，加大环境保护宣传力度，增强各级领导干部和广大人民群众环境保护意识。对各种破坏生态环境的违法行为要进行公开曝光，跟踪报道，震慑犯罪，警示社会。各级政府领导要把生态环境保护与建设工作纳入工作日程，实行一把手负总责制度。继续推行生态环境保护市（县）长和行业目标责任制，把本地、本行业的生态环境状况及工作情况作为考核领导人工作政绩的重要内容。对因决策失误造成重大生态环境问题，严重违反环境保护法律、法规或因监管不力造成生态环境破坏，不履行法定义务的，要追究当事人和领导者的行政及法律责任。

2002年4月20日，黑龙江省环保志愿者协会成立。协会成立之初就有团体会员182个，全省会员人数达15万人。环保志愿者协会本着"保护环境，志愿奉献"的精神，开展了一系列形式多样的环保宣传教育活动。宣传环保法律法规、普及环境科学文化知识，开展国际间的交流合作，支持社会公众以不同形式自愿参加环保行动，帮助广大志愿者搞好环保公益性活动，全面创建绿色家园。

2003年年底，黑龙江省政府下发了《关于开展全民环境教育工作的决定》，规定从2004～2010年，在全社会范围内，有组织地开展环境保护基本知识的普及教育，提出了全民环境教育的基本目标和主要任务。设立了"龙江环境卫士"荣誉称号。规定每年的"4·22"地球日为黑龙江省环境保护社会活动日，"6·5"世界环境日所在周为全省环境保护社会活动周。

2004年，黑龙江省制定了《黑龙江省老工业基地振兴总体规划》。《规划》将"加快生态省建设，提高可持续发展能力"作为黑龙江振兴老工业基地的战略重点和主要任务之一。要求重点实施大兴安岭天然林保护与森林恢复，松花江流域水污染综合防治，采煤沉陷区治理，三江平原湿地及其生物多样性保护，"三北"防护林四期、松嫩草原"三化"治理，黑土地流失综合防治，哈尔滨、大庆生态城市建设等一批环境综合整治工程。加强五大连池、丰林等各类自然保护区建设。

2005年，黑龙江省制定了《黑龙江省生态省建设"十一五"规划》和《黑龙江省环境保护"十一五"规划》，详细规定了"十一五"期间黑龙江省生态省建设和环境保护的重点领域、建设任务、重点工程、保障措施等。

2008年世界环境日期间，黑龙江省启动了绿色家庭主妇志愿宣传展示活动和环境教育进学校、进社区、进机关、进军营、进企业、进乡村"六进"活动并发放了《公民日常生活行为节能减排手册》。在全国首创的创建"绿色军营"活动，把"生态文明"理念和实践带到营区，在省内所有部队开展了绿色理念和环境保护意识的宣传教育。

《黑龙江省江河水质警戒规定》于 2009 年 5 月 1 日起实施。省内松花江水系和乌苏里江水系共 16 条河流被纳入警戒范围。这些河流上共设置 58 个监测断面。不同的警戒等级，与不同的问责相对应。

2014 年 4 月 1 日起，黑龙江省森工、大兴安岭林区全面停止商业采伐，实行封禁，强化生态保护，森林资源实现了森林面积、林木蓄积量和森林覆盖率恢复性的"三增长"，森林覆盖率达到 45.73%；实施湿地保护工程。实施省级湿地保护补助项目，为湿地自然保护区投入项目资金近 4 亿元，开展退耕还湿和湿地恢复面积约 10 000 hm²。利用中部引嫩等现有水利工程，为扎龙、连环湖等重要湿地补水，全省天然湿地面积达到 556 万 hm²，占全国湿地总面积的 1/7，38.8%的天然湿地纳入了保护范围。实施草原"三化"治理工程。治理"三化"草原 570 万亩，草原禁牧面积 192 万 hm²。实施水土保持工程。"十一五"以来，全省共完成水土流失综合防治面积 11598km²。在沙区实施了百万亩治沙造林工程，全省沙区完成治沙造林 9.2 万 hm²，沙化土地治理 22.13 万 hm²。实施自然保护区建设工程。加强自然保护区创建和提档升级工作，全省自然保护区总数达 248 个，其中国家级 36 个，数量居全国第一，省级 85 个，面积达 760 万 hm²。实施矿山生态保护工程。以"四大煤城"、砂金矿山过采区、"三线"、"两区"采矿生态环境破坏区为重点，对矿山地质环境进行综合治理。目前创建国家矿山公园 6 处、地质公园 21 处。环境保护工作不断加强，全力实施流域水污染防治规划，松花江水质明显改善，兴凯湖、镜泊湖列入国家良好生态湖泊试点；省辖城市饮用水源地水质达标率 100%。绿色（有机）食品产业不断发展壮大，寒地黑土的品牌效应逐渐显现；生态旅游产业呈现出持续、健康、快速发展的良好态势，成为全省区域经济发展新引擎；循环经济及生态工业园区建设工作进展顺利。这些重点生态环境工程的实施，对促进全省生态环境功能的改善和恢复发挥了积极作用。目前，全省已经建成 65 个国家级生态乡（镇）、16 个国家级生态村，1 个省级生态市，49 个省级生态县（市、区），703 个省级生态乡镇和 2650 个省级生态村。

总之，黑龙江省的生态文明建设源于生态环境保护，依托生态省建设和全民环境教育，取得了一定成绩，但也存在一些问题。

3. 经验与启示

（1）高度重视生态环境保护与建设，努力为经济社会的良性发展提供保障。生态环境是经济社会发展的基础，黑龙江省对生态环境保护工作高度重视，在全省经济社会发展全局中，把大小兴安岭生态功能区建设和生态环境保护建设工程作为"八大经济区"和"十大工程"战略的中心任务，进行重点推进。5 年来，完成造林 79.2 万 hm²，开展湿地恢复面积 7000hm²，治理"三化"草原 80 万 hm²，草原禁牧面积 190 万 hm²，完成水土流失治理面积 82.2 万 hm^2。截至目前，全省自然保护区总数达 215 个，其中国家级 27 个，居全国之首。在大小兴安岭生态功能区建设方面，采取了禁伐珍稀树种、强化生态保护、停止采金作业等措施，使森林资源得到保护、恢复和发展，实现了森林面积、林木蓄积量和森林覆盖率"三增长"。通过这些重点生态环境工程的实施，对促进黑龙江省生态环境功能的改善和恢复发挥了积极作用，良好的生态环境正在转化为服务全省经济社会发展的优势，成为黑龙江的重要品牌。

（2）高度重视发展生态经济和生态产业，努力提高全省经济发展质量。黑龙江省依托良好的生态环境优势，通过大力发展生态经济和生态型产业来优化产业结构，促进了经济增长方式的良性转变，为实现经济快速平稳增长起到积极作用。一是以绿色（有机）食品为主体生态农业进一步发展壮大。坚持实施"打绿色牌、走特色路"的发展战略，强化推进措施，促进了绿色食品产业又好又快地发展。全省绿色（有机）食品种植面积达到 407 万 hm^2，实现总产值 750 亿元，绿色（有机）食品农民人均纯收入达到 1100 元，占农民人均纯收入的 20%以上，成为推动地方经济增长和农民增收的支柱产业；二是生态旅游产业呈现出持续、健康、快速发展的良好态势，使其成为黑龙江省应对融危机带动区域经济发展新引擎；三是循环经济及生态工业园区建设工作进展顺利。实施了十大重点节能工程、循环经济和资源节约重大示范项目及重点工业污染治理工程项目建设，对改善环境、调整产业结构、拉动投资、促进经济发展起到了积极作用。

（3）高度重视环境保护工作，努力推动资源节约型环境友好型社会建设。一是松花江流域水污染防治取得重要进展。《松花江流域水污染防治规划》项目推进机制逐步完善，规划项目进展顺利。目前，黑龙江省列入《规划》的 116 个项目进展顺利，省辖城市已全部建成污水处理厂，实现了项目和指标双完成的成果。《规划》的实施促进了松花江水质的改善，干流生态环境明显恢复，鳄鱼和鳌花等稀有鱼类再现松花江中。二是节能减排工作扎实推进。实施了工程减排、管理减排、政策减排、结构减排、科技减排等一系列系统化措施，节能减排工作取得显著成效。共实施重点减排工程 400 余个，淘汰焦化、造纸、水泥等落后产能关停项目 416 个，化学需氧量和二氧化硫两项主要污染物超额完成减排目标；三是关系人民群众切身权益的环境民生问题得到维护。围绕人民群众最关心、最直接、最现实的环境问题，加大环境民生问题治理，人民群众饮用水安全得到有效保障。

（4）高度重视人居环境改善工作，努力维护环境民生权益。为创造良好的人居环境，把营造良好的城乡生态环境，改善人居环境质量，摆到的重要工作日程。一是全面启动"三供两治"工程（城市供水、供热、供气、污水治理和垃圾治理）。供水普及率达到 91%，城市燃气普及率达到 84%，城市集中供热普及率达到 59.4%，污水处理率达到 60%，垃圾无害化处理率达到 30%，成为优化人居环境、改善生活条件、提高城市综合承载能力的有力支撑；二是城市生态建设保持了良好的发展势头。全省各地创建园林城市为目标，强力推进了"五年绿化龙江大地"工程，城镇建成区新增绿地面积 1.26 万 hm^2，绿化覆盖率达到 36%以上，人均公园绿地面积达到 $12m^2$ 以上，为改善城市环境质量和面貌发挥了积极的作用。三是农村环境保护工作不断加强。组织实施了以提高农村生态环境质量为主要内容的农村环境保护"161"工程和农村环境环境整治，有效地解决了农村饮水安全难保障、生活污水难治理、生活垃圾难处置、畜禽污染难防治等突出环境问题，使一些农村的面貌发生了显著变化。

（5）高度重视基础创建工作，努力使生态文明理念深入人心。把环境优美乡镇和生态村建设作为创建工作的基础和细胞工程，采取有力措施，加大推进工作力度，不断加强生态城（镇）建设工作。截至目前，全省已建成国家级生态乡镇 38 个，各类生态建设示范区和试点总数达 345 个。树立了阿城区、富锦市、杜蒙县、肇东市、海林农场等一批"生态显优势，环保促发展"的先进典型。通过系列生态创建活动，使各级政府的生态文明理念不断深化，人民群众的环境保护意识不断提升，自然生态环境得到有效保护，区域经济得到稳步发展，有力地推动了新农村建设迅速发展。

（四）福建

1. 福建概况

福建位于我国东南沿海，东隔台湾海峡与台湾省相望。陆地平面形状似一斜长方形，东西最大间距约 480km，南北最大间距约 530km。全省大部分属中亚热带，闽东南部分地区属南亚热带。土地总面积 12.4 万 km^2，海域面积 13.6 万 km^2。陆地海岸线长达 3752km，位居全国第 2 位；海岸线曲折率 1∶7.01，居全国第 1 位。森林覆盖率也居全国首位。

境内峰岭耸峙，丘陵连绵，河谷、盆地穿插其间，山地、丘陵占全省总面积的 80%以上，素有"八山一水一分田"之称。地势总体上西北高东南低，横断面略呈马鞍形。因受新华夏构造的控制，在西部和中部形成北（北）东向斜贯全省的闽西大山带和闽中大山带。两大山带之间为互不贯通的河谷、盆地，东部沿海为丘陵、台地和滨海平原。

水系密布，河流众多，河网密度达 0.1km/km^2。全省河流除交溪（赛江）发源于浙江，汀江流入广东外，其余都发源于境内，并在本省入海，流域面积在 50km^2 以上的河流共有 683 条，其中流域面积在 5000km^2 以上的主要河流有闽江、九龙江、晋江、交溪、汀江 5 条。闽江为全省最大河流，全长 577km，多年平均径流量为 575.78 亿 m^3，流域面积 60992km^2，约占全省面积的一半。由于属山地性河流，河床比降较大，水利资源丰富，水利资源蕴藏量居华东地区首位。

陆地海岸线长达 3752km，以侵蚀海岸为主，堆积海岸为次，岸线十分曲折。潮间带滩涂面积约 20 万 hm^2，底质以泥、泥沙或沙泥为主。港湾众多，自北向南有沙埕港、三都澳、罗源湾、湄洲湾、厦门港和东山湾等六大深水港湾。岛屿星罗棋布，共有岛屿 1500 余个，平潭岛现为全省第一大岛，原有的厦门岛、东山岛等岛屿已筑有海堤与陆地相连而形成半岛。沿海地热梯度较大，地热资源丰富，具有开采价值的热水区域较多；

沿海风能资源丰富，可利用时数达 7000～8000h；沿海可利用潮汐发电的海水面积达 3000km²，潮汐能理论装机容量达 3425 万 kW，可开发装机容量 1033 万 kW，占全国的 49.2%，居首位。

福建山多海阔，山海兼容，优越的亚热带海洋性气候，多种多样的海岸类型，景色秀丽的岛屿，千姿百态的海蚀景观，加之沿海众多富有宗教、文化、军事、历史内涵的名胜古迹和新兴的港口城市，构成理想的观光度假胜地，其中有被列为国家重点风景名胜区的鼓浪屿、清源山、太姥山、海坛岛和国家旅游度假区的湄洲岛以及"海上绿洲"东山岛等。文化旅游资源灿烂多元，悠久的历史孕育了闽南文化、客家文化、妈祖文化、闽越文化、朱子文化、海丝文化等六大精品文化，以及茶文化等一批内涵深刻、特色鲜明的地域文化。宗教多元，佛教、道教、伊斯兰教等遗址广为分布，泉州有"世界宗教博物馆"之称，妈祖、陈靖姑、保生大帝、清水祖师等民间信仰在海峡两岸影响很大。闽剧、莆仙戏、梨园戏、高甲戏、芗剧等是福建五大地方剧种。此外还有 20 余种民间小戏分布于全省各地。

厦门、泉州获得国家生态市命名，福州、漳州、三明获得省级生态市命名，其中福州通过国家生态市考核验收；64 个县获得省级以上生态县命名，其中 32 个县获得国家生态县命名；519 个乡镇（街道）获得国家级生态乡镇（街道）命名。共建立各级自然保护区 93 个，其中国家级 17 个、省级 22 个，自然保护区总面积 45.5 万 hm²。有风景名胜区 53 处，其中国家级风景名胜区 18 处、省级 35 处，风景名胜区总面积 22.5 万 hm²，占全省土地面积的 1.85%。

图 4.13 福建客家土楼

（资料来源：http://www.dlep.com/news/201707/25/114534.html）

福建物产丰富，福州的脱胎漆器、寿山石雕、武夷山的大红袍和安溪铁观音等名茶，惠安的影雕，德化的瓷器，漳州的水仙花、中成药片仔癀，古田的食用菌，莆田的荔枝、龙眼等享誉海内外。闽菜是全国八大菜系之一，佛跳墙、鸡汤氽海蚌均为一绝。

在美丽生态指数评价中，福建美丽生态指数为46.09（表4.11），全国排名第7位，居于上游水平。

表4.11　福建省的美丽生态建设指数

生态指数	资源指数	环境指数	景观指数	美丽生态指数	综合排名
55.270	17.170	68.260	28.550	46.090	第7位

2. 福建省生态建设的主要做法

2000年，时任福建省长的习近平同志就前瞻性地提出建设生态省的总体构想，亲自指导编制和推动实施《福建生态省建设总体规划纲要》。十几年来，福建省坚持遵循这一理念，持之以恒实施生态省战略，在生态文明建设和体制创新方面作了一系列先行先试的有益探索，特别在集体林权制度改革、水土流失治理、山海协作、生态保护补偿等方面创造了一些典型经验，取得一定成效，2014年被国务院确定为全国首个生态文明先行示范区。在中央关怀支持下，经过全省人民不懈努力，到"十二五"末，福建全省森林覆盖率达66.95%，连续37年保持全国第一，12条主要河流Ⅰ～Ⅲ类水质比例94%，近岸海域水质达到或优于二类水质标准面积比例66.1%，9个设区城市空气质量全部达到或优于国家环境空气质量二级标准，达标天数比例比全国平均水平高出23.5%，成为水、大气、生态环境质量全优的省份。同时，全省万元GDP能耗、二氧化碳排放均比全国平均水平低近1/4，化学需氧量、氨氮、二氧化硫、氮氧物四项主要污染物总量排放强度均为全国一半。2016年中央作出加快推进文明建设和生态文明体制改革的决策部署后，福建省迅即贯彻落实，成立省生态文明建设领导小组，率先以省、市党政一把手之间签订责任书的方式建立"党政同责"的生态环境保护目标责任制，将"党政同责"传导到位，落实到位，通过改革进一步巩固和提升福建生态优势，将生态文明建设向纵深推进。福建省生态建设的主要措施有：

（1）开展生态省建设。生态问题结合福建的实际主要是开展了生态省的创建工作。2002年的福建提出生态省的建设，这在全国应该是提得比较早。当时习近平同志还在福建任省长，组织了课题组进行这方面的研究，到东北三省考察生态省的试点做法。东北生态省建设采取了很多措施，而且在生态建设方面理念比较新，对以前一些不符合客观规律的做法进行了反思。1998年松花江、嫩江发生洪涝灾害，过后组织专家去进行调研，发现传统的抗洪救灾思路行不通。过去一发生洪灾，就筑起大坝把洪水拦在草原之外，结果让宝贵的水资源白白流海里去了。松嫩平原本应该让洪水进来灌溉湿地，但当时不是这样，而是筑坝，结果是堤坝越筑越高，地下水越打越深，整个投资非常大。有一个县投资上亿元资金，结果养的鱼是金鱼，种的豆是金豆，如果把这些救灾的资金分给老百姓，什么事都不干，还比现在这样做要有效率。所以后来观念改变了，洪水没有被人为地阻挡在外面。东北调研回来后，围绕生态省建设进行研究，提出了相关思路，还提出了生态省建设的一套指标体系。福建省发改委又在这个基础上，进一步组织专家研究，编制了福建生态省建设规划，特别是生态功能区划。最后，福建省人大通过了生态省建设规划，内容丰富，例如六大体系的建设等。

（2）强化水流域环境的综合整治。主要以下有几个方面的内容：一是养殖业的污染整治。养殖是农民致富的重要路径，特别像龙岩一带，猪养得非常多，都在沿江处建猪圈。猪粪便的排放，是人的好几倍，对水质污染很严重。后来经过治理，猪圈集中到离水域较远的地方，并用了很多生物技术，圈养的猪粪便得到了生态处理。二是石板材行业的整治。之前很多乡镇企业把石板材作为一个很重要的产业来发展。石板材切割时的污染非常大，造成水污染非常严重，必须进行强有力的治理。曾经安溪的石板材全行业退出，等于损失了 10 亿元的产值，损失了 1 亿元的财政收入。但不整治不行，生态环境恶化。三是重点乡镇的生活污染治理，包括垃圾处理和污水的处理，特别是工业集中区的污水集中处理。

（3）加大环境污染治理的工作力度。福建省是全国第一个在全省范围治理餐桌污染的省份。从 2001 年始，治理"餐桌污染"连续 14 年被列入全省为民办实事项目，迄今已建立起一套有序且有效的治理机制，为全国推进食品安全监管工作积累了宝贵的经验。除了餐桌污染治理，福建在环境污染治理、节能减排方面也取得了很大的进展。截至 2013 年年底，福建已全面完成了国家下达的淘汰落后产能目标任务，其中铁合金、水泥、造纸、制革等行业淘汰落后产能均超过国家下达的目标任务。全省有 300 多家重点企业开展清洁生产审核，100 余个组织通过 ISO14000 环境质量体系认证，单位 GDP 能耗降至 0.783t（标准煤）/万元，居全国第 6 位。通过一系列污染整治、产业调整等举措，福建省生态环境得到明显改善。

（4）构建防灾减灾的体系建设。这是福建省生态建设中一个很有特色的地方，有十大防灾减灾体系建设。也是一步步健全起来的。开始只有五大、六大防灾体系，后来一直发展到十大防灾减灾体系。内容包括防洪防潮的体系、水资源的保障体系、气象洪水预警体系，还有防震救灾、地质灾害、海洋渔业等方面的体系。十大防灾减灾的体系建设，与福建是自然灾害多发地区有关，福建的自然灾害比较严重，在这方面抓得比较早。洪灾、台风比较多，降雨量太大，这在北方是不可想象的。

（5）加强城乡人居环境的建设。自 2010 年列入全国首批农村环境连片整治示范省份以来，持续推进农村环境综合整治，目前共完成 1382 个村庄整治任务，建成农村饮用水源地防护治理设施 585 套、农村生活污水处理设施 14 949 套、配套污水管网沟渠 1296km、垃圾转运站 234 座；购置转运车 3251 辆、垃圾箱 96254 个；建成畜禽养殖污染防治处理设施 7759 套。从 2010 年 8 月初开始实施五大战役，城建战役便是其中一个攻坚克难的主战场。紧紧抓住城市的薄弱环节，以街景改造、绿化美化、水环境整治、污水垃圾处理、改善城市交通为重点，精心组织、扎实推进。在原有设区市展开的基础上，扩大到了全省各市县。

（6）加强海洋环境保护。先后颁布了《福建省海洋环境保护条例》、《福建省海域使用管理条例》等地方性法规，建立了 15 个海洋自然保护区和海洋特别保护区，建立了 20 个海岛特别保护区，逐步建立了海洋保护区体系。批准实施闽江、九龙江、敖江流域水环境保护规划，综合整治"五江两溪"重点流域水环境。加大城市环境综合整治力度，出台一系列政策，推进了污水、垃圾处理产业化，生活垃圾无害化处理率明显提高；入海污染物排放总量快速增长的势头得到初步遏制。加强海洋环境调查研究，提高了海洋环境保护科技支撑能力。福建省海洋环境与渔业资源监测中心及沿海 6 个设区市海洋环境监测机构在 2007 年已经全部成立，并在全省海域布点设置了 2000 余个监测站位，全面开展海洋环境监测工作。加强海洋环境的基础调查和研究工作，为海洋环境保护提供了强有力的支持。

3. 经验与启示

（1）强调科学发展的理念。生态省建设把科学发展观作为重要的指导思想，坚定不移地贯穿到整个生态省建设中。福建生态文明建设与全国许多地方一样，都经历一个从误区、彷徨到科学的认识与实践过程。改革开放初期，到过晋江磁灶一带的人都会被林立的烟囱所吸引，也会被刺鼻的气味所呛到，当发展成为单一且终极目标时，资源、政策向它倾斜和集中似乎理所当然，掠夺式的发展理念，更将生态、环保、可持续丢到了爪哇国，可以说，当时的磁灶就是那个粗放发展时代的缩影。到 20 世纪 90 年代，武夷山所在的南平市出现了两种观念上的对立和争论，一种认为，要发展就必然牺牲环境和生态，发展应优于环境保护。另一种认为，南平是福建的后花园，优美的环境不能为经济发展所破坏，即使经济发展受到影响乃至滞后，也必须保持青山绿水。这种绝对化和非此即彼的发展观念，直到 2000 年习近平同志任福建省省长时提出生态省建设战略时才画上句号。当时福建明确提出，经济发展与生态建设不是对立的，两者是相辅相成的关系，发展促进生态建设，生态推动更快更好发展，将两者割裂是不科学的，其结果不是造成盲目发展所带来的环境破坏、资源枯竭，就是一味强调环境保护而罔顾发展所造成的经济落后、民生停滞。这种观念的改变是跨越式质的转变，十余年来，福建坚持这一科学发展轨迹，持之以恒推进生态建设，并逐步形成了经济社会发展与生态文明建设相互促进的良好局面。在此基础上，国务院《关于支持福建省深入实施生态省战略加快生态文明先行示范区建设若干意见》出台，则进一步标志着福建生态文明建设进入了更高层次发展，着眼于工业化、城镇化快速发展的需要，是实践中央提出的生态文明建设与经济、文化、社会建设高度融合的示范引领。

（2）发挥独特的地缘优势。2009 年，国务院发布了《关于支持福建省加快建设海峡西岸经济区的若干意见》，将"着力加强生态文明建设，提高可持续发展能力"作为总体要求的一个重要内容。将海峡西岸经济区定位为：两岸人民交流合作先行先试区域、服务周边地区发展新的对外开放综合通道、东部沿海地区先进制造业的重要基地和我国重要的自然和文化旅游中心。《意见》赋予福建对台先行先试政策，允许福建以中央对台工作总体方针政策为指导，在两岸综合性经济合作框架下，按照建立两岸人民交流合作先行区的要求，在对台经贸、航运、旅游、邮政、文化、教育等方面交流与合作中，采取更加灵活开放的政策，先行先试，取得经验。福建地处台湾海峡西岸，是对台交流的窗口。建设和谐安定、生态优美、环境友好的海峡西岸经济区，对于提高台湾同胞对祖国大陆的向心力有着重大的意义。

为贯彻落实国务院《关于支持福建省加快建设海峡西岸经济区的若干意见》，加强生态文明建设，推动海峡西岸经济区经济社会可持续发展，福建省颁布了《福建省人民代表大会常务委员会关于促进生态文明建设的决定》。《决定》明确规定要加强闽台交流与合作："建立与台湾相关行业协会、企业和科技园区的生态产业合作机制，引进台湾节能环保等先进技术，推进新能源、新材料、生物医药、节能环保等新兴产业对接。深化闽台农业合作，发挥海峡两岸农业合作试验区、现代林业合作实验区的窗口、示范和辐射作用。进一步拓宽闽台农业、林业、环保、旅游、科研开发等领域合作，鼓励和支持台湾同胞以独资、合资、合作等形式投资生态项目，参与生态文明建设。加强两岸科技人才信息交流，创造条件吸引台湾科研机构和科技人员来闽共建生态文明。"从《决定》这部分内容可以看出，福建省把对台合作放在了极其重要的位置，可以说在生态文明建设方面是一种全方位的合作。

（3）大力弘扬特色生态文化。福建省人均耕地低于世界平均水平，为了生存和发展，在历史的长河中，福建人民"下南洋"、"闯世界"，不断向世界各地发展，"闽南人"、"客家人"遍布世界各地。他们对祖籍福建怀着深深的眷恋之情，这种感情历经几代人仍经久不息。福建省在生态文明建设中，大力开发闽南文化、客家文化、妈祖文化等文化的生态内涵，发挥这些特色文化连接同胞感情的纽带作用。2007年1月1日，全国第一个"生态文明示范基地"在妈祖文化的发祥地湄洲岛正式授匾、揭碑。湄洲岛紧靠福建省的"黄金海岸"湄洲湾，地理位置优越，海陆交通便捷，自古以来就是闽台民间交往的桥头堡。近年来，湄洲岛不仅重视对自然生态、文化生态的保护，而且十分重视挖掘妈祖文化中具有的天然的生态文明成分。福建省以"优化生态环境，提升生态品位"为目标，充分利用湄洲岛现有的自然资源，坚持高标准规划，高质量建设，树立大园林、大绿化的理念，总投资近千万元，促进湄洲岛生态系统良性循环。此外，福建省充分发挥海峡西岸经济区自然和文化资源优势，增强武夷山、闽西南土楼、鼓浪屿等景区对两岸游客的吸引力，成为国际知名的旅游目的地和富有特色的自然文化旅游中心。

（4）坚持创新体制和机制。作为中国第一个生态文明先行示范区，福建正在展开多项先行先试活动，在加快推进生态文明建设，体制、法制、机制建设方面已初见成效。体制建设方面，早在2002年，福建省政府就成立了由习近平担任组长的"生态省"建设领导小组，加强对"生态省"建设的领导和协调。如今，福建已形成省、市、县三级管理，各地区各部门明确分工、上下联动，有力地保证了相关工作的落实。在法规制度建设方面，福建通过制定和完善生态建设地方性法规，依法推进生态建设。2002年初，习近平领导编制完成《福建生态省建设总体规划纲要》，明确福建未来20年内要建设的六大体系。2012年以来，福建出台《福建省"十二五"环境保护与生态建设专项规划》，还根据具体省情制定了《福建省排污许可证管理办法》（2014）等具有操作性的规范性文件，进一步推进生态治理与保护的法制化。在机制建设方面，福建充分利用市场机制作用，在全国率先开展集体林权制度改革，充分调动了武平各方面林业生态建设的积极性。截至2014年10月，全省林权登记发证率达98.95%、到户率达96.8%、参保率超过90%，各项数据均居全国前列。2003年起，福建九龙江流域率先启动生态补偿机制，并对海域资源有偿使用等市场机制建设逐步推进。福建还致力于健全生态建设考核机制，2010年起福建在全国率先推行环保"一岗双责"；2013年，实行按不同功能区考核的考核办法；2014年，福建省放弃对34个县市的GDP考核，进一步完善生态文明考核评价机制。福建生态建设成效卓然是和这一系列的体制、法制和机制建设分不开的。

（5）持续、准确、创新性的绿色财政支持和投入。从生态省建设构想提出，到水土流失治理、林权制度改革、生态补偿机制建立，福建生态文明建设可谓一任接一任，一年接一年持续扎实推进，这种咬定青山不放松的精神，是福建生态文明建设取得成效最为关键的因素，避免了朝令夕改、朝三暮四、前后不搭调的"任性"行为，始终按照科学发展方向着力、用功。国务院《意见》中所提出的"国土空间开发先导区，绿色循环低碳发展先行区，城乡人居建设示范区，生态文明制度创新区"四大战略定位，实际上是在总结经验、结合实际基础上进行的概括和提升，福建通过十余年的探索、实践，对生态文明建设的目标更为明确，措施更为有力，成效更为突出。固步自封走不出路子，因循守旧谈不上发展，在生态文明建设过程中，福建创造了许多的"率先"，率先建立流域生态补偿机制，率先实行集体林权制度改革，率先开展农村家园清洁行动，率先建立健全生态保护财力转移支付制度等，创新意识为福建的生态文明建设提供了发展的活力。注重通过资金的总量增加、结构调整等，筹措资金支持主体功能区规划落实；注重主动对接，争取国家给予更多、更好的生态建设政策和资金支持；注重建立激励机制，支持环保等相关部门完善指标体系建设，引入多元化投入机制，向管理要效益。

（五）江西

1. 江西概况

江西因公元733年唐玄宗设江南西道而得省名，又因为江西最大河流为赣江而得简称，是中国内陆省份之一。江西位于中国东南部，在长江中下游南岸，以山地、丘陵为主，地处中亚热带，季风气候显著，四季变化分明。境内水热条件差异较大，多年平均气温自北向南依次增高，南北温差约3℃。全省面积16.69万km²，总人口4592余万，辖11个设区市、100个县（市、区）。全省共有55个民族，其中汉族人口占99%以上。

少数民族中人口最多的为回族和苗族。

区位优越、交通便利。江西省地处中国东南偏中部长江中下游南岸，古称"吴头楚尾，粤户闽庭"，乃"形胜之区"，东邻浙江、福建，南连广东，西靠湖南，北毗湖北、安徽而共接长江。江西为长江三角洲、珠江三角洲和闽南三角地区的腹地，与上海、广州、厦门、南京、武汉、长沙、合肥等各重镇、港口的直线距离，大多为 600～700km。境内高速公路基本建成 6000km，出省主要通道全部高速化。京九线、浙赣线纵横贯穿全境。航空和水运便捷。

资源丰富、生态良好。江西 97.7%的面积属于长江流域，水资源比较丰富，河网密集，河流总长约 18 400km，有全国最大的淡水湖——鄱阳湖。已发现野生高等植物 5117种，野生脊椎动物 845 种。全省现有世界遗产地 5 处，世界文化与自然双遗产地 1 处，世界地质公园 4 处，国际重要湿地 1 处，国家级风景名胜区 14 处，林业自然保护区 186个（国家级 15 个），森林公园 180 个（国家级 46 个），湿地公园 84 处（国家级 28 处）。江西矿产资源丰富，已查明有资源储量的矿产有 9 大类 139 种，在全国居前 10 位的有81 种，有色金属、稀土和贵金属矿产优势明显，是亚洲超大型的铜工业基地之一，有"世界钨都""稀土王国""中国铜都""有色金属之乡"的美誉。

图 4.14　江西武夷山

（资料来源：http://blog.sina.com.cn/s/blog_8747dc8d01016wgt.html）

物产丰富、品种多样。景德镇的瓷器源远流长，以"白如玉、明如镜、薄如纸、声如磬"的特色闻名中外。樟树的四特酒，周恩来总理赞誉其"清、香、醇、纯"，四特酒由此而得名。遂川狗牯脑茶叶，曾获巴拿马国际食品博览会金奖。南丰蜜橘，历史上是皇室贡品。此外，还有庐山云雾茶、中华猕猴桃、赣南脐橙、南安板鸭、泰和乌鸡、江铃汽车、凤凰相机、金圣卷烟等，列入中国驰名商标的品种有 9 种。

名人辈出、文化璀璨。在中华文明的历史长河中，陶渊明、欧阳修、曾巩、王安石、朱熹、文天祥、宋应星、汤显祖、詹天佑等文学家、政治家、科学家若群星灿烂，光耀史册。红色文化闻名中外。井冈山是中国革命的摇篮，南昌是中国人民解放军的诞生地，瑞金是苏维埃中央政府成立的地方，安源是中国工人运动的策源地。第二次国内革命战争时期，江西籍有名有姓的革命烈士就有 25 万余人，占全国的 1/6，为中国革命胜利作出了重大贡献。

产业齐备、特色鲜明。江西农业在全国占有重要地位，是中华人民共和国成立以来全国两个从未间断向国家贡献粮食的省份之一。生态农业前景可喜，有机食品、绿色食品、无公害食品均位居全国前列。进入 21 世纪以来，江西大力实施以新型工业化为核心的发展战略，有色金属产业、电子信息、医药、汽车、航空、食品、纺织、光伏、锂电、钢铁、石化、建材等产业呈现了良好的发展势头。同时，江西还在大力发展旅游业，主要旅游景区可概括为"四大名山"——庐山、井冈山、三清山、龙虎山；"四大摇篮"——中国革命摇篮井冈山、人民军队摇篮南昌、人民共和国摇篮瑞金、中国工人运动摇篮安源；"四个千年"——千年瓷都景德镇、千年名楼滕王阁、千年书院白鹿洞书院、千年古寺东林寺；"六个一"——"一湖"（中国最大的淡水湖鄱阳湖）、"一村"（中国最美的乡村婺源）、"一海"（庐山西海）、"一峰"（龟峰）、"一道"（小平小道）、"一城"（共青城）。

在美丽生态指数评价中，江西美丽生态指数为 46.04（表 4.12），全国排名第 8 位，居于上游水平。

表 4.12　江西的美丽生态建设指数

生态指数	资源指数	环境指数	景观指数	美丽生态指数	综合排名
57.680	17.470	63.040	31.520	46.040	第 8 位

2. 江西生态建设的主要做法

打造美丽中国"江西样板"，举全省之力推进生态文明建设，取得积极成效。全省生态优势进一步巩固，森林覆盖率稳定在 63.1%，居全国前列，湿地保有量保持 91 万 hm^2；环境质量进一步提升，设区市城区空气质量优良率 86.2%，主要河流监测断面水质达标率 88.6%，均远高于全国平均水平；资源利用效率进一步提高，万元 GDP 能耗同比下降 4.9%左右；生态文明制度体系进一步健全，河长制、全流域生态补偿等制度取得重要突破，走在全国前列；在全国生态文明建设格局中的地位进一步提升，生态文明先行示范区上升为国家生态文明试验区。在保持生态环境质量巩固提升的同时，经济发展实现量质双升，主要经济指标增速保持在全国"第一方阵"，生态与经济发展更加协调，初步探索出一条具有江西特色的绿色发展新路子。着力推进以下 6 个方面工作：

（1）加强顶层设计，初步构建国家生态文明试验区建设总体格局。江西省列入首批三个国家生态文明试验区之一。按照"边申报、边推进、边落实"的原则，全面启动国家生态文明试验区建设。一是提升发展理念。把生态文明理念转变为全省上下的共同意志、共同行动。省第十四次党代会明确把建设国家生态文明试验区、打造美丽中国"江西样板"作为未来发展的总体要求；将生态文明目标体系纳入《江西省"十三五"规划纲要》，专门设立 18 项生态文明指标，占指标数的 45%，生态立省的战略格局更加鲜明。二是强化组织领导。基本构建了高层次、全方位统筹推进机制。省委发挥牵头抓总的重要作用，统揽全局；省人大加强立法，持续监督推进；省政府抓好谋划推进，统一组织实施；省政协以及各民主党派深入开展相关调研，积极建言献策；省直部门和市县建立"一把手"负责制，生态文明建设融入经济社会发展各领域和全过程。三是找准定位支点。集中力量编制完成国家生态文明试验区（江西）实施方案并上报国家。确立了"四区定位"，即打造山水林田湖综合治理样板区、中部地区绿色崛起试验区、生态环境保护管理制度创新区、生态扶贫共享发展示范区。围绕发展定位，切实强化生态文明建设五大支撑，即强化规划支撑，制定出台节水型社会建设、湿地保护、城镇污水处理设施建设、循环经济发展等10个专项规划。强化工程支撑，全面推进十大工程包60个重点工程建设，重点调度的100个生态文明项目进展顺利。强化政策支撑，出台水效领跑者引领行动计划、林业改革发展十条措施等21个政策文件。强化制度支撑，确定25个方面、156项具体制度创新任务，2016年已经启动45项。强化试点支撑，鼓励市县结合实际开展创新试验，新干水资源确权登记、余江农村宅基地流转、靖安河湖管理体制机制创新等30项试点积极推进。

（2）创新体制机制，加快构建生态文明制度"四梁八柱"。制度建设是生态文明建设的核心，也是中央设立国家生态文明试验区的出发点。对照中央生态文明体制改革任务，结合江西实际，提出了六大制度体系的基本框架，即构建山水林田湖系统保护与综合治理制度体系、构建最严格的环境保护与监管体系、构建促进绿色产业发展的制度体系、构建环境治理和生态保护市场体系、构建绿色共享共治制度体系、构建全过程的生态文明绩效考核和责任追究制度体系。同时，去年重点推进了12项制度建设，取得积极成效，初步形成了"源头严防、过程严管、后果严惩"的生态文明"四梁八柱"制度框架。一是建立健全"源头严防"制度体系。建立生态保护红线制度，划定保护范围5.52万km²，占全省国土面积的33.1%，成为全国第3个正式发布生态保护红线的省份。建立水资源红线制度，制订"十三五"水资源消耗总量和强度双控行动工作方案，下达全省水资源管理红线控制指标。建立土地资源红线制度，全面划定城市周边永久基本农田246万hm²，出台开发区节约集约利用土地考核办法。完善自然资源产权制度，启动水流、森林、山岭、荒地、滩涂等自然生态空间统一确权登记试点工作。健全空间管控制度，启动编制省域空间规划，6个市县"多规合一"试点形成成果；深入实施江西省主体功能区规划，推动26个国家重点生态功能区全面实行产业准入"负面清单"制度。二是建立健全"过程严管"制度体系。完善"河长制"，建立健全区域与流域相结合的5级河长组织体系和区域、流域、部门协作联动机制。完善全流域生态补偿制度，在全国率先实行全流域生态补偿，首批流域生态补偿资金20.91亿元全部下达到位；启动江西–广东东江跨流域生态保护补偿试点，国家和江西、广东两省每年安排补偿资金5亿元。完善环境管理与督察制度，推进流域水环境监测事权改革，上收流域断面水质自动监测事权，出台江西省环境保护督察方案，基本建立市县城乡生活垃圾一体化处理、一个部门管理、一个主体运营的新机制。完善生态文明市场导向制度，制定江西省主要污染物初始排污权核定与分配技术规范、排污权出让收入管理实施办法，基本完成萍乡山口岩水库省级水权交易试点，推进南昌、鹰潭环境污染第三方治理试点，江西省碳排放权交易中心获批成立。

三是建立健全"后果严惩"制度体系。完善考核评价机制，优化市县科学发展综合考核评价体系，进一步提高生态文明在考核中的权重。建立生态文明建设评价指标体系，并在南昌、赣州等地开展试点。探索自然资源资产负债表及离任审计制度，开展自然资源资产负债表试点并形成初步成果，出台江西省党政领导干部自然资源资产离任审计实施意见，完成萍乡等地试点审计。完善生态环境损害责任追究制度，出台江西省党政领导干部生态环境损害责任追究实施细则，建立精准追责机制。

（3）筑牢生态屏障，努力打造山水林田湖生命共同体。人的命脉在田，田的命脉在水，水的命脉在山，山的命脉在土，土的命脉在树，山水林田湖是一个生命共同体。把鄱阳湖流域作为山水林田湖一体的独立生态系统，在深入总结山江湖工程成功经验的基础上，着力恢复提升自然生态功能。一是突出系统治理，推进流域综合管控。尊重自然生态空间的完整性，着力推进"四个统一"，即统一规划，建立农、林、水、环保、国土、交通等相关规划衔接机制，做到干流与支流、岸上与岸下、城镇与乡村涉水环境管理与生态建设有机融合。统一监管，建成全省统一、覆盖市县的断面水质监测网络、河湖管理信息系统和河长即时通信平台，建立网格化管理协调机制和水质恶化倒查机制。统一执法，整合省直各部门涉及河湖保护管理行政执法职能，建立日常巡查、情况通报和责任落实制度，建立省级环境执法与环境司法衔接机制，在安远等地开展环境保护综合执法改革试点。统一行动，实施2016"清河行动"，开展工矿企业及工业聚集区水污染、城镇生活污水等十大整治专项行动，查找各类损害河湖水域环境问题934个，已全面完成整改，初步实现河畅、水清、岸绿、景美的目标。二是突出面上提升，实施生态修复工程。实施森林质量提升工程，完成造林面积14万 hm²，森林抚育37万 hm²，改造低产低效林10万 hm²。实施水土保持工程，综合治理水土流失面积1100km²以上。实施湿地保护工程，建立湿地总量管理、分级管控、占补平衡机制，湿地保有量连续5年保持稳定，湿地占国土面积比例达到5.5%。实施土地整治工程，完成土地整治1.3万 hm²。三是突出点上示范，着力推动样板创建。争取赣州列为国家山水林田湖生态保护修复四个试点地区之一，获得中央财政奖补资金20亿元，支持抚州市打造全省生态文明先行示范区，推动昌铜高速生态经济带发展，新增17个国家重点生态功能区，新创建两个国家级生态县，新确定16个省级生态文明示范县、60个省级生态文明示范基地。

（4）推动转型升级，积极探索绿色低碳循环发展路径。坚持把发展绿色产业、促进产业绿色化，作为促进经济发展与资源环境相协调的基本途径，不断提高经济发展质量、效益和水平。2016年，全省高新技术产业占工业增加值的比重达30%左右，服务业增加值占GDP的比重突破40%，绿色发展取得初步成效。一是做好产业发展"加减法"。在新动能培育上做"加法"，制定创新型省份建设实施意见，推动形成创新发展"1+3"政策体系，新增国家级创新平台和载体19个。出台中医药、大健康、通用航空等新兴产业发展意见或规划，航空、新型电子主营收入分别增长20%和25%以上。在传统动能改造上做"减法"，积极化解钢铁、煤炭过剩产能，退出粗钢产能433万 t、生铁产能50万 t，5年任务一年完成；关闭退出煤矿229处、退出煤炭产能1400万 t，提前超额完成年度任务。二是推进生态价值转化。围绕将生态优势转化为经济优势，着力促进生态资源资产化、生态资产资本化、生态资本价值化。积极盘活生态资产，推动第二批林权改革试点，全省累计流转山林 2572 万亩。加快生态资源与产业对接，实施绿色生态农业"十大行动"，创建 11 个国家级、66 个省级现代农业示范区，"三品一标"产品达 3321 个；推进"生态+旅游"，创建国家级生态旅游示范区 4 家、省级生态旅游示范区 8 家，全年旅游总人次和总收入分别增长 23.5%和 37.1%；推进"生态+大健康"，成功举办南昌"互联网+"国际大健康产业博览会，宜春中医养生、吉安休闲养生等一批重点基地初步建成。三是抓好循环经济发展和节能减排。成功争取南昌经开区列入国家园区循环化改造试点，吉安、丰城、樟树列为国家循环经济示范城市。将全省符合改造条件的燃煤电厂全部纳入超低排放和节能改造计划，推进有色金属、建材等 9 个行业 50 个重点节能技改示范项目建设，完成 309 家企业清洁生产改造。将采矿回采率、选矿回收率和资源综合利用率作为考核矿山企业的核心指标。

（5）回应人民关切，着力解决群众反映突出的环境问题。以中央环保督查问题整改为总抓手，着力解决涉及群众切身利益的突出环境问题，努力增加人民群众在生态文明建设中的获得感。一是狠抓中央环保督查问题整改。直面督查发现的问题，切实做到真认账、真反思、真整改，迅速制订出台整改落实方案，对反映的重大问题实行清单管理，做到"按期交账、定期查账、据实销账"，督察组交办的环境信访件已全部办结。同时，举一反三，切实加大环境执法力度，全省共立案处理环保案件 1765 起，批捕犯罪嫌疑人 296 人，提起公诉 1147 人，对 10 起重大破坏生态环境刑事犯罪案件予以挂牌督办。二是深入实施"净空"行动。全面完成 158 个重点行业大气污染限期治理项目，全省所有统调火电机组全部配套建设脱硫脱硝设施。基本完成钢铁、水泥行业脱硝设施建设，全面达到国家要求。淘汰黄标车及老旧车 8.18 万辆，超额完成国家下达任务。推进大气环境监测体系建设，建成省级和南昌、九江的空气质量预报预警体系。积极发展清洁能源，风电、光伏发电装机容量分别突破 140 万 kW 和 180 万 kW。出台江西省大气污染防治条例。三是深入实施"净水"行动。完成农村日供水 1000t（含）以上的饮用水水源保护区划定工作，所有集中式饮用水源地水质均达到国家标准。加强城市黑臭水体整治，排查出 26 个黑臭水体，完成整治项目两个、开工 15 个。新建改建城镇和工业园区各类污水管网 1535km，全省城市污水处理率达到 88%。四是深入实施"净土"行动。推进 7 个重点防控区重金属污染监测、治理与修复工程建设，完成整治项目 146 个，重点行业重金属污染物排放量连续三年下降。推广测土配方施肥，减少不合理化肥施用量 9.7 万 t。全面划分畜禽养殖禁养区、限养区和适养区，关停（搬迁）禁养区内畜禽养殖场 13 879 家。基本建成农村生活垃圾"户分类、村收集、乡转运、县处理"的处理体系，全省城镇生活垃圾无害化处理率达到 80.7%。

（6）推进共建共享，积极引导全省上下树立生态文明理念。始终把生态文明建设作为重要民生工程，健全教育宣传机制，培育生态环保意识，倡导绿色消费、低碳生活，初步形成生态文明理念广泛认同、生态文明建设广泛参与、生态文明成果广泛共享的良好局面。一是大力推进绿色惠民。着力实施生态扶贫工程，完成生态移民 9.6 万人；结合国有林场改革，推动 2 万伐木工转变为生态护林员；全面推进光伏扶贫，争取国家下达光伏扶贫计划 62 万 kW；争取江西列入全国网络扶贫试点，获得金融机构授信 200 亿元。加快建设绿色城市，开展城镇闲置及裸露土地排查和复绿工作，在全国率先实现国家园林城市设区市全覆盖，新增绿色建筑 600 万 m²。推进美丽村庄建设，实施"整洁美丽、和谐宜居"新农村建设行动，启动中心村布局选点和规划编制工作，乡村建设规划许可证发放率从 35% 提升至 60% 左右，新增一批全国宜居小镇、宜居村庄。二是大力弘扬绿色文化。举办世界绿色发展投资贸易博览会、中国鄱阳湖国际生态文化节、环鄱阳湖国际自行车大赛、节能宣传周、绿色家庭创建等主题活动，实施公交优先、"绿色出行"计划，大力推广新能源汽车，新投放新能源公交车超过 1000 辆，江铃汽车成为全国拥有新能源汽车牌照的 7 个企业之一。继续加快汽车充电桩建设，全省新建公用和专用充电桩 2200 根、充电站 30 座。三是大力引导绿色共建。进一步完善重大项目环境影响评价群众参与机制，推动环境敏感性项目"邻避"论证。完善环境保护信息公开制度，建立环境保护信息公开平台。推进生态环保项目与社会资本合作，重点推介抚河流域综合治理等 50 个生态文明 PPP 项目。在全省范围内开展"青春助转型"系列活动。

3. 经验与启示

江西省的生态文明建设或示范区创建具有明显的"后来者居上"性质，并且紧紧围绕着致力于绿色发展或"绿色崛起"而展开。概括地说，江西省近年来生态文明建设的主要经验有如下四个方面：

（1）积极推动符合生态文明要求的新型工业化与城镇化。江西省委、省政府提出，推进绿色发展与生态文明建设的关键或内核，是产业升级、发展升级，而新型工业化与城镇化是实现产业与发展升级的基本路径。基于此，江西近年来针对不同区域的资源特色、经济基础、产业影响力等禀赋条件，部署加快 60 个工业重点产业集群的发展，着力扶持新型光电、电子信息、生物医药等重点产业发展，积极发展汽车、大飞机等先进装备制造业，努力推动全省产业转型升级、提质增效。例如，基于南昌大学在 LED 技术研究上的创造性成果，江西正致力于打造"南昌光谷"，做大做强全省的 LED 产业集群，用"江西创造"来打造"江西制造"的制高点。

（2）强力推进生态环境综合整治。江西省近年来加紧划定生态红线、水资源红线和耕地红线，为绿色江西扎牢底线篱笆；深入开展"净水""净空""净土"行动，实施重点行业脱硫脱硝、除尘设施改造升级、机动车尾气污染防治三大工程；加快"五河一湖"环境整治、鄱阳湖流域水环境综合治理等工程建设和城镇污水处理厂建设完善，加强土壤污染源头综合整治特别是重点推进 7 个重点防控区试点示范工程建设。为此，江西创建了县（市、区）级以上三级"河长制"，由省委书记、省长分别担任省级正副"总河长"，7 位副省级领导分别担任五河及鄱阳湖、长江江西段的省级"河长"，在全国率先探索河流污染预防的长效机制。此外，江西省还在流域生态补偿、森林生态补偿、湿地生态补偿和矿产资源开发生态补偿机制方面进行制度创新，并强化对地方政府的生态文明建设成效考核奖惩。其结果是，2015 年，江西省森林覆盖率保持在 63.1%，设区市空气质量优良率（按日计算）在 90%左右，河流、湖泊的Ⅲ类以上水质断面达标率达 81%，生动展示了"环境就是民生、青山就是美丽、蓝天也是幸福"的朴素真理。

（3）大力发展生态农林业。江西省委、省政府明确提出，以绿色发展理念为指引，重新认识与定位当代农业，以"百县百园"（即每个县、市、区创办一个现代农业综合性示范园区）为平台，推动现代农业围绕品质与品牌的发展升级。到 2015 年，全省创建国家级现代农业示范区 11 个、省级现代农业示范区 66 个，绿色有机农产品总数 1248个，居全国前列；全省农村居民人均可支配收入为 11 139 元，连续 6 年高于城镇居民人均可支配收入增幅。在生态林果生产与销售方面，赣南已经成为脐橙种植面积世界最大、年产量全国第一的柑橘生产基地。2015 年，"赣南脐橙"以 657.84 亿元的品牌价值居中国初级农产品类地理标志产品第 1 名，果农人均脐橙收入达 7500 元；脐橙收入占赣州市农民人均纯收入的 12%，有 25 万种植户从中受益，直接带动 30 余万人脱贫。而相邻的吉安市也在采用类似策略打造自己的"井冈蜜柚"品牌，为新一轮扶贫开发和美丽乡村建设提供现代农业产业支撑。

（4）优先发展生态观光旅游业。江西将旅游产业提升到了前所未有的战略高度，把旅游作为推动经济增长的朝阳产业、发挥生态优势的低碳产业、促进区域开放的先导产业和建设全面小康的幸福产业来全力推进，大力实施旅游强省战略，努力打造"风景这边独好"的江西旅游品牌形象。如今，旅游已经成为江西绿色发展的第一窗口、第一名片和第一品牌。2015 年，江西共接待游客总数 3.85 亿人次，同比增加 23%，实现旅游总收入 3630 亿元，其中乡村旅游接待总数 1.9 亿人次，实现总收入 1800 亿元。

（六）贵州

1. 贵州概况

贵州地处中国西南腹地，与重庆、四川、湖南、云南、广西接壤，是西南交通枢纽。世界知名山地旅游目的地和山地旅游大省，全国首个国家级大数据综合试验区，国家生态文明试验区，内陆开放型经济试验区。

境内地势西高东低，自中部向北、东、南三面倾斜，全省地貌可概括分为：高原、山地、丘陵和盆地四种基本类型，高原山地居多，素有"八山一水一分田"之说，是全国唯一没有平原支撑的省份。其中 92.5%的面积为山地和丘陵。境内山脉众多，重峦叠嶂，绵延纵横，山高谷深。北部有大娄山，自西向东北斜贯北境，川黔要隘娄山关高1444m；中南部苗岭横亘，主峰雷公山高 2178m；东北境有武陵山，由湘蜿蜒入黔，主峰梵净山高 2572m；西部高耸乌蒙山，属此山脉的赫章县珠市乡韭菜坪海拔 2900.6m，为贵州境内最高点。而黔东南州的黎平县地坪乡水口河出省界处，海拔为147.8m，为境内最低点。贵州岩溶地貌发育非常典型。喀斯特地貌面积10 9084km²，占全省总面积的61.9%，境内岩溶分布范围广泛，形态类型齐全，地域分布明显，构成一种特殊的岩溶生态系统。属亚热带湿润季风气候，四季分明、春暖风和、雨量充沛、雨热同期。

图4.15　贵州万峰林

（资料来源：http://www.trxw.gov.cn/2017/0216/105496.shtml）

贵州河流处在长江和珠江两大水系上游交错地带，有69个县属长江防护林保护区范围，是长江、珠江上游地区的重要生态屏障。全省水系顺地势由西部、中部向北、东、南三面分流。苗岭是长江和珠江两流域的分水岭，以北属长江流域，流域面积11 5747km²，占全省面积的66.1%，主要河流有乌江、赤水河、清水江、洪州河、舞阳河、锦江、松桃河、松坎河、牛栏江、横江等。苗岭以南属珠江流域，流域面积60 420km²，占全省面积的35.0%，主要河流有南盘江、北盘江、红水河、都柳江、打狗河等。河流数量较多，长度在10km以上的河流有984条。河流的山区性特征明显，大多数的河流上游，河谷开阔，水流平缓，水量小；中游河谷束放相间，水流湍急；下游河谷深切狭窄，水量大，水力资源丰富。水能资源蕴藏量为1874.5万kW，居全国第6位，其中可开发量达1683.3万kW，占全国总量的4.4%，水位落差集中的河段多，开发条件优越。

复杂多样的生态环境，蕴藏着极为丰富的生物资源，生物多样性优势突出。栽培的粮食、油料、经济作物有30余种，水果品种400余种，可食用的野生淀粉植物、油脂植物、维生素植物主要种类500余种，天然优良牧草260余种，畜禽品种37个，有享誉国内外"地道药材"32种，是中国四大中药材区之一，也是茶叶的原产地。同时，高海拔气候特征使贵州整体具有冷凉性，昼夜温差大，有利于干物质等营养成分的积累，具备发展夏秋蔬菜等的独特优势；境内河流纵横交错，深度切割，地表落差大，对疫病传播阻隔有很大帮助，病虫灾害相对较少。生态环境良好，耕地、水源和大气受工业及城市"三废"污染较少，具有发展畜、蔬、茶、薯、果、药等特色产业的优势和潜力，贵州正在逐步形成全国重要的"菜篮子"生产基地。

截至 2014 年年末，贵州省已获批准的国家级生态文明建设示范区 67 个，已获批准的省级生态文明建设示范区 378 个。全省共有自然保护区 123 个，其中国家级自然保护区 9 个。全省森林覆盖率 49.0%。全年环保资金投入 86.56 亿元。新增污水处理厂处理能力 14.26 万 m^3/d，城市污水处理率上升到 86.87%。城市建成区绿地面积 2.96 万 hm^2。工业重复用水率 94.32%，比上年下降 0.9%；工业固体废弃物综合利用率 46.52%。化学需氧量排放量 32.72 万 t，二氧化硫排放量 90.25 万 t。

贵州旅游资源富集，是名副其实的自然风光"大公园"和民族文化"大观园"。目前，全省拥有 A 级旅游景区 143 家，其中国家 5A 级旅游景区 4 家（黄果树、龙宫、百里杜鹃、荔波樟江），4A 级旅游景区 60 家；世界自然遗产 3 个（荔波、赤水、施秉云台山），世界文化遗产地 1 个（遵义海龙屯），人类非物质文化遗产代表作名录 1 项（侗族大歌）；国家生态旅游示范区 4 个，国家级风景名胜区 18 个，国家级自然保护区 10 个，国家森林公园 25 个，世界地质公园 1 个（织金洞），国家地质公园 9 个，国家湿地公园 36 个，国家级水利风景区 26 个，国家级历史文化名城（镇、村）25 个，中国优秀旅游城市 7 个。

在美丽生态指数评价中，贵州美丽生态指数为 40.57（表 4.13），全国排名第 16 位，居于中上游水平。

表 4.13 贵州的美丽生态建设指数

生态指数	资源指数	环境指数	景观指数	美丽生态指数	综合排名
35.310	22.280	66.940	39.750	40.570	第 16 位

2. 贵州生态建设的主要做法

在生态文明建设的征程上，贵州有良好生态的先天优势，更有后天的执著探索。1986年，贵州省委、省政府制定了"人口–粮食–生态"的社会发展战略。1988 年，经国务院批准，建立了毕节"扶贫开发、生态建设"试验区，着力解决人口、生态与贫困的矛盾，对贫困地区如何科学发展、加快发展、协调发展进行了深入实践。20 世纪 90 年代，贵州确立了可持续发展战略，着力处理好人口、资源、环境的关系，并在中央的支持下，启动"两江"（长江和珠江）上游防护林建设工程和水土流失重点防治工程，并在"九五"期间，开始了脆弱喀斯特生态环境治理的研究工作。进入 21 世纪后，贵州抢抓西部大开发战略机遇，强力推进以退耕还林为重点的生态建设工程。"十五"期间，在国家发改委《关于进一步做好西南石山地区石漠化综合治理工作指导意见》的指导下，贵州省各科研院所和高等院校联合攻关，在全省范围为内强力推进石漠化综合防治研究，取得了一系列重大研究成果，建立了一系列石漠化综合防治模式并在实践中推广运用。2005年，贵州确立了"坚持生态立省和可持续发展战略"的方针，在加强生态环境建设和环境保护的同时，大力发展循环经济。2007年4月，贵州省第十次党代会在"生态立省"基础上，确立了"环境立省"战略，并将"保住青山绿水也是政绩"写入党代会报告，在大力推进生态农业、生态畜牧业、生态旅游业、循环经济和生物制药发展以及环境保护、节能减排、石漠化治理等方面相继出台了一系列政策，促进特色产业发展与生态环境建设的有机结合。2007年11月，在全国率先作出建设生态文明、努力实现生态现代化的战略决策。2008年，贵州78个喀斯特县正式启动石漠化综合治理工程，计划用45年时间，累计投入760.29亿元，完成石漠化综合防治面积333.45万hm²，综合治理面积367.72万hm²。2009～2013年，贵阳连续每年举办"生态文明贵阳会议"。2012年年初，国发2号文件将建设"两江"上游重要生态安全屏障作为贵州未来五大战略定位之一。同年4月，贵州省第十一次党代会把"必须坚持以生态文明理念引领经济社会发展，实现既提速发展又保持青山常在、碧水长流、蓝天常现"写入党代会报告。2013年7月，贵州省委成立了贵州省生态文明建设领导小组，统筹和领导全省生态文明建设工作。如今，贵州以生态文明理念引领经济社会发展，坚持"加速发展、加快转型、推动跨越"主基调，重点实施工业强省和城镇化带动战略，大力推动新型工业化、信息化、城镇化和农业现代化同步发展，努力打造全国生态文明先行区，把贵州建设成为"东方瑞士"，真正实现科学发展、后发赶超。多年来，在绿色低碳的世界发展潮流下，贵州结合实际，整合优势资源，加大生态文明建设力度，经过努力，全省经济在保持较快发展的同时，遏制生态恶化趋势，积累了许多成功的实践经验和做法，主要分为以下3个方面：

（1）生态文明试点示范创建。2000年，贵阳市就明确了循环经济的发展途径；2002年，国家环保总局确认贵阳为全国首个建设循环经济生态试点城市；2004年，联合国环境规划署确认贵阳为全球唯一的循环经济试点城市，同年贵阳市被国家林业局授予中国首个"国家森林城市"称号；2005年，贵阳入选联合国可持续发展试点城市。2007年，贵阳市委通过了《关于建设生态文明城市的决定》，开启了生态文明建设的新起点。2009年，贵阳被国家环保部列入全国生态文明建设试点。2011年贵阳市获得"全国文明城市"和"国家卫生城市"称号。2012年，国家发改委批复《贵阳市建设全国生态文明示范城市规划》。同年，贵阳市生态文明建设委员会正式成立，成立了生态保护审判庭、法庭、检察院和公安局，司法、管理体系进一步完善。2013年，出台了《贵阳市建设生态文明城市条例》《贵阳市创建生态文明建设试点实施方案（试行）》，形成了较为完备的生态文明行政、司法体制。

毕节是中国第一个"开发扶贫、生态建设"试验区，胡锦涛同志于1988年亲自推动建立。20余年来，试验区以"开发扶贫、生态建设、人口控制"为主题，逐步破解喀斯特贫困恶性循环怪圈，实现了经济社会又好又快发展。到2013年，全区生产总值达到1025亿元，是1988年23.40亿元的43倍多，年均增长均在两位数以上，高于全国、全省同期增幅；森林覆盖率达到44%，年均增长1%以上，先后被国家林业局命名为"全国林业生态建设示范区"、"全国石漠化防治示范区"、首批"国家林下经济示范基地"。试验区创造出来的"毕节模式"体现了科学发展的核心理念，已经成为全国生态文明建设的范例。

贵州省2007年建立黔东南生态文明建设试验区，旨在"走生态文明崛起的科学发展道路，实现经济社会发展历史性跨越"。试验区依据《贵州省黔东南州环境保护与生态建设规划（2008～2020年)》和《黔东南州生态文明建设试验区工作推进方案》开展了大量工作，明确提出了生态文明建设的系列目标，建立了包括环境保护、生态建设、生态产业、基础设施、单位能耗、空气质量、民生改善、文化发展等在内的指标体系。着力追求"生态现代化"，对现有的产业进行整合，提高产业集中度，逐步改变"大资源、小产业"状况，取得了较好的效果。

遵义"四在农家·美丽乡村"建设主要任务是：小康路、小康水、小康电、小康房、小康讯和小康寨6大基础设施建设行动计划，其内容涉及乡村公路，农村用水和用电、危房改造、通信、文化、体育、卫生、村庄综合整治等诸多方面。遵义市历时11年的"四在农家·美丽乡村"建设，已累计创建8884个示范点，覆盖232个乡镇1700余个村，受益人口占全市农民总数的85%。同时，遵义以"四在农家·美丽乡村"为平台，整合东部万顷茶海、西部三百里竹廊等八大生态农业产业，以及赤水河流域酱香白酒为代表的新型工业化绿色经济带，实现了"既要绿水青山、也要金山银山"的生态环境与经济社会协调发展。

（2）积极发展生态产业与循环经济。发展生态农业。在生态文明理念下的农业发展案例较多，如晴隆县以生态畜牧业实现了农民致富与石漠化生态恢复双赢，贞丰县的"顶坛模式"构建了典型石漠化地区发展经济与生态恢复重建的成功案例，都匀以生态茶叶产业促进了经济、生态效益最大化和人与自然和谐发展等。

发展生态旅游。一方面，全省生态观光游、节庆游、乡村游、文化游、休闲度假、森林旅游等多样化旅游体系正在形成。另一方面，融入浓郁文化元素的"五带"旅游产业布局正在形成，即：贵阳—遵义—赤水带，呈现革命历史文化、名酒文化与梭罗珍稀植物相结合的文化产业带；贵阳—安顺—黄果树带，形成集屯堡文化与喀斯特地貌景观、瀑布、湖泊于一体的文化产业带；贵阳—都匀—荔波带，形成水族风情文化和喀斯特原始森林生态旅游为重点的文化产业带；贵阳—凯里—黎、从、榕带，以苗侗风情、民族文化旅游为特色的文化产业带；贵阳—毕节—威宁带，形成夜郎文化与杜鹃花、草海高原湿地景观相结合的文化产业带。

发展循环经济。以瓮福集团国家首批循环经济试点企业和开阳县磷煤化工（国家）生态工业示范基地为代表，成功开发出一系列新的清洁生产工艺，通过建设循环经济产业链，探索了水资源循环利用、废气回收利用，从源头上减少排放量，提高资源综合利用率的新路子，为循环经济发展提供强有力的保障。

开展石漠化综合防治。贵州生态环境脆弱，水土流失较为严重，喀斯特石漠化问题突出。由于特殊的低纬度高海拔喀斯特地理条件，导致气象灾害和地质灾害时有发生。2000 年以来，贵州从省、市（州）到县（市、区）各级均编制了石漠化综合防治规划，并已有 78 个县（市、区）先后被纳入了中央财政投资的石漠化综合治理试点，各地因地制宜地探索了包括小流域综合，生态农业模式，退耕还林还草、林草结合的草、畜（禽）生产模式，草地畜牧业模式，坡耕地防治水土流失的坡改梯模式，生态移民与开发式扶贫模式，典型脆弱生态环境综合治理模式等，积累了众多实践经验和成功案例。目前，全省石漠化纵深发展的趋势基本得到全面遏制，"两江"上游生态屏障已基本建立。

贵州用实践证明，生态文明建设与经济发展并行不悖。2011～2013 年，贵州经济增速分别居全国第 3 位、第 2 位和第 1 位。贵州全省形成的共识是，只有努力在一个较长时期内保持快速发展，既要"赶"又要"转"，既提速又转型，同步提升经济效益、社会效益和生态效益，走出一条追赶型、调整型、跨越式、可持续的发展之路，才能确保 2020 年与全国同步实现小康。

（3）创新生态文明制度和体制机制。完善法律法规，依法保障生态文明建设的顺利开展。2013 年，贵阳市出台了全国首部生态文明建设地方性法规《贵阳市建设生态文明城市条例》，加快生态文明建设立法。近年来，贵州省制定了《贵州省生态文明建设促进条例》、《贵州省循环经济促进条例》、《贵州省清洁生产推进条例》、《贵州省资源综合利用条例》等一系列政策、法规和举措，从法律上保证生态文明建设有法可依，依法推进。

加强执法监管，严厉打击、查处各类破坏生态环境的违法行为。目前，贵州已在省级层面率先成立公、检、法、司配套的生态环境保护司法专门机构，在全国率先建立了职能集约、功能完善、衔接紧密、运转高效的生态环境保护执法司法体系。如：贵阳市开全国先河，成立了中级人民法院环境审判庭；贵州省率先在全国建立环保法庭和审判庭；贵州省高院在全省范围内实行生态环保案件集中管理模式，也属全国首创；贵州检察机关从机制上创新，在省市两级设立了生态环境检察机构，率先在全国开辟了生态司法的"绿色通道"。另外，大数据助力生态环境执法，为其提供了技术层面的保障。

完善生态补偿机制，建立良好的区域发展统筹体制。2009 年以来，贵州省着力实施流域水污染防治生态补偿机制，按照"谁开发，谁保护；谁破坏，谁恢复；谁受益，谁补偿；谁污染，谁付费"的原则，先后在清水江、红枫湖、赤水河、乌江等流域实施了生态补偿。截至 2015 年年底，补偿资金达到 2.5 亿元，有效调动了地方政府履行环境监管职责的积极性。六盘水市大力实施"绿色贵州"建设六盘水三年行动计划。2015 年市污水处理厂二期、水城河综合治理工程等生态建设项目加快推进，乡镇千人以上集中式饮用水源地水质、重点流域水质达标率均为 100%。

深化改革，创新体现生态文明建设要求的考核制度。生态文明建设，领导干部是关键。贵州省着力给领导干部戴上"紧箍咒"，装上"加速器"，2015 年，贵州省取消对部分贫困县的 GDP 考核，但增加了石漠化面积减少程度和森林覆盖率等"生态考核"指标权重。在全国率先探索开展领导干部自然资源资产离任审计，实施行政问责 22 人。在八大流域推行环境保护"河长制"，将流域水环境保护工作作为政绩考核重要内容。这些都是贵州省大胆探索实践，针对薄弱环节破解体制机制障碍的重大创新。

3. 经验与启示

贵州省探索出的资源能源富集、生态环境脆弱、生态区位重要、经济欠发达地区生态文明建设的有效模式，对我国其他地区生态文明建设有着很强的借鉴作用。

（1）深化生态文明体制改革，建立健全生态文明制度体系。从近年来的实践看，制度缺失尤其是法律不完善是很多地区生态文明建设的短板。建议加强领导干部自然资源资产离任审计为引擎的生态文明制度改革。通过对领导干部自然资源资产离任审计给官员戴上"紧箍咒"，促使其树立正确的政绩观，坚定不移地走绿色富区、绿色惠民的生态文明发展道路。健全政绩考核制度方面，建议取消生态脆弱地区的 GDP 考核，相应增加现代高效农业推进、旅游产业发展、生态环境保护的指标和权重；健全自然资源资产产权制度和用途管制制度，尽快编制自然资源资产负债表和加快自然资源资产产权制度改革步伐。拓宽生态补偿渠道，将受益企业更多纳入补偿主体。生态环境综合整治方面，建立部门联席会议制度，土地、水利、森林、矿产、审计、统计、环保等部门协同推进，形成改革合力。

（2）坚持以点带面，促进全面发展。针对全省生态环境的多样、复杂、脆弱性特点，贵州省在毕节地区深化"扶贫开发、生态建设"的实验，在黔东南州建设生态文明试验区，在贵阳市建设生态文明城市，以点带面，带动全省加快生态文明建设。国家林业局信息办赴贵州省贵阳市调研表明，自 2000 年起，贵阳市就开始探寻生态发展之路，积极推进生态文明建设，经过 14 年来的努力探索和快速发展，成为全国生态文明建设中的一颗明珠，形成生态文明建设的"贵阳模式"。

（3）加大生态保护力度，切实改善生态环境。习近平总书记"绿水青山就是金山银山"的科学论断，深刻揭示了生态环境也是生产力的内在属性。一些生态屏障和资源富集地区要加大对环境的保护、对绿色化发展的引导。要坚持山水林田湖生命共同体的理念，以草原、森林为主体，重点建设沙地防治区、沙漠防治区、草原保护与治理区、黄土高原丘陵沟壑水土保持区，建设山地生态防护屏障，加强湿地、自然保护区等禁止开发区域保护，实施重大生态治理和保护工程，筑牢我国北方重要生态安全屏障。

（4）推动绿色科技创新，强化生态人才支撑。生态产业是一个科技含量较高的领域，特别是对自然生态的挖掘利用，既要立足自身天然优势，更需要现代科技研究的支撑，才能实现可持续发展。要加快构建与生态文明建设相适应的技术创新体系，在生态修复治理、新能源、高效节能、先进环保、资源循环利用等特色优势领域，努力突破一批重大技术瓶颈，掌握一批关键核心技术。加强创新平台建设，强化企业技术创新主体地位，完善科技创新成果转化机制。建立健全人才使用激励机制，培养本地区生态文明"人才库"，加强生态文明建设急需专业人才引进，发挥高校院所科技人才的作用，建设相关领域人才"小高地"，为生态文明建设提供强有力的智力支撑。

（5）大力繁荣生态文化，提高全民生态文明意识。挖掘传统生态文化思想。传承与弘扬优秀传统文化，打造生态文化为主题的文艺精品。充分发挥文艺作品的传播效应，积极开展以宣传生态文化为主题的文学、影视、戏剧、书画、摄影、音乐等多种艺术创作，宣传倡导树立生态文明价值观，唤起公众的生态意识和生态正义，使公众自觉承担生态责任和生态义务，带动全社会生态文明意识提升。

（6）加强跨省区和国际合作，共建生态文明大格局。主动学习生态文明建设做得好的省份的成功经验，加强与毗邻省区在森林、草原、湿地、河流生态环境保护和防沙治沙、环境治理等方面的合作。加强同周边国家在森林草原病虫害防治和防火、生物多样性保护、动物疫情等领域的双边或多边合作。加强与国际社会在资源开发利用、生态环保产业、节能减排、应对气候变化等生态文明领域的对话交流，引进先进技术装备和管理经验，开展国际合作。

（七）海南

1. 海南概况

海南省位于中国最南端。北以琼州海峡与广东省划界，西隔北部湾与越南相对，东面和南面在南海中与菲律宾、文莱、印度尼西亚和马来西亚为邻。行政区域包括海南岛、西沙群岛、中沙群岛、南沙群岛的岛礁及其海域，是全国面积最大的省。全省陆地（主要包括海南岛和西沙、中沙、南沙群岛）总面积 3.54 万 km^2，海域面积约 200 万 km^2。

海南岛地处北纬 18°10′～20°10′，东经 108°37′～111°03′，岛屿轮廓形似一个椭圆形大雪梨，长轴呈东北至西南向，长约 290km，西北至东南宽约 180km，面积 3.39 万 km^2，是国内仅次于台湾岛的第二大岛。海岸线总长 1823km，有大小港湾 68 个，周围–5～–10m 的等深地区达 2330.55km^2，相当于陆地面积的 6.8%。西沙群岛和中沙群岛在海南岛东南面约 300n mile 的南海海面上。中沙群岛大部分淹没于水下，仅黄岩岛露出水面。西沙群岛有岛屿 22 座，陆地面积 8km^2，其中永兴岛最大（2.13 km^2）。南沙群岛位于南海的南部，是分布最广和暗礁、暗沙、暗滩最多的一组群岛，陆地面积仅 2 km^2，其中曾母暗沙是中国最南端的领土。

共建立生态系统、野生动植物、自然景观等自然保护区 49 个，总面积为 27 023km^2。其中国家级自然保护区 10 个，面积 1541km^2；省级自然保护区 22 个，面积 25 340km^2；市县级自然保护区 17 个，面积 142km^2。全省陆地自然保护区 40 个，海洋类型自然保护区 7 个，陆地和海洋综合自然保护区两个，自然保护区陆地面积共 2432km^2，占全省陆地面积约 6.94%。耕地面积为 7297.61km^2；森林覆盖率为 62.1%，全省国家级森林公园 9 处，面积 1176.82km^2；省级森林公园 17 处，面积 508.78km^2；市县级森林公园两处，面积 16.93km²。海南岛湿地总面积为 3200km²，其中自然湿地面积为 2420km²，占湿地总面积的 75.63%；人工湿地 780km²，占湿地总面积的 24.37%。目前海南省有 3 处国家级湿地公园，其中海南新盈红树林国家湿地公园（图 4.16）、南丽湖国家湿地公园为正式挂牌国家湿地公园；海南三亚东河国家湿地公园为试点国家湿地公园。

图 4.16　海南新盈红树林国家湿地公园

（资料来源：http://www.danzhou.gov.cn/dzgov/ywdt/jrdz/201708/t20170806_2388591.html）

2016 年全年造林绿化面积 1 万 hm²，比上年下降 24.8%。森林覆盖率 62.1%，比上年提高 0.1%。城市建成区绿化覆盖率 38.3%。年末全省有自然保护区 49 个，其中国家级 10 个，省级 22 个；自然保护区面积 270.23 万 hm²（含海洋保护区），其中国家级 15.41 万 hm²，省级 253.40 万 hm²。列入国家一级重点保护野生动物有 18 种，列入国家二级重点保护野生动物有 105 种；列入国家一级重点保护野生植物有 7 种，列入国家二级重点保护野生植物有 41 种。

全年创建文明生态村 822 个，全省总数达到 17 003 个，占全省自然村的 80.7%。新建小康环保示范村 73 个，累计达到 351 个。

空气质量总体优良，优良天数比例为 99.4%，比上年提高 1.5%；其中优级天数比例为 80.4%、良级天数比例为 19.0%，轻度污染天数比例为 0.56%，中度污染天数比例为 0.02%，重度污染天数比例为 0.02%。轻度污染和中度污染主要污染物为臭氧，其次为细颗粒物。全省二氧化硫、二氧化氮、可吸入颗粒物（PM10）、细颗粒物（PM2.5）年平均浓度分别为 5μg/m³、9μg/m³、31μg/m³、18μg/m³，臭氧特定百分位数平均浓度为 105μg/m³，一氧化碳特定百分位数平均浓度为 1.1mg/m³。全省各项污染物指标均达标，且远优于国家二级标准。

地表水环境质量总体优良，水质总体优良率（达到或好于Ⅲ类标准）为90.1%。全省91.8%河流断面、84.4%湖库点位水质符合或优于可作为集中式生活饮用水源地的国家地表水Ⅲ类标准，南渡江、昌化江、万泉河三大河流干流、主要大中型湖库及大多数中小河流的水质保持优良状态，但个别湖库和中小河流局部河段水质受到污染。开展监测的18个市县、28个城市（镇）集中式生活饮用水水源地水质达标率为96.4%，均符合国家集中式饮用水源地水质要求。

海南岛近岸海域水质总体为优，绝大部分近岸海域处于清洁状态，一类、二类海水占97.7%，98.6%的功能区测点符合水环境功能区管理目标的要求。洋浦经济开发区、东方工业园区和老城经济开发区三大重点工业区及20个主要滨海旅游区近岸海域水质总体优良，保持一类、二类海水水质。西沙群岛近岸海域水质为优，均为一类海水。

在美丽生态指数评价中，海南美丽生态指数为44.99（表4.14），全国排名第9位，居于上游水平。

表4.14 海南的美丽生态建设指数

生态指数	资源指数	环境指数	景观指数	美丽生态指数	综合排名
52.270	13.220	69.740	35.400	44.990	第9位

2. 生态建设的主要做法

海南地处中国最南端，风景秀丽，生态环境和自然资源禀赋得天独厚。良好的生态环境是其未来发展的核心竞争力，因此在推动经济发展过程中经受住了短期经济效益的诱惑，没有沿袭"先污染、后治理"发展的老路，相反，在全国率先提出生态省建设后，海南把保护生态环境当作突出政绩，注重经济发展与生态保护相协调，在不断探索道路和总结经验中找到了一条符合海南实际的科学发展之路，即生态建设之路、绿色崛起之路。

（1）以生态环境保护为核心，不断促进生态环境改善。为了有效解决经济发展过程中带来的环境破坏问题，海南省自1999年开启生态省建设之日起就确立了"不破坏环境、不污染环境、不搞低水平重复建设"三项发展原则，大力推进生态产业发展，努力实现经济发展与环境保护"双赢"。为了积极有序推进海南生态文明示范省建设，在切实加强国家和地方现有法律法规执行力度的同时，海南省先后制定并修订了《海南经济特区农药管理若干规定（2010年修订）》、《海南省自然保护区条例（2014年修订）》、《海南经济特区海岸带保护与开发管理规定（2013年）》、《海南省环境保护条例（2012修订）》、《海南省红树林保护规定（2011修订）》、《海南省珊瑚礁保护规定（2009年修订）》、《海南经济特区水条例（2010年修订）》、《海南省万泉河流域生态环境保护规定（2009年）》、《海南省大气污染防治行动计划实施细则（2014年）》、《海南省生态文明乡镇创建管理办法（2014年修订）》等地方法规。海南生态环境保护制度机制的不断完善，从根本上为海南绿色可持续发展提供了坚实保证。不仅如此，在机构设置上，2014年海南省还将国土资源厅更名为生态环境保护厅，以突出对生态环境保护的重视。

在历届海南省委、省政府高度重视下，在不断健全完善的生态环境保护法规制度的保障下，海南生态环境保护事业取得骄人成绩。从20世纪末开始，海南陆续启动了诸如造林绿化工程、椰林工程、节能减排工程、"美丽乡村"等生态建设项目，特别是从2011年开始，全省开展了声势浩大的"绿化宝岛行动"，加大植树造林力度，加快生态环境建设步伐，成效显著。1999年全省森林覆盖率为48.7%，到2015年年底时，已上升为62%，处于全国先进水平，提前完成了国家关于海南国际旅游岛建设战略的近期目标——2015年森林覆盖率达到60%。森林覆盖率每年增长1%的成绩来之不易，更加显示海南生态省建设的决心和魄力。

除植树造林本身所取得的突出成绩外，海南的空气质量、水环境质量等亦因生态环境建设有较大提升。据《2014年海南省环境状况公报》显示，2014年海南省环境质量保持优良态势，空气质量、水环境等各指标优良率均超过九成。其中，全年优良天数比例为98.92%。在当前全国多地遭遇重重"雾霾"的情况下，海南良好的空气环境质量显得尤其珍贵。在中国生态文明研究与促进会2015年发布的《中国省域生态文明状况试评价报告》综合指数评价中，海南位列前10名，生态环境领域得分海南居全国第1。这些成绩的取得，与海南省十几年如一日以生态环境保护为着力点、狠抓生态建设是分不开的。海南得天独厚的气候与生态资源优势，也必定会转化并加快催生除旅游产业外的更多的"金饭碗"。

（2）以文明生态村建设为载体，倾力打造生态人居环境。海南省农村人口占全省总人口的70%左右，高于全国平均水平，因此，农村的生态文明建设对海南而言就显得尤为关键。在提出生态省建设后不久，从2000年起，海南即着手在全省范围内大力开展了以"发展生态经济、建设生态环境、培育生态文化"为主要内容的文明生态村创建活动，并以此作为生态省建设的有效载体和重要内容。可以说，文明生态村创建活动是海南对社会主义新农村建设理论的独特贡献，是中国农村改革发展过程中的一大创举，它与生态省建设的理论实践一样，意义重大，影响深远，尤其对全国大力推进社会主义新农村建设具有积极的示范和引领作用。

海南生态文明村建设最鲜明的特征或最核心的地方是把人居环境建设与生态环境保护、发展生态经济等有机地结合起来，实现农村面貌的根本变化，2006年《海南省国民经济和社会发展第十一个五年规划纲要》中就明确提出"以文明生态村建设为综合创建载体，动员农民广泛参与，通过村道修建、绿化美化、推广沼气、垃圾集中处理、民房改造、改水改厕等工程，逐步创造良好的村庄周围环境、村内环境和家居环境"。通过深入推进文明生态村创建活动，截至目前，大部分村镇实施并完成了"一池三改五化"工程，许多市县还对村镇进行了重新规划和民房改造，使村镇人居环境更加生态、卫生、经济、美丽，基本实现了居住环境的现代化。除了乡村旧貌换新颜，更重要的是村民从中多重受惠。比如有的村因地制宜，围绕绿色种植业及生态养殖业，倾力打造出诸如"花梨村"、"黑猪村"、"鹅村"等靓丽的专业名村；有的结合人文历史、村貌环境等优势，打造出一批特色旅游村，如琼海美雅村、潭门镇、白沙罗帅村、琼中什寒村等。文明生态村的创建使群众得到了实实在在的、看得着的真利实惠，仅从经济效益来看，文明生态村人均收入就远高于非文明生态村，这也极大地激发了广大群众的积极性和主动性。

多年来，海南文明生态村建设的规模和影响不断扩大，截至 2014 年年底，全省已经累计建成 3 个国家级生态乡镇、1 个国家级生态村、23 个省级生态文明乡镇、225 个省级小康环保示范村和 15591 个文明生态村，其中 2014 年新建文明生态村 943 个，全省文明生态村占自然村总数 66.9%。全省城镇建成区绿化覆盖率为 38.46%，绿地率为 33.82%，人均公园绿地面积为 12.11m²。文明生态村创建工程是海南"美丽乡村"建设的核心内容和关键基础，在海南生态省建设过程中发挥了重要作用，一定程度上甚至可以说，它有力托起了海南生态省的建设。

（3）以发展生态产业为突破口，实现经济生态效益最大化。现代工业社会经济发展与环境保护往往是一对不可调和的矛盾体。如何不重蹈经济发展对生态环境带来破坏的"旧辙"，确实是对政府部门治理能力和管理水平的一种考验和挑战。长期以来，海南省牢牢抓住"保护与发展并举，经济与环境共赢"这一基本准绳，以发展生态产业为突破口，以优化经济结构、合理布局产业为主要战略，以实现"环境友好化、资源节约化、绿色高效化"为基本路径，走新型工业化和城镇化道路，努力实现海南科学发展和绿色崛起。

为了打造并保住生态省这块"金字招牌"，保护好青山绿水蓝天，2015 年 3 月 18 日，海南省委书记罗保铭在全省领导干部大会上再次强调："海南各级党委、政府一定要依法严守生态红线，突出生态环保的政绩考核，大力发展绿色、低碳、循环产业，保护好海南永续发展的'金饭碗'。"这不仅是海南未来产业发展的指导思想和重要遵循，实际上，这也是一贯以来海南在发展生态产业、构建绿色产业格局、实现经济生态效益最大化方面主要的做法和经验。事实上，早在 1996 年海南提出的"一省两地"产业战略亦是如此。总的来看，海南发展生态产业可以概括为三个方面：

第一，因地制宜，大力发展生态农业。生态农业最显著的特征在于它在追求高产、高效、优质的同时，还兼顾高值和低耗，也就是在加大产出之时还要注意生态环境保护和资源合理利用。纵观海南十几年生态文明建设的工作重点，海南在生态农业上的部署措施主要有：一是积极推广农业循环经济。循环经济即是遵循"资源-产品-再生资源"的发展模式，这与传统工业、农业的"资源-产品-废弃物"单线性发展模式截然不同。比如，在这种模式中，人、畜、禽所形成的废弃物可收集并产生沼气、沼液、沼渣等宝贵能源资源，沼气入户，而沼液、沼渣等又可当肥种植果树和热带作物。在这条生物链上，这种种养结合的循环模式对资源的消耗，与传统农业模式相比要少得多，经济效益也更加显著。二是大力发展热带高效特色农业。海南自身的资源条件决定了其农业发展必须以热带高效特色农业为重点。为此，海南除了加大力度种植并改良热带水果、蔬菜等常规农产品外，同时还紧紧依托无污染、无疫区等先天独特的环境优势，大力推进无公害瓜菜基地建设，不断拓展基地建设面积；积极推广集约化的生态养殖模式，加强禽畜标准化示范场和水产养殖示范场建设。2014年，海南新增认定20个无公害种植业生产基地，15个无公害畜禽生产基地。截至同年年底，海南已累计创建农业部禽畜标准化示范场53个，农业部水产养殖示范场37个。仅此一年，就完成了水产养殖池塘标准化改造1万亩的目标。除此之外，海南农村庭院经济也为农民创收、生态保护开辟了新的空间，为全国农村经济社会发展提供了实践范例。

第二，加强引导，科学发展生态工业。一是坚持生态优先发展理念。海南坚持"三不"原则不动摇，大力实施"大企业进入、大项目带动、高科技支撑"战略，同时对工业项目的"准入"设置了严格的"门槛"，对已有工业项目也加强了环境监控和责任追究。比如，在2013年开展清洁生产审核验收后，政府就关闭了17家橡胶加工厂、两家糖厂、两家砖厂、1家水产品加工厂、两家造纸厂、1台燃煤发电机组等防污减排不合格的低效高耗企业单位，并且对上百家污染源企业安装了自动监控系统，实时掌握相关情况。与此同时，政府还逐年推进华盛、华润水泥厂以及海口电厂、东方电厂等企业的脱硝和除尘设施改造。对于规定期限内未完成改造的也将严格追究责任。2015年，省政府开启了环境违法企业列入环境保护信用"黑名单"模式，重拳铁腕打击违法排污行为。二是合理布局工业。海南工业先天不足，却也给海南今天的工业发展科学规划提供了便利，少了许多障碍。因此，在工业布局上，海南不像内地一些城市遍地开花、杂乱无序，而是主要集中分布在大气扩散条件好、海水交换能力强、环境容量大的老城、金盘、洋浦、昌江、东方等西部工业区，在中部地区和东部地区则很少有大型工矿企业。这种集约型的工业发展模式可以使土地资源利用效益最大化、生态环境影响最小化。三是积极发展资源节约型、环境友好型的汽车、生物制药、炼油等新兴工业。

第三，紧抓机遇，着力发展生态旅游业。一是充分利用海南国际旅游岛战略之机遇，进一步拓宽海南旅游产业发展路径。海南素有"和谐之岛"、"生态之岛"、"健康之岛"、"休闲之岛"、"天然氧吧"的美誉，海南优美独特的热带自然风光早已名声在外，大批游客慕名而至。自国际旅游岛建设以来，海南在加强对森林"绿肺"保护的基础上，也逐步将生态文明建设和"国际旅游岛+"进行有机融合，在生态文明与国际旅游岛上大做文章，"使海南得天独厚的优良生态环境的价值得到更好的呈现"。二是合理构建"山海互动"、"村城结合"的旅游新格局。海南旅游资源丰富，不仅有宽广辽阔、海天一色的海洋之美，也有深藏于海岛腹地深幽如谜的热带雨林之美；既有旖旎清新、豪而不奢的城市风光，也有独具南国风韵、原始与现代并存的乡村美景。海南在旅游开发的过程中，也曾遭遇过失败，主要原因在于没有将各方面的因素、资源有机整合起来，单方面作战，尤其是中部山区没有很好地与滨海区连片统筹，这也直接导致全省旅游业的发展步伐过慢。经过冷静思考、改弦更张后，海南省委、省政府紧紧围绕国际旅游岛建设战略目标，于2011年正式出台了《关于加快发展海南热带森林旅游的决定》，以推动构建海南森林旅游和滨海旅游"山海互动"、"蓝绿结合"的旅游发展格局。比如呀诺达雨林风景区、槟榔谷文化旅游风景区等就较好地贯彻了这一战略构想。如今，海南滨海度假游不再"一枝独秀"，森林游、邮轮游艇游、乡村游等新型的旅游产业全面开花，尤其生态乡村游、休闲农业游颇受大众欢迎，成为海南旅游产业耀眼的亮点。三是积极倡导和鼓励低碳旅游。在全面盘大搞活旅游市场、促进当地经济快速发展的同时，海南省还采取了一系列积极举措，以保护珍贵的热带自然资源。如积极宣传文明低碳行为理念，倡导和鼓励民众旅游行为低碳化和生态化，逐步完善低碳旅游景区管理体系等，这一系列举措为海南旅游可持续发展提供了重要保证。

（4）以生态文化建设为抓手，不断强化干部群众生态环境保护意识。生态文化是生态文明建设的内在动力。在深入推进生态文明建设过程中，海南省始终坚持以科学发展观为指导，加大生态文化教育宣传力度，尤其注重加强干部群众的思想引导，进一步使文明生态观念深入人心，并逐步转化为干部群众自觉的行动，在全社会形成政府主导、公众参与生态文明建设的良好格局。

首先，端正领导干部的政绩观，引导各级领导干部重视生态文明建设。生态文明建设是当前政府一项重要的社会治理功能，是各级政府不可推卸的责任。政府要对生态治理中的企业、个人及其他民间团体等组织加强生态文明理念宣传教育，提升其环境保护意识，使局部利益与整体利益、眼前利益与长远利益相协调，不断促成实现生态文明社会，充分发挥好其服务职能。更重要的是，各级领导干部首先要切实增强生态建设理念，树立正确的政绩观，学习贯彻习近平总书记提出的"要看 GDP，但不能唯 GDP。GDP快速增长是政绩，生态保护和建设也是政绩……"，这是中国共产党人在新的历史时期对生态文明认识质的飞跃，对国家治理理念新的提升。为深入贯彻这一思想，在海南具体实践中，2014 年年初，海南省委六届五次全会修订完善了《海南省市县经济社会发展主要指标考核暂行办法》，该办法一方面降低了市县领导班子政绩考核 GDP 的权重；另一方面，把民生改善、生态效益等指标作为考核的重要内容。显而易见，新的干部政绩考核办法将有助于推动各级政府生态文明建设的常态化和制度化，避免过去运动式和应急式生态治理模式的短期效应。

其次，加大宣传教育工作力度，不断增强全民生态忧患意识和责任意识。多年来，海南省相关政府部门运用多种教育手段和媒介宣传渠道，在全社会广泛开展生态宣传教育，营造生态文明建设良好的社会氛围。一是宣传绿色健康的生产生活方式。通过大众媒体及活动载体等形式，积极宣传绿色消费、低碳消费理念，倡导节能环保、爱护生态、崇尚自然等价值观念，普及生态科学知识和生态法律法规知识，引导全民选择崇尚积极健康、生态友好型的生产、生活方式，将生态文明理念渗透到生产、生活各个领域和各个层面。二是积极推动生态文明教育进学校、进课堂。如 2011 年海口市教育局生态文明宣传教育工作方案就明确提出，全市各中小学校要建立健全生态文明宣传教育工作机制，制订生态文明建设教育工作计划，确保学校开设生态文明教育相关课程，开展学生生态文明教育相关教学实践活动。在大专院校（如海南大学）中不仅成立了环境与植物保护学院，培养环境保护类专门人才，而且通过举办各类学术会议、舞台艺术等形式，积极宣传倡导生态环境保护理念。由海南大学师生原创的舞蹈剧目《最后的黑冠猿》获得 2014 年全国大学生艺术展演活动一等奖，该舞蹈旨在唤醒人们生态环境保护意识，保护物种多样性，在大学生中产生了广泛反响。三是打造生态环境保护宣传教育基地。为持久、系统、全面开展生态环境保护宣传教育，提升公众环境保护意识，海南师范大学、热带农业科学院等科研教学单位结合学科发展实际，积极建立海南生物多样性博物馆、植物园等。四是大力宣传鹦哥岭自然保护区工作站青年团队等生态文明建设先进典型，通过榜样的力量，感染激励他人自觉保护生态环境，勇担生态保护责任，奉献环境保护事业。

（5）以完善生态补偿机制为手段，有效激发群众参与生态环境保护的积极性。为体现"谁受益，谁补偿"的基本原则和公共政策公平性基本价值，经济发达地区应为自身在经济社会发展过程中对生态环境的破坏或消费行为"买单"，对生态环境保护地区和保护者进行财力、智力、技术等补偿，以促进经济与环境之间、城市与乡村之间协调可持续发展。海南作为全国人民的"后花园"，生态资源非常丰富，在生态环境建设方面有着先天优势，尤其是琼中、乐东、五指山等中部山区还是国家级重要生态功能区，是水源涵养和生物多样性保护的关键区域。但是，我们也必须正视目前海南仍是中国经济欠发达地区的现状，特别是海南中部这些地区经济发展仍较落后，有些市县的贫困"帽子"还没有摘掉。这其中固然有历史原因，也有受制于发展条件等因素，但更多的是长期以来为维持地区生态总体平衡，支持促进沿海地区发展而不得不牺牲自己的产业发展良机。

为了偿还这些历史"欠账"，当前，中央及海南各级政府在要求当地继续呵护好这些"绿水青山"的同时，也积极探索建立和完善生态补偿机制，想方设法增加这些生态保护地区农民收入，促进当地经济社会发展，解决生态保护与生产发展的矛盾。其一，探索实施生态直补机制，使农民直接受益。从 2014 年开始，三亚、保亭、东方、昌江、五指山、白沙等市县开始试点实施生态直补。比如，《保亭县关于提高森林生态效益补偿促进农民增收的决定》就明确规定，从本年起对全县农村户籍人口实施森林生态效益补偿，直补标准从 2010 年每人每年 210 元提高到 300 元，并争取 2016 年时，直补资金翻番。其二，划定重点保护区，加大补偿力度。2011 年，三亚市政府将位于本市北部山区具有承担三亚大隆水库水源涵养、调节气候等诸多森林生态效益功能的育才镇抱安村作为森林生态补偿试点，补偿金也提高到每人每年 2 400 元，大大激发了农民履行保护森林资源职责的热情。特别是从 2008 年开始，财政部和环保部联合对国家重点生态功能区域实施转移支付，构建了国家与地方共同负责的生态保护补偿机制。2012 年 7 月，海南已将 90 万 hm^2 生态公益林全部纳入中央、省级财政森林生态效益补偿范围，实现了生态公益林补偿全覆盖。其三，探索横向生态补偿机制，调动"上游区域"生态保护的积极性。为加强"上游区域"水源生态保护，三亚市携手保亭县积极探索建立市县间横向生态补偿机制，并签订了水源地生态补偿协议。根据"谁受益，谁补偿"原则，三亚市对本市赤田水库饮用水水源地上游的保亭县南林乡和新政镇给予每年 300 万元补偿，以促进水源地加强生态环境保护。横向生态补偿机制也引起了国内其他省份的关注，并成为全国很多地区加强生态文明建设借鉴的范例。此外，海南一些市县还通过发展特色产业实现生态保护区农民增收。比如，三亚市充分利用抱安村这些生态区丰富的植被等自然环境资源优势，出资扶持农民蜜蜂养殖、南药种植等产业项目，进一步拓宽生态保护区农民增收渠道。

3. 经验与启示

海南省是全国第一个生态示范省，在生态文明建设方面取得了许多有益的经验，主要有：

（1）准确定位，发挥特色。海南省建省较晚，仍属于经济欠发达地区，基础较差，财政收入总量较小。面对全球性的生态环境危机，海南省逐步认识到优良的生态环境是自身最大的特色和优势。不仅在全国第一个提出建设生态省，而且适时提出了建设"国际旅游岛"的计划，得到了中央的支持，获得了大量的政策和资金扶持。

1999 年 2 月，海南省第二届人民代表大会从实施可持续发展战略、发挥海南环境优势、打造海南特色、加快和实现全省经济社会协调发展的大局出发，作出了建设生态省的决定。7 月，省二届人大八次会议审议通过了《海南生态省建设规划纲要》。2005 年省三届人大常委会会议通过《海南生态省建设规划纲要（2005 年修编）的决定》，提出海南生态省建设的主要内容有四方面：加快发展生态经济、开展环境保护和生态建设、创建具有海南特色的优美人居环境和推进生态文化建设。生态省建设的总体目标是：用 20 年左右的时间，在环境质量保持全国领先水平的同时，建立起发达的资源能源节约型生态经济体系，建成布局科学合理、设施配套完善、景观和谐优美的人居环境，形成浓厚的生态文化氛围，使海南成为具有全国一流生活质量、可持续发展能力进入全国先进行列的省份。

2005 年，海南省政府批准实施海南中部山区国家级生态功能保护区规划。2007 年，海南省委省政府决定，强力推进海防林的恢复建设。2007 年 4 月，海南省第五次党代会明确提出"坚持生态立省、开放强省、产业富省、实干兴省"的方针，把"生态立省"放到了经济社会发展战略的首位。明确提出了"绿色之岛、开放之岛、繁荣之岛、文明之岛、和谐之岛"的建设目标，把"绿色之岛"放到了经济社会发展目标的首位。

目前海南旅游业取得了长足的发展，已经成为国民经济的支柱产业和龙头产业，是最具特色与潜力的外向型产业。2008 年 4 月 25 日，海南省政府首次发布了《海南国际旅游岛建设行动计划》，欲发挥海南优势，打造国际旅游岛。2010 年 1 月 4 日，国务院发布《国务院关于推进海南国际旅游岛建设发展的若干意见》，6 月，国务院批准《海南国际旅游岛建设发展规划纲要》。海南国际旅游岛建设正式步入正轨。《意见》将海南战略定位为：我国旅游业改革创新的试验区、世界一流的海岛休闲度假旅游目的地、全国生态文明建设示范区、国际经济合作和文化交流的重要平台、南海资源开发和服务基地和国家热带现代农业基地。作为国家的重大战略部署，在 2020 年将海南初步建成世界一流海岛休闲度假旅游胜地,使之成为开放之岛、绿色之岛、文明之岛、和谐之岛。

与此同时,国家给予海南大量财政补贴和各种优惠政策。如:将海南作为全国生态补偿机制试点省,加大中央财政对海南的生态补偿力度,将9个山区市县列入国家生态功能区转移支付范围,将尖峰岭等7处国家级自然保护区列入国家生态补偿试点;在基础设施、生态建设、环境保护、扶贫开发和社会事业等方面安排中央预算内投资和其他有关中央专项投资时,赋予海南省西部大开发政策;按照国际旅游岛的总体要求,研究将海南省增列为《中西部地区外商投资优势产业目录》执行省份;中央财政加大对海南均衡性转移支付力度。同时在其他一般性转移支付和专项转移支付,特别是革命老区转移支付、边境地区转移支付等方面,加大对海南的支持;中央财政在一定时期内对海南国际旅游岛的建设发展给予专项补助等。建设国际旅游岛,首先要保证岛内环境的优美。伴随这些优惠政策的执行和海南国际旅游岛的不断发展,海南生态文明建设必将发展得越来越好。另外,境外旅客离境退税政策于2011年1月1日起正式在海南试点运行,而针对国人的"离岛免税"政策正在抓紧准备之中,相信不远的将来一定会实现。这一政策的实行必将极大地推进海南省生态旅游业的发展。

准确定位发挥特色是海南获得生态建设示范省及建设国际旅游岛发展机遇的决定因素。海南省看重的是"生态"这一品牌,沿着这条路不断发挥自己的特色,重点建设生态文明。随着时代的发展和自身的不断建设,又提出了建设国际旅游岛的计划,这一计划不但得到了中央的肯定,而且给予了资金、政策等各方面的支持。海南省在准确定位自己的同时,坚定自己的发展道路,从而获得了发展的机遇,这一点值得其他省份借鉴。相信海南的经济在不久的将来,一定会迎头赶上,超过一些内陆省份。

(2)行动迅速,保障有力。发展目标确立后,最重要的就是制度的保障,没有相关制度的保障,发展目标往往会流于形式,难以实现。2010年1月4日,国务院发布《国务院关于推进海南国际旅游岛建设发展的若干意见》,将建设全国第一个"生态文明示范区"作为海南国际旅游岛发展的一个战略目标,为实现这一目标,海南省行动迅速,积极建立健全相关法规推进建设工作。2010年12月1日,海南省颁布了《海南生态省建设工作考核办法(试行)》及评分标准。规定市、县生态省建设工作考核按照评分标准进行,评分满分为100分,使考核结果得以量化。2011年1月14日,经海南省四届人大常委会第十九次会议二次审议,一次性通过了《海南国际旅游岛建设发展条例》、《海南经济特区旅行社管理规定》、《海南经济特区导游人员管理规定》、《海南经济特区旅游景区景点管理规定》和《海南经济特区旅游价格管理规定》五项关于旅游的地方立法。这五项法规对海南合理开发和利用旅游资源,扼制旅游景区重复建设,加强旅游服务设施配套,规范旅游商品经营管理,提升旅游服务质量等作了较为全面和详细的规定。2011年,海南还将对酒店、旅游车、餐饮业等行业管理进行立法。通过法律规范的形式将国际旅游岛的建设上升为全省人民的共同意志,对促进旅游业的健康有序发展,塑造海南整体形象具有积极意义。这些地方法规的相继出台是国际旅游岛建设的根本保障。

(3)自下而上,覆盖面广。在生态文明建设过程中,海南省充分发挥普通群众参与

美丽生态：理论探索指数评价与发展战略

的积极性，自下而上，以创建"文明生态村"为基础，做实了生态文明建设的细胞工程。2000年以来，海南省在全省范围有组织地开展了以"优化生态环境、发展生态经济、培养生态文化"为主要内容的文明生态村创建活动，把生态环境、生态经济、生态文化建设融为一体，调动了广大人民群众建设生态文明的热情。2008年，全省文明生态村总数就已经达到7380个，约占全省自然村总数的1/3。同时，在以文明生态村为载体的新农村建设中，广大农村通过改水改厕用上了沼气，结束了烧灌木、烧煤的历史。既改善了人民生活的条件，也保护了生态环境。

第五章

美丽生态建设战略对策

资源约束趋紧、环境污染严重、生态系统退化是当前我国社会经济面临的严峻形势。虽然生态文明建设涉及诸多方面，但我国生态文明建设的起因是应对生态危机、环境危机和资源危机，目的是实现生态安全、环境良好和资源永续。所以，生态建设也就与环境保护、资源节约一起，构成了生态文明建设的三大主题。生态安全是生态文明建设的三大目标之一，在生态文明建设的三大目标中，环境良好和资源永续是生态文明建设的直接目标，生态安全则是其基础和保障。生态建设在生态文明建设中，乃至对于人类的生存与发展而言，都具有基础性和根本性地位：生态建设是生态文明建设的治本之策，是保障国土安全的关键所在，是优化国土空间开发格局的基本手段，是关系美丽中国和中华民族永续发展的百年大计，也是我国树立良好国际形象的必然选择。

一、美丽生态建设战略思路

根据我国生态环境建设"成就明显，局部改善；基础薄弱，形势严峻"的现状，按照我国"五位一体"总体布局和"两个一百年"奋斗目标的战略需求，经认真研究，美丽生态建设的总体思路可以概括为：以建设生态文明为总目标，以满足全面小康、现代化建设和人们不断增长的生态需求为宗旨，深入实施生态兴国战略，大力构建生态安全体系，努力建设美丽中国，走向生态文明新时代。

坚持生态优先，突出生态保护。把生态建设放在生态文明建设的首位，融入经济建设、政治建设、文化建设、社会建设各方面和全过程。把生态保护成效作为考核各级政府生态文明建设的重要指标，确保如期实现生态文明建设目标。

坚持优化布局，强化生态修复。划定生态红线，严格保护森林、湿地、草原、荒漠植被等各类生态用地，明确生态空间的功能定位、目标任务和管理措施，优化生态空间布局。实施重大生态修复工程，全面提升森林、湿地、荒漠、草原等生态系统生态服务功能，强化城镇生态系统建设。

坚持改善民生，推动绿色发展。把改善民生作为重要任务，加快绿色发展步伐，发展绿色富民产业，提升绿色经济发展水平，创造更丰富的生态产品，促进绿色消费，实现产业生态化和生态产业化，改善人居环境及生产生活条件，促进社会就业，维护国家资源、能源安全，积极应对气候变化。

坚持深化改革，实施创新战略。改革生态建设体制机制，激发生态建设活力。提高科技创新能力，加强科技成果转化应用，强化信息技术等高新技术普及，创新方式方法，推动转型升级，充分发挥科技在推进生态建设中的引领、带动和示范作用。

二、美丽生态建设战略目标

生态文明就是要实现人口资源环境生态的均衡发展，保证人民能够喝上洁净的水，呼吸洁净的空气，在山清水秀的生态空间中享受宜居适度的美好生活空间，实现人与自然的和谐相处（图 5.1）。历史的教训告诉我们，一个国家、一个民族的崛起必须有良好的自然生态作保障。随着生态问题的日趋严峻，生存与生态从来没有像今天这样联系紧密。大力推进生态文明建设，实现人与自然和谐发展，已成为中华民族伟大复兴的基本支撑和根本保障。随着我国经济快速发展，资源约束趋紧、环境污染严重、生态系统退化以及经济发展不平衡、不协调、不可持续的问题凸显，要求我们必须树立尊重自然、顺应自然、保护自然的生态文明理念，把生态文明建设贯穿到经济、政治、文化、社会建设的各方面和全过程，大力保护和修复自然生态系统，建立科学合理的生态补偿机制，

图 5.1　人与自然和谐相处（林逸摄）

形成节约资源和保护生态环境的空间格局、产业结构、生产方式、生活方式，从源头上扭转生态环境恶化的趋势。随着人们生活质量的不断提升，人们不仅期待安居、乐业、增收，更期待天蓝、地绿、水净；不仅期待殷实富庶的幸福生活，更期待山清水秀的美好家园。

中国共产党第十八次全国代表大会提出了生态文明建设的总目标："资源节约型、环境友好型社会建设取得重大进展。主体功能区布局基本形成，资源循环利用体系初步建立。单位国内生产总值能源消耗和 CO_2 排放大幅下降，主要污染物排放总量显著减少。森林覆盖率提高，生态系统稳定性增强，人居生态环境明显改善。形成节约资源和保护生态环境的空间格局、产业结构、生产方式、生活方式。"美丽生态建设的阶段性目标可以做如下规划。

（一）近期目标

到 2020 年，基本形成资源节约型、环境友好型和生态安全型的发展格局。以生态红线为约束的国土生态安全格局基本形成；绿色生产、适度消费、循环利用、高效节约的经济结构、社会结构和发展方式基本形成，单位国内生产总值能耗明显下降、主要污染物排放总量与强度大幅下降；以节能减排、清洁生产、清洁能源为标志的国民经济体系初步形成；生态环境质量明显改善，生态文明理念在全社会牢固树立。

生态建设的主要指标有：森林覆盖率达到 23%以上，森林蓄积量达到 160 亿 m^3 以上，森林植被碳储量达到 88 亿 t；湿地保有量达到 54 万 km^2 以上，自然湿地保护率达到 55%；沙化土地治理面积新增 1000 万 km^2，可治理沙化土地治理率达到 50%以上；草原退化得到基本遏制，"三化"草原治理率达到 55%以上，草牧场防护林带控制率达到 85%；农田林网控制率达到 90%，村屯建成区绿化覆盖率达到 25%；城市人均公园绿地 15m^2，城市建成区绿化覆盖率达到 45%；自然保护区占国土总面积的 15%以上，濒危动植物种和典型生态系统类型保护率达到 95%。

资源节约的主要指标有：单位 GDP 能耗比 2005 年降低 40%～60%；能源消费总量控制在 45 亿 t 标准煤；优化能源结构，非化石能源消费比例提高到近 20%。

环境治理的主要指标：主要污染物排放总量显著减少，CO_2 排放强度比 2005 年下降 45%～50%；城乡饮用水水源地环境安全得到有效保障，水质大幅提高；重金属污染得到有效控制，持久性有机污染物、危险化学品、危险废物等污染防治成效明显；城镇环境基础设施建设和运行水平得到提升；环境恶化趋势得到扭转；核与辐射安全的监管能力明显增强，核能与核技术利用的安全水平进一步提高；环境监管体系得到健全。

（二）中期目标

到 2035 年，基本形成经济社会发展与自然和谐共进的格局，资源能源利用效率、环境质量达到发达国家平均水平。国土空间开发格局日益优化，生产空间集约高效、生活空间宜居适度、生态空间山清水秀；节约环保的国民经济体系基本形成，经济增长与资源消耗和环境污染实现"脱钩"；生态环境质量全面改善，生态系统服务功能显著增强；90%以上天然湿地得到有效保护，森林覆盖率达到26%以上。

（三）远期目标

到2050年，经济社会发展与自然和谐共进，国土生态安全体系全面建成，生态系统实现良性循环，生态文明水平达到建成富强民主文明和谐的社会主义现代化国家的要求，实现美丽中国的愿景。单位能量消耗和资源消耗所创造的价值在2000年基础上提高10~12倍；生态环境质量超出世界平均水平；全国森林、野生动物等类型自然保护区总数达到2600个左右，占国土面积的16%；所有的典型生态系统类型都得到良好保护，物种安全得到维护；森林覆盖率达到30%左右。

三、美丽生态建设战略关系

美丽生态建设过程是社会各领域、各子系统和各要素、各层次和各部门、各主体和各客体等相互间及内部的相互作用、相互影响而协同推进的过程。因此，美丽生态建设需要通过化解矛盾、平衡利益、规范过程、完善制度等途径和方式，正确处理上述系统、要素之间的相互关系，具体而言，就是要处理好以下8个方面的关系。

（一）人与自然的关系

人与自然关系反映的是人类文明发展与自然演化之间的相互作用。人与自然的关系问题，是一个自从人类诞生起就存在的永恒话题。人类的生存发展依赖于自然，同时也影响着自然的结构、功能与演化过程（图5.2）。人与自然的关系体现在两个方面，一是人类对自然的影响与作用，包括从自然界索取资源与空间，享受生态系统提供的服务功能，向生态环境排放废弃物；二是自然对人类的影响与反作用，包括资源生态环境对人类生存发展的制约，自然灾害、环境污染与生态退化对人类的负面影响。人类社会的发展变迁就是在认识、利用、理解、改造和适应自然的过程中不断发展的，人与自然关系的历史演变经历一个从和谐到对立，再到新的和谐的螺旋式上升发展过程。

随着时代的发展，社会的进步，人与自然的关系在不同的时代都有其代表性的问题。当代社会的几个热点，如生态问题、环境问题、可持续发展问题，都是人与自然的关系在现代的一种体现。自然生态环境被污染、生态系统被破坏、自然资源遭到过度开采，已经成为当代社会不可回避的问题，如何有效解决这些问题也成为当代人处理人与自然

图 5.2　人与自然和谐统一（林逸摄）

之间关系的核心。辩证唯物主义和历史唯物主义的世界观和方法论对人与自然关系的探讨，为我们处理二者之间的关系提供了指导。

　　根据马克思关于人与自然关系的观点，人与自然的关系应是和谐共处、相互促进、共同发展的关系，它们之间既是矛盾和冲突的，也是相互联系和统一的，关键在于人类如何正确处理与自然的矛盾和冲突，在不破坏或少破坏自然的原则下寻求人类与自然的共同发展与进步。进入近代，人与自然关系的不和谐问题，如森林面积减少、草原生态系统退化、水土流失、土地荒漠化、空气污染、物种消失、资源短缺等，归根结底是人对自然的影响超过了自然可承受的限度或自我恢复的能力。马克思主义认为，人与自然的关系是对立统一的。我们不能单纯地认为人与自然之间是对立的，也不能盲目地认为二者是统一的，必须辩证地看待二者的关系，树立正确的哲学观，从对立与统一的角度出发，研究人与自然的关系。人与自然的统一，其原因在于人类是来源于自然的，人类是自然界的成员之一，人类生活于自然界当中，属于自然、依靠自然，人离开自然界无法生存；人与自然的对立，其原因在于人类虽然来自于自然界，但是却产生了自我意识，有了思想，可以从主观上影响甚至改造自然界，从这个层面讲，人与自然又是对立的。人与自然的对立仅仅是指人类对自然界的利用和改造，而不是人类中心主义价值观中的人为主体，对自然界可以起到支配的作用。人与自然的统一是指人与自然的相互依赖，人类离开了自然界就无法生存，而自然界离开了人类，其存在将变得没有意义。

（二）生态与环境的关系

　　生态就是指一切生物的生存状态，以及生物与环境之间的关系。生态最初是研究生物个体，后涉及的范畴也越来越广，人们常常用"生态"来定义许多美好的事物，如健康的、美的、和谐的等事物均可冠以"生态"修饰。生态系统指由生物群落与无机环境构成的统一整体。生态系统分为自然生态系统和人工生态系统。生态系统的范围可大可小，相互交错，最大的生态系统是生物圈；最为复杂的生态系统是热带雨林生态系统，人类主要生活在以城市和农田为主的人工生态系统中。生态系统是开放系统，为了维系自身的稳定，生态系统需要不断输入能量。

环境与生态，内涵不同，"生态"强调生物有机体与环境的关系，"环境"强调与主体相对的客体。环境是相对于某一主体而言，是指围绕着某一主体并对该事物会产生某些影响的所有外界事物，即环境是指相对并相关于主体的周围事物。人类环境习惯上分为自然环境和社会环境。自然环境亦称地理环境，是指环绕于人类周围的自然界，包括大气、水、土壤、生物和各种矿物资源等。自然环境是人类赖以生存和发展的物质基础。在自然地理学上，通常把这些构成自然环境总体的因素，分别划分为大气圈、水圈、生物圈、土圈和岩石圈等5个自然圈。社会环境是指人类在自然环境的基础上，为不断提高物质和精神生活水平，通过长期有计划、有目的的发展，逐步创造和建立起来的人工环境，如城市、农村、工矿区等。社会环境的发展和演替，受自然规律、经济规律以及社会规律的支配和制约，其质量是人类物质文明建设和精神文明建设的标志之一。

通常，生态与环境的关系，主要是指相对于人的生存与发展而言，生态主要是指自然生态系统，即自然生态环境，而环境主要指对人类产生直接或间接影响的自然环境和社会环境。生态破坏主要指自然生态系统的破坏影响到人的生存和发展，如森林、草原、湿地、海洋等生态系统的结构和功能的丧失或退化。环境破坏主要是自然环境因素的破坏（如大气、水、土壤等）。所以，我们既要保护好生态，不断改善森林、湿地、荒漠、草原等生态系统，也要保护好环境，防止废水、废气、废物污染。

（三）速度与质量的关系

速度与质量相统一，是社会经济发展的基本要求。速度解决的是量的问题，以要素积累来实现。质量解决的是效率问题，以结构优化来实现，通过要素生产率来体现。速度与质量相互依存，质量的提高是建立在速度的基础上，没有质量的速度不可能持续发展。实现速度与效益相统一，增长方式要从要素驱动型转向创新驱动型，必须进行结构调整，实现又好又快的发展。

处理好速度与质量的关系，从宏观上讲，就是要做到以提高经济效益为中心，实现于国于民有切实好处的较高速度，而不要那种一味扩大建设规模、片面追求产值的高速度。加快发展速度，应该建立在"提高质量、优化结构、增进效益"的基础上。讲效益、讲速度、讲质量，核心是讲质量。因为质量既是效益的前提，也是速度的前提。不讲质量、没有效益的速度，对发展不仅无益，而且有害。

处理速度与质量的关系，要真正转变发展观念，要调整利益格局，促进市场主体逐利行为相对合理化。针对企业为追求利益最大化而进行粗放式盲目扩张的倾向，要深化资源性产品价格改革，建立、完善灵活反映市场供求关系、资源稀缺程度和生态环境损害成本的资源性产品价格形成机制，积极推进生态环境保护收费制度改革，建立健全污染者付费制度，提高排污费征收率，以促进企业节约资源和保护生态环境。还要通过财政税收政策的调整，从利益机制上鼓励企业进行技术改造和技术创新，淘汰落后生产力，采用新技术、新工艺，引导新兴产业和弱势产业发展。同时，对国有企业的投资行为要加以规范，国有资本要从一般竞争性领域退出，向关系国家安全和国民经济命脉的重要行业和关键领域集中，以利于遏制那些产能已过剩行业的盲目扩张和低水平重复建设。加快转变政府职能，改进政府绩效考评机制和考评指标体系。各级政府要强化其社会管理和公共服务职能，减少对微观经济活动的干预，将更多精力用在搞好社会管理、提供公共服务上来。同时，彻底改变以 GDP 总量和增长速度为主的政绩考核标准，建立科学合理的政府绩效评估指标体系。不仅考核增长数量，更要考核增长质量，还要考核经济与社会的协调、社会事业与公共服务的进步、居民生活水平和质量、社会公平、人的全面发展等。

（四）生产与消费的关系

在社会大生产和再生产过程中，生产和消费相辅相成。建设美丽生态，更好处理好二者之间的关系，注意生产和消费的辩证统一。

首先，生产也是消费，消费也是生产。在生产过程中，既要消耗劳动者的体力和脑力，又要消耗原料、材料、机器、设备、厂房等各种生产资料，这种劳动力和生产资料的消费，包括在生产之中，称为生产的消费，它区别于生活意义上的消费，因此，这种生产本身就是消费。在劳动者生活消费的过程中，劳动者通过消费各种生活资料，使其体力和脑力得到保持和恢复，从而使在生产过程中消费掉的劳动力再生产出来（它有别于物质资料的再生产）。因此，这种消费本身也就是生产。生产和消费既互相排斥，又互相联结，存在着对立统一的关系。

其次，生产和消费每一方都表现为对方的手段，以对方为中介。消费中介生产，一是因为产品只是在消费中才能成为现实的产品。二是因为消费创造出新的生产的需要，也就是创造出生产的观念上的内在动机，后者是生产的前提，没有需要就没有生产。三是由于生产通过它起初当作对象生产出来的产品在消费者身上引起需要。

最后，生产和消费每一方都为对方提供对象，都由于自己的实现才创造对方。消费完成生产行为只是由于消费使产品最后完成其为产品，只是由于消费把它消灭，把它的独立的物体形式消耗掉，只是由于消费使得在最初生产行为中发展起来的素质通过反复的需要上升为熟练技巧，所以消费不仅是使产品成为产品的终结行为，而且也是使生产者成为生产者的终结行为。

（五）公平与效率的关系

从人类社会的发展历程来看，公平与效率似乎是一对矛盾。效率的提高要以牺牲公平为代价，更多的公平也会损坏效率。公平与效率的统一协调一直是人类追求的理想，这意味着社会可以创造更多的物质财富，与此同时，也能有效地避免两极分化，贫富差距，减少社会不安定因素。

关于效率与公平的关系，改革开放以来，讲的是"效率优先，兼顾公平"，基于我国生产力水平还不够高，必须坚持效率优先，但是再分配要更加注重公平。社会公平是衡量人类进步的一个重要尺度，是一个国家和民族具有道德感召力、凝聚力的道义源泉，是一个政权具有执政合法性的重要依据。当前，我国改革进入了深水区，社会结构变动，利益表达突出，社会矛盾突出，收入差距过大。为了保持社会的和谐稳定，必须更加注重公平，将收入差距控制在合理、群众可以接受的范围之内。在分配结果上绝对的公平是不现实的，但可以强调机会的公平。政府可以加强宏观调控，通过立法、税收等多种手段，规范分配秩序，理顺分配关系。此外，要建立社会保险、社会福利为主的社会保障体系，向低收入人群倾斜，建立社会保障网。

舍弃效率只求公平，只能导致共同贫穷；突出效率忽视公平，势必造成贫富悬殊，影响社会的稳定。因此，要正确处理好公平和效率之间的关系。

（六）政府与市场的关系

政府与市场的关系，实际上就是在资源配置中市场起决定性作用还是政府起决定性作用的问题，以及二者的职能定位与相互关系的协调机制。

市场决定资源配置的优势在于，作为市场经济基本规律的价值规律，能够通过市场价格自动调节生产（供给）和需求，在全社会形成分工和协作机制；能够通过市场主体之间的竞争，形成激励先进、鞭策落后和优胜劣汰机制；能够引导资源配置以最小投入取得最大产出。因此，使市场在资源配置中起决定性作用，其实质就是让价值规律、竞争规律和供求规律等市场经济规律在资源配置中起决定性作用。发展社会主义市场经济，既要发挥市场在资源配置中的决定性作用，也要发挥政府的重要作用。而政府的职责和作用主要是保持宏观经济稳定，加强和优化公共服务，保障公平竞争，加强市场监管，维护市场秩序，推动可持续发展，促进共同富裕，弥补市场失灵。具体来说，由于市场机制作用具有一定的自发性、盲目性，市场主体为获得自身利益最大化有可能与社会利益发生冲突，政府必须加强市场监管，维护市场秩序，解决市场外部性问题，保护生态环境，以及劳动者、消费者的安全与健康等权益。政府还必须采取反对垄断和不公平竞争的经济性规制，保障竞争公平和消费者利益。尤其重要的是，由于市场机制不能很好地解决公共产品供给和收入分配公平问题，政府必须加强和优化公共服务，推进基本公共服务均等化；维护和规范由市场形成的初次分配秩序，并通过税收、社会保障、转移支付等手段对收入再分配进行合理调节，防止收入分配差距过大，促进共同富裕，维护公平正义和社会稳定。

正确处理好政府和市场的关系，必须把市场与政府有机结合起来，不能割裂地看待二者关系，既不能不讲求市场规律束缚生产力发展，也不能只讲市场偏废政府的管理职能。只有更加尊重市场规律，更好发挥政府作用，使市场这只"看不见的手"和政府这只"看得见的手"各司其职、优势互补，才能更好地激发经济活力。因此，正确处理政府和市场关系：一是要明确认识两者各自的功能和长处，使它们在不同社会经济层次、不同领域发挥应有作用，都不能越位、错位和不到位。二是要充分发挥两者功能作用，"两只手"都要用，并有效配合。"两只手"配合得好，可以达到"1+1>2"的效果。三是政府和市场应当有机结合而不是块状拼接，政府应尊重市场经济规律，自觉按经济规律办事，市场要在政府引导、监管和制度规范下运行。只有这样，才能实现政府与市场各自长处的充分发挥以及两者之间的良性互动。

（七）德治与法治的关系

德治与法治的关系，实质上是道德与法律的关系。道德和法律的互补性也就决定了德治与法治的互补性。随着时间的推移，世界上大多数国家都重视把法律和道德作为推进法治建设的两手。在我国，由于法律充分体现了广大人民群众的根本利益，法律与道德的基础一致，因而法律与道德的关系更为密切。法治是一种理性的、制度化的生存方式，它以保障公民人权和建立有限政府为基本特征，而德治则是一种依赖"德才兼备"的社会精英下达命令，再通过普通社会成员执行命令，从而实现社会治理的政治状态。法治和德治，都是国家治理的基本方式，是社会的生存状态，二者对于任何一个国家和民族，都有其存在的合理性。

在现代社会追求民主、公平、正义的大背景下，法治是历史的必然要求。古往今来，既有提倡德治的，也有提倡法治的，还有主张二者结合的，时至今日，这场论战也没有形成定论。作为治理国家的两种不同模式，各有优缺点，法治具有僵化滞后、尺度不易掌握的缺陷，这些可以通过德治的及时灵活、尺度易定的优势来协调；德治具有因人而异权威性不强的弱点，这些可以通过法治的相对稳定、权威至高无上的长处来完善，德治是计划经济和自然经济的产物，在微观组织中比较有效；法治是市场经济和商品经济的产物，在宏观组织中更能节省成本。

法治是一种基本的治理方式，法治归其根本，是要人来操作的，因此，人的德行和素养很重要，直接决定了能否达到法治的目标。如果没有优良品行的人来制定和执行法律，法治也不可能达到预定的目标。因此，法治和德治并不是完全对立的，而是相辅相成，相互作用的。在美丽生态建设中，要充分发挥法治的作用，从德治走向法治，同时，也要注重人素质的培养和品行的提高。

（八）局部与整体的关系

整体与局部是对立统一关系，二者互相依赖、互为存在的前提。

首先，整体制约着部分的存在和发展，整体上的需要和利益决定组成它的各局部的需要和利益。各局部只有证明它们在整体实现其目标和功能过程中是不可缺少的，才能获得存在和发展的权力。社会之所以存在着各个部门，就是因为它们是社会整体存在和发展不可缺少的，社会整体的发展能力制约着局部的发展规模，社会整体的发展结构决定了社会诸部分间的结构。局部处于对整体和其他部门的依赖之中，离开了整体，离开了同其他部门的联系，单个孤立的局部是不存在的。整体越是发展，它的目标、功能越是复杂，完成这种目标、功能的内部分工就越细，各部门之间的关系就越复杂，某个特定的部分就越是处在对其他部分及整体的依赖之中。由此可见，整体处于统帅、领导地位，起决定作用。整体高于局部，统筹各个部分，协调各局部朝着同一目标运动、变化和发展。而局部由于它自身的矛盾特点和所受环境的影响，往往要偏离这一方向和行动。因此，为了整体的目标和利益，局部必须服从整体。

其次，整体是由局部构成的，离开了局部，整体就不复存在。局部只有作为整体中的一员，才具有局部的性质；局部的好坏会影响着整体的发展变化。在一定的条件下，关键性的局部的成败会对全局的胜败起决定作用。整体的诸部分之间的关系不是单向的、线性的、机械的因果联系，而是一种相互的、多向的、非线性的因果联系，是一种复杂的相互作用关系。在这种关系中，诸部分互为因果。这种交互作用使诸部分处在不同的联系之中，整体就是这种不可分割的联系。因此整体和局部就是相互制约，互为前提，没有局部的相互作用的存在，就没有整体的存在。整体的利益和目标是在局部利益基础上形成的，是局部共同的目标和利益。这种共同的目标和利益虽然不能简单等同于局部利益，但却必须包含局部利益，如果完全否定和排除了局部利益，整体的目标、利益就会失去其价值和意义（图5.3）。

正确处理好全局与局部的关系，必须坚持全局利益高于一切。这既是一个正确处理全局与局部关系的前提，又是一个原则问题。因为全局不是局部的机械相加，全局功能大于局部功能之和，正因为如此，整体的长远利益，总是要高于局部的当前利益。邓小平同志曾指出："个人利益要服从集体利益，局部利益要服从整体利益，暂时利益要服从长远利益，或者叫作小局服从大局，小道理服从大道理。"

四、美丽生态建设总体战略布局

在参考《全国生态环境建设规划（1998~2050年）》、《全国主体功能区规划》、《全国生态建设规划（2013~2020年）》和农业、林业、水利、城市、环保、国土等区划规

图 5.3　内蒙古多伦县以生态保护促进经济社会全面发展（林逸摄）

划的基础上，针对当前的实际，结合今后中长期发展趋势，综合考虑，全国美丽生态建设总体布局为："八区、十屏、二十五片、多点"。

（一）八区

将全国陆地美丽生态建设划分为八个区域，即黄河上中游地区、长江上中游地区、三北风沙综合防治区、南方山地丘陵区、北方土石山区、东北黑土漫岗区、青藏高原区、东部平原区。

1. 黄河上中游地区

该区包括山西、内蒙古、河南、四川、陕西、甘肃、青海、宁夏的大部分或部分地区，总面积约 71 万 km²。区内以高原沟壑、丘陵沟壑、阶地、冲积平原等为主，黄土高原位于本区，是黄河泥沙的主要来源地。气候属温带和暖温带，水资源缺乏，年均降水量 300～600mm；土壤有黑垆土、黄绵土、山地棕壤土、灰钙土等；植被有落叶阔叶林、森林草原、干草原和荒漠草原。土地和光热资源丰富，但气候干旱，植被稀疏；坡耕地面积大，农业种植结构单一。生态建设重点是加强原生植被保护，增加林草植被，控制水土流失和沙化扩展，合理调配水资源。

2. 长江上中游地区

该区包括江西、河南、湖北、湖南、重庆、四川、贵州、云南、西藏、陕西、甘肃、青海的全部或部分地区，总面积约 133 万 km²。山地、高原、盆地交错分布，西部高山峡谷、河流纵横，东部低山平原、河湖水网密布，分布着云贵高原、四川盆地等。大部分区域为亚热带季风性湿润气候；降雨集中，年平均降水 500～1400mm；多年平均河川径流总量达 9234 亿 m^3，占全国河川径流量的 34%；土壤以棕壤、红壤为主。主要处于中亚热带和北亚热带两个植被区，植被为亚热带常绿阔叶林；高寒江源区为荒漠植被。横断山地、武陵山地是我国乃至全球生物多样性最丰富的地区之一，森林、山地草场、生物物种和水资源极为丰富，岩溶地区石漠化严重。生态建设重点是加强源头区和河流两岸防护林建设，提高林草植被质量，防控山洪地质灾害，强化生物多样性保护。

3. 三北风沙综合防治区

该区包括天津、河北、山西、内蒙古、辽宁、吉林、黑龙江、陕西、甘肃、青海、宁夏、新疆的大部分或部分地区，总面积约 266 万 km^2。属干旱、半干旱地区，沙化土地广布，有塔克拉玛干、古尔班通古特、巴丹吉林、腾格里、柴达木、库姆塔格、库布齐与乌兰布和等八大沙漠，以及浑善达克、毛乌素、科尔沁和呼伦贝尔四大沙地。温带大陆性气候显著；年均降水量 50～450mm；年均水资源总量约占全国的 15%，人均量仅为全国的 1/3；土壤有暗棕壤、黑钙土、栗钙土、棕壤土、风沙土等多种类型；植被以草原、灌木、半灌木荒漠为主。光热和土地资源丰富，水资源匮乏，植被稀疏，土地沙化、次生盐渍化严重，是我国生态最脆弱的地区。生态建设重点是荒漠化防治，草原生态系统恢复，合理调配水资源，增加林草植被。

4. 南方山地丘陵区

该区包括浙江、安徽、福建、江西、湖北、湖南、广东、广西、海南、贵州、云南的全部或部分地区，总面积约 128 万 km^2。地貌以丘陵为主，间有低山、盆地，南岭山地横贯东西。属热带、亚热带季风气候；年均降水量 1000～2500mm，河网密集；土壤主要为红壤、砖红壤，以湘赣红壤盆地最为典型；植被以我国特有的亚热带山地常绿阔叶林为主，是重要的动植物种质基因库。水热条件充足，雨热同季，生物多样性丰富，土壤侵蚀严重。生态建设的重点是加强退化森林、草地、湿地与河湖生态修复，加强水土保持，防治石漠化。

5. 北方土石山区

该区包括北京、河北、山西、内蒙古、辽宁、河南的部分地区，总面积约 31 万 km^2。主体由太行山脉、燕山山脉、吕梁山脉及山间盆地等构成，高差大，地形破碎，沟壑密度大。属暖温带大陆性季风气候；年均降水量 400～600mm，降雨集中；土壤为褐土和棕壤，土层浅薄；植被为暖温带落叶阔叶林，以落叶栎类为主。光热资源丰富，水热同期，坡耕地面积大，土壤侵蚀严重。生态建设的重点是加强森林保护和植被恢复，增强水土保持能力，减少水土流失。

6. 东北黑土漫岗区

该区包括辽宁、吉林、黑龙江的大部分和内蒙古东部地区，总面积约 97 万 km²。是世界三大黑土带之一，也是北半球世界三大温带森林带之一，还是我国沼泽湿地最集中、最丰富的地区。地貌有山地、丘陵、平原等，分布着大兴安岭、小兴安岭、长白山地、松嫩平原和三江平原。属温带、寒温带季风气候；年均降水量 400～800mm；土壤有黑土、黑钙土、暗草甸土，以黑土为主，有高纬度永久冻土层；植被为寒温带针叶林、温带针阔叶混交林和湿草甸等。可开发水资源充足，生物多样性丰富，农业、林业和草地畜牧业发达，土壤侵蚀较为严重。生态建设重点是加强天然林保育、草原保护、湖沼湿地保护恢复和水土流失防治。

7. 青藏高原区

该区包括四川、西藏、青海、新疆的全部或部分地区，总面积约 163 万 km²。本区地貌以高原为主，海拔多在 3000m 以上，是长江、黄河、澜沧江、雅鲁藏布江等重要河流的发源地，也是世界高原特有生物的集中分布区。属特殊的高原高寒气候；年均降水量大多在 400mm 以下；土壤为高山草甸土、高山寒漠土和高山荒漠土等；植被以高原寒漠、草甸和草原为主，东部及东南部有部分乔木林。严寒、大风、日照充足、蒸发量大，冻融侵蚀面积大，自然生态系统保存较为完整但极端脆弱。生态建设的重点是保护高原自然生态系统和特有生物物种，保护大江大河发源地和高寒湿地，修复草原生态，合理利用草原。

8. 东部平原区

该区包括北京、天津、河北、上海、江苏、浙江、安徽、山东、河南的部分或全部地区，总面积约 71 万 km²。地貌以平原为主，兼有少量低山丘陵。属暖温带和亚热带季风气候；年均降水量 500～1500mm；土壤为棕壤和褐土等；植被为暖温带落叶阔叶林和亚热带常绿阔叶林。自然条件优越，光热资源丰富，河汉纵横交错，湖荡星罗棋布，森林总量不足，天然植被稀少。生态建设的重点是加强平原和城市绿化，推进河湖湿地生态保护与修复。

（二）十屏

构建东北森林屏障、北方防风固沙屏障、东部沿海防护林屏障、西部高原生态屏障、长江流域生态屏障、黄河流域生态屏障、珠江流域生态屏障、中小河流及库区生态屏障、平原农区生态屏障、城市森林生态屏障等十大国土生态安全屏障，稳固生态基础、丰富生态内涵、增加生态容量，为生态文明建设提供安全保障。

1. 东北森林屏障

范围包括长白山、张广才岭、小兴安岭、大兴安岭以及三江平原地区。以天然林保育为重点，加强天然林保护；开展森林抚育和低效林改造，提高森林生态系统整体功能；加强自然保护区和森林公园建设；加强高纬度自然湿地资源保护，遏制湿地围垦和改造；加强森林防火，提高预警监测、火情快速处置能力；保护该区域高纬度永久冻土资源。

2. 北方防风固沙屏障

范围包括内蒙古中西部、辽宁西部、吉林西部、河北北部、北京北部、山西、陕西、甘肃西部及东北部、青海北部、新疆和宁夏。以治理风沙危害和水土流失为重点，在保护现有植被和生物多样性、加大防控鼠兔害基础上，封飞造、乔灌草相结合，因地制宜，开展植树造林、退耕还林等生态修复；在条件合适的地区建设沙化土地封禁保护区；加强自然保护区和森林公园建设；实施水文修复，维护湿地生态功能。

3. 沿海防护林屏障

范围包括北起辽宁省的鸭绿江口，南至广西壮族自治区的北仑河口的沿海地区。建设以消浪林带、海岸基干林带、纵深防护林为主的综合防护林体系，有效抵御沿海台风、风暴潮等自然灾害；加强滨海湿地自然保护区和湿地公园建设，保护沿海地区生物多样性。

4. 西部高原生态屏障

范围包括青藏高原及东南缘和黄土-云贵高原地区。在青藏高原及东南缘地区，以保护修复为重点，全面加强对天然林、高寒湿地、高原湖泊及祁连山水源涵养区、甘南重要水源补给区等生态系统的保护，以及川西北沙化治理；在黄土-云贵高原地区突出水土流失综合治理、退耕还林、退化森林修复和石漠化综合治理，建设以林草植被为主体、布局合理、结构稳定、功能完善的防护林体系。

5. 长江流域生态屏障

范围包括青海、西藏、甘肃、四川、云南、贵州、重庆、陕西、湖北、湖南、河南、安徽、江西、江苏、山东、浙江、福建、上海等 18 个省、自治区直辖市。以长江防护林、天然林保护、退耕还林和石漠化综合治理等工程为依托，以突出涵养水源、防治水土流失为主要目的，积极推进植树造林、森林抚育和低效林改造，加快森林生态系统功能恢复的步伐；加强流域内自然保护区、森林公园建设和湿地保护与恢复；突出长江上中游和洞庭湖、鄱阳湖地区和三峡库区、丹江口库区及沿线的治理，重点构筑三峡库区周边和南水北调源头及沿线生态屏障。

6. 黄河流域生态屏障

范围包括青海、四川、甘肃、宁夏、内蒙古、陕西、山西、河南、山东等9个省、自治区。依托天然林资源保护、退耕还林、三北防护林体系建设等重点工程，以突出涵养水源、防治水土流失为主要目的，积极推进植树造林、森林抚育经营，加快森林生态系统功能恢复的步伐，加强流域内自然保护区、森林公园建设和湿地保护与恢复。

7. 珠江流域生态屏障

包括江西、湖南、云南、贵州、广西和广东等6个省、自治区。依托珠江防护林、天然林保护、退耕还林和石漠化综合治理等重点工程，加强水源涵养林建设，治理水土流失及石漠化；保护流域湿地、浅海湿地滩涂，修复湿地生态功能；加强自然保护区和森林公园建设，保护珍稀野生动植物资源。

8. 中小河流及库区生态屏障

范围包括流域面积 200km² 以上有防洪任务的中小河流重点河段，以及重要水库。以防护林体系建设、天然林资源保护、退耕还林等工程为依托，以植树造林、保护和恢复湿地等生物措施积极防治水土流失，涵养水源和净化水质。加强自然保护区和森林公园建设，提高中小河流及库区周边生态系统稳定性。

9. 平原农区生态屏障

在广大平原农区，特别是粮食主产区，大力建设农田防护林，以保障粮食增产和改善农村生产生活环境为目标，将东北平原、黄淮海平原、华北平原等作为重点建设区域，加快建设农田林网，大力开展村屯绿化美化。

10. 城市森林生态屏障

范围包括全国大中小城市和乡镇。以推动身边增绿，加强森林公园建设，使广大城乡居民共享生态建设成果为目标，通过发展城市森林，构建远山、近郊和城区相连接，水网、路网和林网相融合，以森林为主体，城市和乡村一体化的生态系统。

（三）二十五片

"二十五片"即国家 25 个重点生态功能区（图 5.4，表 5.1），作为美丽生态建设的重中之重。

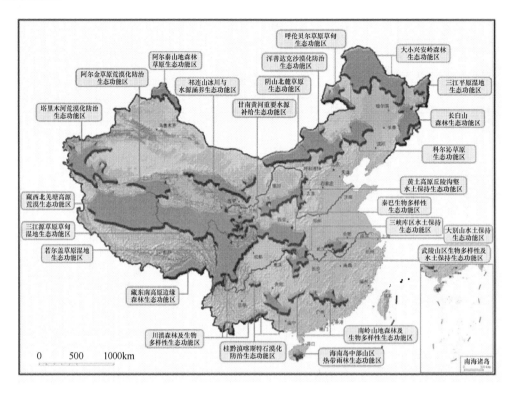

图 5.4　国家 25 片重点生态功能区示意图

表 5.1　国家 25 片重点生态功能区

序号	名称	面积/km²	人口/万人
1	大小兴安岭森林生态功能区	346997	711.7
2	长白山森林生态功能区	111857	637.3
3	阿尔泰山地森林草原生态功能区	117699	60.0
4	三江源草原草甸湿地生态功能区	353394	72.3
5	若尔盖草原湿地生态功能区	28514	18.2
6	甘南黄河重要水源补给生态功能区	33827	155.5
7	祁连山冰川与水源涵养生态功能区	185194	240.7
8	南岭山地森林及生物多样性生态功能区	66772	1234.0
9	黄土高原丘陵沟壑水土保持生态功能区	112050.5	1085.6

续表

序号	名称	面积/km²	人口/万人
10	大别山水土保持生态功能区	31213	898.4
11	桂黔滇喀斯特石漠化防治生态功能区	76286.3	1064.6
12	三峡库区水土保持生态功能区	27849.6	520.6
13	塔里木河荒漠化防治生态功能区	453601	497.1
14	阿尔金草原荒漠化防治生态功能区	336625	9.5
15	呼伦贝尔草原草甸生态功能区	45546	7.6
16	科尔沁草原生态功能区	111202	385.2
17	浑善达克沙漠化防治生态功能区	168048	288.1
18	阴山北麓草原生态功能区	96936.1	95.8
19	川滇森林及生物多样性生态功能区	302633	501.2
20	秦巴生物多样性生态功能区	140004.5	1500.4
21	藏东南高原边缘森林生态功能区	97750	5.8
22	藏西北羌塘高原荒漠生态功能区	494381	11.0
23	三江平原湿地生态功能区	47727	142.2
24	武陵山区生物多样性与水土保持生态功能区	65571	1137.3
25	海南岛中部山区热带雨林生态功能区	7119	74.6
合计		3858797	11354.7

（四）多点

多点包括世界文化自然遗产（45 个）、国家级自然保护区（407 个）、国家公园（10 个）、国家级风景名胜区（225 个）、国家森林公园（764 个）、国家地质公园（218 个）、国家湿地公园（570 个）、国家沙漠公园（33 个）、国有林场（4855 个）、共 7000 多个（图 5.5）。随着时间的推移，数量还会有发展变化。

五、美丽生态建设西部战略布局

当前，我国处在美丽生态建设承上启下、加快发展的关键时期，既是战略机遇期，也是矛盾凸显期。西部是一个辽阔的地理区域，占国土总面积的一半以上，其自然地理和社会经济条件差异很大。西部地区是我国生态状况最为脆弱的地区，是生态建设的重中之重，是实施西部大开发战略的重要基础。西部生态状况不改善，全国生态状况就不可能得到根本改善。因此，针对西部美丽生态建设的现状和主要矛盾，提出区域生态建

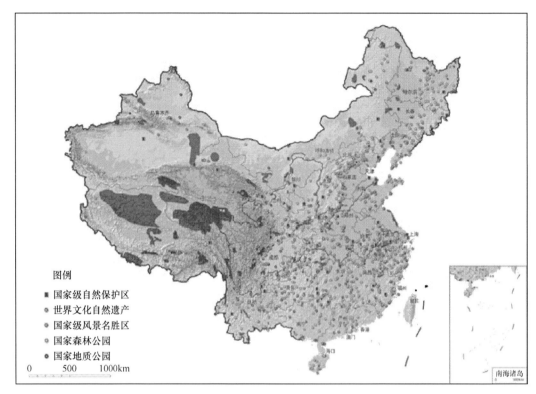

图 5.5 我国美丽生态建设"多点"示意图

设的战略构想，实行分类指导、分区施策，是我国西部美丽生态建设的现实需要和客观要求。

（一）战略构想的提出

我国地貌轮廓分为三级阶梯，西部地区基本上包括第一阶梯和第二阶梯。第一阶梯和我国传统的秦淮南北分界线可以将我国西部地区分为三部分：一是我国地貌轮廓三级阶梯第一阶梯以东以北、秦淮线以北的西北地区；二是以我国地貌轮廓三级阶梯中第一阶梯为核心的青藏高原区；三是我国地貌轮廓三级阶梯第一阶梯和秦淮线以南的西南地区，形如一个向左平放的 Y 形（图 5.6）。这种战略布局的提出，基于以下原因：

1. 我国地貌轮廓三级阶梯基本控制了中国土地类型结构与土地利用格局的空间分异

按海拔高度的明显变化，中国地势自西向东可分三级阶梯：第一级为青藏高原，平均海拔在 4000m 以上，高原上宽谷山岭相间，湖泊众多，气候寒冷，难利用地面积大，以高寒草地为主要土地利用类型，有林地主要分布在藏东南–横断山脉地区；由青藏高

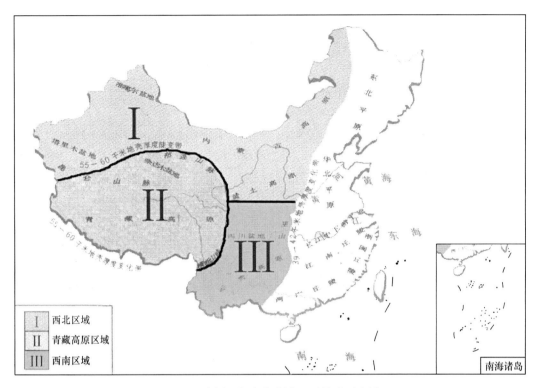

图 5.6 中国西部生态建设 Y 形战略示意图

原向北跨越昆仑山、祁连山，向东跨越横断山，即进入第二级，为海拔 1000~2000m 的高原、盆地，土地利用类型复杂多样；大兴安岭、太行山、巫山至雪峰山一线以东则是第三级，大多是海拔 1000m 以下的丘陵和 200m 以下的平原，是我国工农业发达地区。

2. 秦淮线是我国已基本形成共识的南北方分界线

在东南部地区，秦淮线相当于 800mm 等降水线，是中国土地利用南北地域差异和土地现实生产力和生产潜力突变的分水岭。秦淮线以北蒸发多于降水，旱地占绝对优势，水田只占耕地面积的 5.5%，水浇地占 24.6%，除华北平原可以一年两熟外，东北平原和黄土高原多为一年一熟到两年三熟。秦淮线以南降水大于蒸发，以水田为耕地的基本形态，旱地约占 1/3，农作物可以稳定地一年两熟至三熟，亚热带代表性的经济林如柑橘、茶叶、油桐、油茶等普遍分布。

3. 第一级阶梯与秦淮线以 Y 字形将西部地区分为三大区域

西北部地区，沿青藏高原北部边缘，以昆仑山、阿尔金山、祁连山一线为界，可明显分出青藏高原高寒区域和西北干旱区域。西北干旱区域气候干燥，降水稀少，除局部地区为外流区外，大部分为内流区域，水资源极度缺乏，土地利用以草地畜牧业为主，未利用土地面积较大，一般是没有灌溉就没有农业。其中年降水量 250mm 的等值线是干旱与半干旱区的分界，在我国农业生产上是旱作农业的西界，在许多地区表现为半农半牧区与纯牧区的分异。青藏高原区是青藏高寒区的主体部分，未利用地占 2/5，主要是戈壁、寒漠；天然草原占 1/2，高寒草地畜牧业是主要的土地利用方式，农业仅见于藏南、青东湖盆和谷地；藏东南-横断山区可以看作是四川盆地和云贵高原向青藏高原的过渡带，土地利用以林地为主、牧草地为辅的林牧结构。

（二）Y 形战略构想

中国西部生态建设 Y 形战略的战略构想是：将中国西部 12 省（自治区、直辖市）分为西北、青藏高原和西南三大区域，其分界线形如一个大的 Y 字，因此称为中国西部生态建设的 Y 形战略。三大区域由于各自面临的主要生态问题及其自然经济社会条件不同，其生态建设的战略重点也各有侧重。西北区域的核心任务是加快生态治理，要特别突出对沙化土地的生态治理；青藏高原区域的核心任务是加强生态保护，要特别突出对水土植被资源、珍稀濒危野生动植物和湿地资源的保护；西南区域的核心任务是提高生态建设水平，要特别突出对现有林分的改造提升，提高林地生产力，充分发挥其综合效益。三大区域的生态建设既各有侧重，又相互包容。西北区域以生态治理为核心，但也存在生态保护和提高生态建设水平的问题；青藏高原区域以生态保护为核心，但也存在生态治理和提高生态建设水平的问题；西南区域以提高生态建设水平为核心，但也存在生态治理和生态保护的问题，其相互关系如图 5.7 所示。

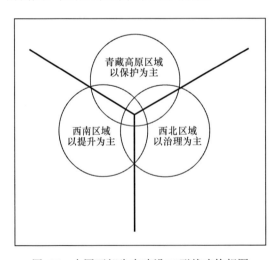

图 5.7　中国西部生态建设 Y 形战略构想图

各区域在生态建设的同时，应加强产业发展，实现生态建设与产业发展的良性互动，满足经济社会的多种需求。构建和谐社会，需要保持生态与产业、发展与保护、数量与质量，需要各个领域、各个环节和区域之间的相互协调，最终实现生产发展、生活富裕、生态良好的发展目标。

六、美丽生态建设主要任务

美丽生态是自然生态环境、生物与环境互动的生态系统和自然资源相互促进、相互制约而又相互和谐的状态。自然资源作为人类社会创造物质财富的客观存在，其利用状态和利用水平关系到人类生存和可持续发展，高效节约循环利用不可再生自然资源是人类可持续发展的关键，也是保持自然生态环境良好、创造人类宜居生态环境的前提条件，自然生态环境的破坏与人类不合理利用自然资源直接相关。自然生态环境状态不仅关系到人类生存发展水平和质量，也是其他生物生存发展的基础。生物与自然环境的良性互动、相互依存构成稳定高效的生态系统。生态系统的稳定维持和可持续健康发展以资源的高效利用和生态环境良好稳定为前提。三者相互促进、相互制约，三者的整体协调、和谐共生就是美丽生态。美丽生态建设的核心任务就是要建设稳定高效的生态系统、宜人宜居的生态环境和实现资源的节约高效利用，最终实现人与自然的和谐、环境友好和资源节约的美丽生态建设目标。

（一）建设稳定高效的生态系统

生态系统是在一定空间中栖居着的所有生物（生物群落）与其环境之间由于不断进行物质循环和能量流动过程而形成的统一整体。地球上的森林、草原、荒漠、湿地、海洋等，虽然形态各异，但其中的生物和非生物都构成了一个相互作用、物质不断循环、能量不停流动的生态系统。这些生态系统都有维持稳定、持久，物种间协调共生的特点，即生态平衡。平衡的生态系统在结构、功能和能量输入输出能始终保持稳定，稳定的生态系统具有生物种类多样化、结构复杂化和功能完备化的特点。平衡的生态系统在一定范围和程度内能够克服和消除外来的干扰，保持自身的稳定性，但这种调节性是有一定限度的，超过了生态系统调节限度的外来干扰，会导致生态系统失调，严重的导致生态危机。与健康或平衡的生态系统相比，退化或破坏了的生态系统是一类病态的生态系统。这类生态系统，是在一定的时空背景下，在自然因素、人为因素或两者共同干扰下，导致生态要素和生态系统整体发生的不利于生物和人类生存的量变和质变，是生态系统的结构和功能发生与其原有的平衡状态或进化方向相反的位移。具体表现为，生态系统的基本结构和固有功能破坏和丧失，生物多样性下降，稳定性和抗逆能力减弱，系统生产力下降。生态系统由生物（生产者、消费者、分解者）和非生物生态环境构成，在非生物生态环境稳定的情况下，生态系统的稳定和平衡主要决定于生物多样性程度及其相互作用关系的紧密程度。生态系统的退化或失衡，既有生物遭到破坏生物多样性损失的原因，如森林生态系统中树林大量砍伐，也有生物间关系的失衡，如草原生态系统中牛羊增加超过了草场承载力，还有非生物生态环境的变化或退化，如气候变化造成生态系统破坏。因此，保持生态系统稳定和平衡，就是要保持生物和非生物生态环境的稳定和平衡，具体而言，就是保护森林、草原、湿地、海洋等生态系统中的生物生存和稳定发展，保持生物多样性，使生产者、消费者和分解者的数量保持在和谐的状态。适度开发和利用生态系统中的生物，维护其循环再生的水平。适度开发、保护性利用生态系统中的非生物生态环境因子，避免破坏或污染生物生存和发展的生态环境。充分发挥生态建设在生态文明建设中的主体功能，以保护建设森林、湿地、荒漠、草原、农田、城市等生态系统和维护生物多样性为核心，以重点生态工程为依托，以防范和减轻风沙、山洪、泥石流等灾害为重点，加快实施国土生态安全战略。

1. 保护和建设森林生态系统

实施林业重点生态工程，全面加快国土绿化步伐。加强森林资源管护，切实保护天然林和原始森林。大力开展植树造林，巩固和扩大退耕还林成果，建设"三北"、沿海、长江、珠江、黑龙江流域和平原绿化、太行山绿化等重点防护林体系，开展退化防护林更新改造，推进全民义务植树，促进森林生态系统的自然恢复和人工修复，努力建设以林草植被为主、布局合理、结构稳定、功能完善的绿色生态屏障。

2. 保护和恢复湿地生态系统

实施湿地保护工程，全面加强对湿地的抢救性保护和对自然湿地的保护监管，对退化或面临威胁的重要湿地进行水文修复、植被恢复、污染治理、生物防控、保育结合等综合治理，重点建设国际和国家重要湿地、各级湿地保护区、国家湿地公园；有效保护滨海湿地、高原湿地、鸟类迁飞网络和跨流域、跨地区湿地，有效保护和恢复湿地功能。

3. 保护和修复荒漠生态系统

坚持科学防治、综合防治、依法防治的方针，统筹规划全国防沙治沙工作，加大《防沙治沙法》宣传和执法力度，全面落实防沙治沙目标责任制，启动实施沙化土地封禁保护区建设，建设重点地区防沙治沙工程和全国防沙治沙综合示范区，恢复林草植被，构建以林为主、林草结合的防风固沙体系。

4. 保护和修复草原生态系统

加强草原保护和合理利用，推进草原禁牧休牧轮牧，实现草畜平衡，促进草原休养生息；强化草原火灾、生物灾害和寒潮冰雪灾害等防控。加快草原治理，加大天然草原退牧还草力度，继续加强"三化"草原治理，推进南方及重点地区草地保护建设，加强草原围栏和棚圈建设，促进草原畜牧业由天然放牧向舍饲、半舍饲转变，建设人工草地，增加畜产品有效供给和农牧民收入，逐步实现草原生态系统健康稳定（图5.8）。

图 5.8　保护和修复草原生态系统（林逸摄）

5. 保护和改良农田生态系统

提高耕地质量和农田生态功能,稳定并提高粮食产量。实施保护性耕作,推广免(少)耕播种、深松及病虫草害综合控制技术。强化农田生态保育,推广种植绿肥、秸秆还田、增施有机肥等措施,培肥地力;加强退化农田改良修复和集雨保水保土,优化种植制度和方式,发展高效生态旱作农业。推广节水灌溉,逐步退还生态用水;加强农村污水处理,建立健全农村污水控制管理标准体系;完善田间灌排工程,配套科学的农艺措施,开展盐碱化、酸化土壤改良培肥,治理和修复污染土地,增强农田抗御风蚀和截土蓄水能力。重点加强北方防沙带保护性耕作,强化东北森林带黑土地农田保育和农田防护林建设,开展黄土高原盐碱地和南方丘陵山地带酸化土壤治理。

6. 建设和改善城市生态系统

加强城市人居生态环境保护建设,拓展构建建成区内外绿地一体化、城乡绿地一体化、多功能兼顾的复合城市绿色空间,增强环境自净能力,有效发挥林草植被净化空气的作用,增大城市森林和绿地休闲游憩承载力,提升人居环境质量。科学规划、合理布局和建设城市绿地系统,积极推行立体绿化,提升城市绿地品质;加强城市扩展区原生生态系统保护,建设城郊生态防护绿地、环城林和郊野公园,改善城市生态环境;提升完善绿地功能,推行绿道网络建设;积极保护和治理城市河湖水生态,加强河湖水体沿岸绿化建设,恢复水陆交界处的生物多样性,建设城市生态廊道,通过绿地与景观设计,保持合理的雨水渗漏功能,提高城市的雨洪蓄滞能力。

7. 加强工矿交通废弃损害用地的生态修复

加强对工矿交通等生产建设项目的生态影响评价,落实生态建设责任,大力推广生态友好型材料、技术与工艺,确保生态保护工作的早期介入。采取植物措施与工程措施等紧密结合的综合措施,推进工矿交通废弃损害地的植被建设与生态修复,加强对既往生态修复工程的维护和管理，保障生产安全、生态安全及景观效果。

8. 维护和发展生物多样性

继续推进野生动植物保护及自然保护区建设工程，建立生物多样性保护监测评估与预警体系；加强自然保护区建设与管理，对重要生态系统和物种资源实施强制性保护，切实保护珍稀濒危野生动植物及其自然生境，建立健全野生动植物救护、驯养繁殖（培植）、野外放归、基因保护体系。加强野生动植物种进出口管理，积极参加相关国际公约谈判和履约工作。按照保护优先、适度利用、依法管理、试点先行的原则，积极探索和建立国家公园体制，有序开展旅游。

（二）保持宜人宜居的生态环境

宜人宜居的生态环境就是生态系统多样稳定高效、生态环境优美，适合人们生产生活和长期居住的地域（图 5.9）。1996 年联合国第二次人居大会首次提出了城市应当是适宜居住的人类居住地的概念。此概念一经提出就在国际社会形成了广泛共识。

图 5.9　宜人宜居的生态环境（林逸摄）

宜人宜居生态环境是一个由自然物质生态环境和社会人文生态环境构成的复杂巨系统。其自然物质生态环境包括自然生态环境、人工生态环境和设施生态环境3个子系统，其社会人文生态环境包括社会生态环境、经济生态环境和文化生态环境3个子系统。各子系统有机结合、协调发展，融合形成健康、优美、和谐的人居生态环境。其中，自然生态环境是宜人宜居生态环境的基础和主要标志。它包括洁净的空气、清洁的河流和水源、生产力高效的土地资源、高覆盖率的森林或植被、富有魅力的景观和适宜的气候条件等。但自第二次世界大战以来，工业化、城市化和现代化在世界各国的扩展和推进，世界相继出现"温室效应"、大气臭氧层破坏、酸雨、土壤侵蚀、森林锐减、陆地沙漠化、淡水资源污染和短缺、生物多样性锐减等全球性生态环境问题，人类生存发展和居住面临着巨大挑战。针对这些问题，要改革生态建设体制机制，控制污染物排放总量，努力改善生态环境质量，积极探索代价小、效益好、排放低、可持续的生态建设体制机制，加快建设资源节约型、环境友好型和生态安全型社会。

1. 改善水、大气和土壤生态环境质量

改善水生态环境质量，要严格保护饮用水水源地，深化重点流域水污染防治，综合防控海洋环境污染和生态破坏，推进地下水污染防控。改善大气生态环境质量，要加强工业烟粉尘控制，推进燃煤电厂、水泥厂除尘设施改造，加强挥发性有机污染物和有毒废气控制，推进城市大气污染防治。改善土壤生态环境质量，要加强土壤生态环境保护制度建设，强化土壤生态环境监管，推进重点地区污染场地和土壤修复。

2. 稳步推进节能减排

加大产业结构调整，淘汰落后产能，减少新增污染物排放量，建立单位产品污染物产生强度评价制度，培育节能环保、新能源等战略性新兴产业，大力推行清洁生产和发展循环经济。稳步推进化学需氧量和氨氮排放量的削减，加大二氧化硫和氮氧化物减排力度。持续推进电力行业污染减排，推进钢铁行业二氧化硫排放总量控制，加强水泥、石油石化、煤化工等行业二氧化硫和氮氧化物治理，开展机动车船氮氧化物控制，积极发展城市公共交通，探索调控特大型和大型城市机动车保有总量。

3. 加强重点领域生态环境风险防控

推进生态环境风险全过程管理，开展生态环境风险调查与评估，完善生态环境风险管理措施，建立生态环境事故处置和损害赔偿恢复机制。加强核与辐射安全管理，提高核能与核技术利用安全水平，完善核与辐射安全审评方法，推进早期核设施退役和放射性污染治理，加快放射性废物贮存、处理和处置能力建设，关停不符合安全要求的铀矿冶设施，建立铀矿冶退役治理工程长期监护机制。遏制重金属污染事件高发态势，加强重点行业和区域重金属污染防治，实施重金属污染源综合防治。推进固体废物安全处理处置，加强危险废物污染防治，加大工业固体废物污染防治力度，加强进口废物圈区管理。健全化学品生态环境风险防控体系，严格化学品环境监管和风险防控。

4. 应对重大突发性生态环境灾难

我国是一个自然灾害频繁的国家，近年来因受全球气候变化和一些人为活动的影响，使得一些类型的重大突发性的生态环境灾难也时有发生，如西部的滑坡和泥石流灾害、东部地区的河流污染事件、大气雾霾、城市洪水、极端干旱等区域重大突发性生态环境灾难都对经济发展和人民的生命安全构成了极大的威胁。如何科学地预警和预报、采取恰当的应急政策措施，以及灾后重建等都是生态环境建设的重要任务。

（三）推动资源持续再生节约

世界工业化，化石能源功不可没，如石油、天然气、煤炭与核裂变能的广泛应用。但这一经济资源将在 21 世纪上半叶迅速地接近枯竭。石油储量的综合估算，可支配的化石能源的极限，大约为 1180 亿～1510 亿 t，以 1995 年世界石油的年开采量 33.2 亿 t 计算，石油储量大约在 2050 年宣告枯竭。天然气储备估计为 1318 亿～15 290 亿 m^3，年开采量维持在 23 亿 m^3，将在 57～65 年内枯竭。煤的储量约为 5600 亿 t，1995 年煤炭开采量为 33 亿 t，可以供应 169 年。铀的年开采量为每年 6 万 t，可维持到 21 世纪30 年代中期。化石能源与原料链条的中断，必将导致世界经济危机和冲突的加剧，最终葬送现代市场经济。我国自改革开放以来，能源资源需求激增，1993 年中国成为石油净进口国，2012 年中国原油进口量约为 2.71 亿 t，同比增长 6.8%，原油进口依存度可能突破 60%，2009 年，中国从一个煤炭净出口国变成煤炭净进口国，进口量居世界第 1，天然气也开始大量进口。应对这些危机无外乎两个方面：一是节约和高效使用自然资源，延长化石能源的使用时间，为寻找替代能源换取时间；二是大力开发利用可再生能源，逐步取代不可再生能源。因此，节约高效使用资源和发展可再生资源是应对当今能源资源问题的必然选择。

1. 推进资源节约工程建设

实施水土资源节约工程，实施农业节水、工业与生活节水等工程。土地资源节约工程包括中低产田改造、土地整理和复垦、改土施肥、土壤污染防治工程。实施农业资源可持续利用工程，发展农业水资源高效利用与节水工程，加大以农田水利基本建设为重点的农业基础设施的投资，大力推广普及高效节水灌溉技术，落实最严格的水资源管理制度，推进农业灌溉用水总量控制和定额管理；实施旱作节水农业技术推广示范工程，推广地膜覆盖、集雨保墒、倒茬和秸秆还田等旱作节水农业技术。加快对石油替代能源的开发利用，大力发展气代油、煤代油等石油替代能源。

2. 发展可再生资源能源

实施碳汇工程建设，研发工业化的碳捕集、储存和作为工业原料的技术和工艺，以实现碳的减排；大力发展农林业等生态系统，扩大生物活动过程，实现碳的固定与储存。实施生物质能源工程，大力发展和扶持大中型沼气建设工程，做大做强沼气产业，以解决小城镇与乡村的民用能源问题。在南方山区建设生物质燃油的速生丰产林基地，建议国家在南方山丘林区或其他林区和木材加工聚集区，建立若干生物质燃油生产试验示范区，并组织协调相关技术政策和关键设备政策。制定生物制品产品质量标准和市场准入机制。加大对新能源的开发力度，大力推广使用清洁能源、充分开发利用可再生能源，如风能（图 5.10）、水能、太阳能、地热能、潮汐能等。

图 5.10　内蒙古风力发电（林逸摄）

3. 培育资源节约型主体

节约是我国实施可持续发展战略的唯一选择，只有长期牢牢把握好节约开发利用资源原则，我国发展既定目标才能顺利实现。要以多种形式向人们宣传节约制度，使人们增强节约意识，形成节约光荣、浪费可耻的良好社会风气，养成人人都乐于节约一张纸、一度电、一滴水、一粒米、一块煤的良好行为习惯，节约型社会才会逐步建立起来。建立资源节约型社会首先要建设资源节约型主体，只有紧紧抓住资源节约主体的各个环节，使各种主体真正发挥节约作用，真正意义上的节约型社会才会形成。资源节约型主体主要包括：资源节约型政府、资源节约型社会团体、资源节约型军队、资源节约型企业、资源节约型事业单位、资源节约型家庭等，任何一个主体在生产与发展过程中都要重视经济效益与社会效益。比如家庭是社会的基本组成单位，没有节约的家庭就没有节约的社会。资源节约型主体是一个相互关联的共同体，不同的人在不同的场合扮演着不同的角色，而形成资源节约型主体，主要是塑造有节约意识的人，通过塑造节约意识的自然人来形成资源节约的法人即资源节约主体，因此，让全体人民参与到建设资源节约国家的行列中，这是推进我国资源节约型社会的重要工作，也只有广大人民群众的参与，国家意志才能逐步变成现实。

4. 健全资源节约再生体系

建立资源节约再生的政策体系，包括资源节约型产业体系，主要涉及重效益、节时、节能、节约原材料的工业体系；规划科学、设计优良、节地省材、质量过硬的基本建设体系；节水、节地、节时、节能的，"二高一优"，节约型农业体系；节时、节能、重效益的节约型运输体系；适度消费、勤俭节约的节约型生活服务体系。战略资源节约型体系，即从生产、流通、分配到消费的各个环节形成的相互关联、相互制约的有机节约整体。体系的建立是为了实现资源节约总目标，衡量目标能否实现在于依据产业标准来设置具体评价指标体系，不同行业所占权重、层次划分的清晰与否都会影响评价结果。资源节约机制是资源节约型制度、体制在经济运行过程中形成的互为关联、相互作用、彼此约束、协调运转的各种机能的总和，从系统论的观点来看，资源节约型机制是一个大系统，它通过资源节约型管理系统来具体运作。它主要包括以下几个子系统：资源探测管理系统、资源开采管理系统、资源加工管理系统、资源运输管理系统、资源消耗预警系统、资源使用监测管理系统和资源节约调控系统等。

七、美丽生态建设战略重点

针对我国当前的实际，经认真研究，我国美丽生态建设的战略重点包括 10 余项。

（一）天然林保护

1. 战略目标

坚持把所有天然林都严格保护起来作为维护国家生态安全的重要基础、建设美丽中国的重要举措、实现中华民族永续发展的重大战略来抓，通过健全保护制度、强化政府责任、加大政策支持、完善管护体系，全面加强现有天然林保护；通过人工促进与自然修复相结合的方式，大力培育扩大天然林规模，着力提升天然林生态功能；配套建设国家储备林基地，充分利用国内外两个市场，保障木材供给，从而实现生态产品生产能力的全面提升,为维护国家生态安全、实现中华民族永续发展筑牢根基,为建设美丽中国、实现中华民族伟大复兴中国梦提供良好的生态保障。阶段目标:

到 2020 年,继续实施天然林保护工程,并将天然林保护范围扩大到全国。在 2017 年前,划定天然林保护红线,实现全面停止天然林商业性采伐,把全国 29.66 亿亩天然林都保护起来。加快天然林生态功能修复,加强天然林保护能力建设,实行重点天然林特殊保护体制,推动天然林保护法制建设,强化天然林保护科技支撑。到 2020 年,天然林蓄积净增 13 亿 m^3,增加森林碳汇 4.93 亿 t。

到 2030 年,进一步通过封山育林、人工造林、人工促进更新、适度森林抚育等措施,扩大恢复天然林生态系统,提升天然林质量和生产力;天然林保护纳入法制化轨道,科学的天然林保护与利用策略得以确立,以生态效益补偿机制为主体的森林培育与管护措施得到完善,天然林保护区经济稳步增长。到 2030 年,天然林蓄积量增加 38 亿 m^3,碳储量增加 14.4 亿 t。

到 2050 年,以林区经济结构和产业结构调整为主线,在确保森林资源步入良性增长的同时,推动林区社会经济的快速发展;通过加大生态旅游区和狩猎场、野生动物驯养繁殖基地建设,带动林区第三产业发展;积极发掘林区珍稀名贵树种、培植大径级珍贵木材资源;大力发展林下经济,开展森林药材、森林蔬菜、森林果品、木本油料等非木质林产品的开发,通过适度利用天然林资源,发展壮大天然林保护区产业,使天然林保护与经济发展的矛盾得到根本解决。到 2050 年,以天然林为核心的森林生态体系布局更为合理,基本建成天蓝、地绿、水净、空气清新的美好家园。

2. 战略任务

天然林保护工程是我国在 20 世纪末开始实施的生态保护工程,也是我国迄今为止规模最大的生态资源保护工程。旨在更好地满足人民在物质需求得到极大提高的情况下,对环境质量及生态安全不断增长的需求。也标志着我国经过 30 余年的改革开放,综合国力显著增强,已经具备了为公众提供优质生态服务的能力。

在继续实施天然林保护工程二期的基础上,把天然林保护范围扩大到全国。分三步实现全面停止天然林商业性采伐:首先扩大东北、内蒙古重点国有林区停止天然林商业性采伐试点;其次在试点取得经验的基础上,停止国有林场和其他国有林区天然林商业性采伐;最后全面停止天然林商业性采伐。

划定天然林保护红线。将全国 19.45 亿亩天然乔木林和 10.22 亿亩可培育成天然林的灌木林、未成林封育地、疏林地,划入天然林保护工程保护范围。在划定全国森林、林地红线的基础上,进一步划定天然林保护红线,并落实到全国天然林面积分布图上和山头地块。建立最严格的天然林保护制度,禁止毁林开垦、毁林造林。

完善天然林管护和森林生态效益补偿政策。完善天然林管护体系,对天然林实行统一管护标准、统一管理制度。国有林,中央财政安排资金实施全面管护补助政策,分类确定补助标准并逐步提高。对集体所有的国家级公益林，中央财政逐步提高森林生态效益补偿标准，对集体所有的地方公益林，地方政府要全部纳入补偿范围，中央财政安排资金予以适当补助。

加快天然林生态功能修复。采取人工促进与自然修复相结合的方式，对划入保护范围的天然林资源进行科学培育，使我国天然林面积明显增加，质量明显提高，生态功能明显提升。对疏林地和符合封山育林条件的无林地，实施封山育林；对林间空地和郁闭度较低的林分，实施补植补造；对需要抚育经营的中幼龄林加大森林抚育力度；对重要水源地、重点生态功能区等特别重要的人工林，实现近自然林经营。

加强天然林保护能力建设。强化天然林保护基础设施建设，打通服务基层林业最后一千米，加大国有林区、国有林场、集体林区野外管护站点建设；启动实施森林防火应急道路建设工程，加强集体林区林业工作站建设，提高森林防火、有害生物防控、林政执法、科技推广能力；完善天然林管护体系，对天然林实行统一管理制度，统一管护标准，加强天然林保护从业人员技能培训和人才队伍建设，不断提高天然林保护的治理能力。

实行重点天然林特殊保护体制。对全国或区域经济社会发展具有关键性作用、具有重大保护价值的天然林生态系统，采取最严格的保护措施，建立一批国家级自然保护区和国家公园，由国务院林业主管部门直接管理或委托省级林业主管部门管理，实行重点保护、永久保存。涉及集体和个人所有的林地林木，可由中央人民政府或省级人民政府按照事权划分原则，逐步进行赎买、租赁或林地置换。

推动天然林保护法制建设。制定《天然林保护条例》，完善相关管理办法、技术标准，建立健全天然林保护的奖惩激励机制，加大执法力度，依法严格保护天然林。

强化天然林保护科技支撑。加强天然林保护和恢复技术研究，并加大推广应用力度；完善天然林效益监测体系，对天然林保护成效进行科学评估；加强信息化建设，采用高新技术强化天然林保护的精细化管理。

加大国家用材林储备基地建设。在严格保护天然林的同时，配套建设国家储备林基地，保证国内木材基本需求。短期立足国内外两个市场，解决木材需求。长期必须立足国内，加大人工林供给。建立国家用材林投入激励机制，加大金融支持和贴息扶持力度，大力培育林业要素市场，鼓励民间社会资本投资造林。通过一定时期的努力，建成一批高水平的木材储备和速生丰产林生产基地，保证国家木材安全。

3. 重点工程

天然林资源保护工程实施范围涉及 17 个省（自治区、直辖市）、20 个独立编制省级实施方案的单位。县（市、区、旗）数 734 个，森工局（场）163 个。长江上游、黄河上中游天保工程区包括长江上游地区（以三峡库区为界）的云南、四川、贵州、重庆、湖北、西藏 6 省（自治区、直辖市）和黄河上中游地区的陕西、甘肃、青海、宁夏、内蒙古、山西、河南 7 省（区）。东北内蒙古等重点国有林区天保工程区包括内蒙古、吉林、黑龙江（含大兴安岭）、海南、新疆（含新疆生产建设兵团）共 5 个省（自治区）。天保工程实施范围在一期的基础上，增加丹江口库区的 11 个县（区、市）（其中湖北 7 个、河南 4 个）。当前天保工程主要任务是全面停止重点国有林区天然林商业性采伐，进一步加强森林管护体系建设，加强中幼林抚育、公益林建设和后备资源培育，进一步完善国有职工社保保障体系，推进国有林区改革，加快工程区转型发展，促进工程区生态林业、民生林业健康持续发展（图 5.11）。

图 5.11　内蒙古天然林资源保护工程（林逸摄）

（二）退耕还林

1. 战略目标

总体目标：以全面恢复林草植被、治理水土流失和土地沙化为重点，以确保国土生态安全、实现可持续发展为最终目标，在切实巩固已有退耕还林成果的基础上，继续有计划、分步骤地实施退耕还林还草、封山绿化，使全国水土流失严重的坡耕地、严重沙化耕地和重金属污染严重的耕地得到有效治理，并相应地开展宜林荒山荒地造林和封山育林，建立稳定的森林生态系统，从根本上改善我国的生态状况，促进生态、经济和社会可持续发展。

到2020年，完成退耕还林任务533.3万 hm^2，配套完成宜林荒山荒地造林466.7万 hm^2、封山育林200万 hm^2。新增林草植被1200万 hm^2，工程区森林覆盖率再增加2.7%，使脆弱的生态环境得到明显改善，农村产业结构得到有效调整，特色优势产业得到较快发展，退耕还林改善生态和改善民生的功能初步显现。

到 21 世纪中叶，退耕还林地区森林植被及相关资源极大丰富，森林生态系统结构合理、功能优化、效益凸显，工程治理地区的生态状况得到彻底改善，生态灾害大为减轻。退耕还林工程区以森林资源为依托的特色优势产业得到充分发展，体系完善，经济效益显著，林业在国民经济中占有足量份额。地方经济繁荣，农民生活富足安康，实现生态、经济、社会的可持续发展。

2. 战略任务

继续实施退耕还林工程。根据可退耕地状况、退耕还林建设现状，以及工程建设的指导思想、原则和目标等，2014～2020 年对 25°以上坡耕地、沙化严重耕地、石漠化严重耕地实行退耕地还林 533.3 万 hm²。为了加大生态建设力度，巩固和扩大退耕还林工程建设效果，在有退耕地还林任务的省份以及海南省，开展宜林荒山荒地造林，并对通过封育能成林的无林地、疏林地实行封山育林，恢复森林植被。2014～2020 年完成宜林荒山荒地造林 466.7 万 hm²、封山育林 200 万 hm²。以后视情况再适当安排退耕还林任务。退耕还林根据因地制宜、适地适树的原则，由地方及退耕农户依据当地自然条件和种植习惯，确定林种和树草种，国家对林种比例不再作统一规定。同时，退耕还林后，在不破坏植被、造成新的水土流失的前提下，允许农民间种豆类等矮杆作物，以耕促抚、以耕促管。

巩固退耕还林成果。退耕还林是我国治理水土流失、改善生态、促进农业可持续发展和农民增收致富采取的重大政策。第一轮 926.67 万 hm²（1.39 亿亩）退耕还林，从 2016 年开始将陆续到期，为长期巩固退耕还林成果，形成良性循环，需要进一步完善政策，不断强化对退耕还林地的管护，改善林分质量，促进退耕农户获得持续性收入，实现退耕还林工程区经济社会可持续发展与广大退耕农户自身利益诉求的"双赢"。有关省份及有关部门要按照目标、资金、任务、责任"四到省"的要求，统筹做好巩固退耕还林成果的工作。采取有效措施，突出重点，加快进度，提高质量，全力推进巩固退耕还林成果专项规划中的基本口粮田建设、农村能源建设、生态移民、后续产业发展和补植补造等五大任务建设。在巩固退耕还林成果专项规划实施结束后，继续安排一定规模的退耕还林后续产业发展资金，统筹财政、金融等扶持政策，壮大区域特色优势产业，为退耕农户建立稳定的增收渠道，确保退耕还林成果切实得到巩固和退耕农户长远生计得到有效解决这两大目标的实现。

3. 重点工程

退耕还林工程实施范围包括重点水源涵养区、黄土高原水土流失区、严重岩溶石漠化地区、重点风沙区和东北森林屏障区等 5 个类型区，建设重点为西南岩溶石漠化地区、三峡库区、南水北调中线工程水源涵养区、黄土高原丘陵沟壑区、地震和特大泥石流重灾区等重点生态脆弱区和重要生态区位（图 5.12）。当前主要任务是巩固已有成果，并开展一定规模的退耕地还林、宜林荒山荒地人工造林和封山育林等。

的荒漠绿洲防护林体系，在黄土高原丘陵沟壑区构建生态经济型防护林体系，在东北华北平原农区构建高效农业防护林体系。同时，在科尔沁沙地、毛乌素沙地、呼伦贝尔沙地、晋西北、河西走廊、柴达木盆地、天山北坡谷地、塔里木盆地周边、准噶尔盆地南缘、阿拉善地区、晋陕峡谷、陇东丘陵、渭河流域、湟水河流域、三江平原、松辽平原、长白山、海河流域、乌兰布和沙漠周边等区域内，组织实施一批重点建设项目。当前主要任务是开展人工造林、封山育林和飞播造林等。

（2）沿海防护林体系建设工程。实施范围包括辽宁、河北、天津、山东、江苏、上海、浙江、福建、广东、广西、海南等沿海 11 个省份和大连、青岛、宁波、深圳、厦门等 5 个计划单列市中受海洋性灾害严重危害的 261 个县（市、区）。从浅海水域向内陆地区延伸建设以红树林为主的消浪林带、海岸基干林带和沿海纵深防护林。当前主要任务是开展人工造林、封山封滩育林、低效防护林改造（基干林带修复）等。

（3）长江流域防护林体系建设工程。实施范围包括青海、西藏、甘肃、四川、云南、贵州、重庆、陕西、湖北、湖南、河南、安徽、江西、江苏、山东、浙江、福建、上海等 18 省份。管理培育好现有 3000 万 hm^2 防护林，加强中幼龄林抚育，改造低效林；加大水源涵养林、水土保持林、护岸林建设力度，完善防护林体系基本骨架，提高整体防护功能。当前主要任务是人工造林、封山育林、中幼林抚育和低效林改造等。

（4）珠江流域防护林体系建设三期工程。实施范围包括江西、湖南、云南、贵州、广西和广东 6 个省份。依据珠江干流各河段及一级支流集水区范围，在南、北盘江流域、左、右江流域、红水河流域、珠江中下游流域和东、北江流域开展水源涵养林建设和水土流失及石漠化治理。当前主要任务是开展人工造林、封山育林和低效林改造等。

（5）太行山绿化三期工程。实施范围包括河北、山西、河南、北京 4 省份。在桑干河、大清河、滹沱河、滏阳河、漳河、卫河、沁河等7个流域营造水源涵养林和水土保持林，并加强五台山周围、桑干河中上游、滹沱河上游、西柏坡周围、大清河上中游、滏阳河上中游、沁河中游、太岳山山地、漳河上游、卫河上游等重点区域治理。当前主要任务开展人工造林、封山育林和低效林改造等（图 5.13）。

（6）平原绿化三期工程。实施范围包括北京、天津、河北、山西、内蒙古、辽宁、吉林、黑龙江、上海、江苏、浙江、安徽、福建、江西、山东、河南、湖北、湖南、广东、广西、海南、四川、陕西、甘肃、宁夏、新疆等 26 个省份和新疆生产建设兵团。以全国粮食主产省和粮食主产县为重点区域，以农田防护林带建设为重点内容，当前主要任务是开展人工造林、现有林网改造等高标准农田林网建设。

（四）森林保育和木材战略储备

1. 战略目标

培育良种壮苗，加快国家木材战略储备基地建设，加强森林抚育，强化森林保护，

图 5.13 河南太行山绿化工程（林逸摄）

确保实现森林面积和森林蓄积增长目标，维护国家木材安全。

2. 战略任务

森林生态红线划定与保护。划定生态红线的意义就在于要把需要保护的生态空间严格保护起来，这是构建我国生态安全战略格局的底线，也是维护代际公平、留给子孙后代的最大、最珍贵的遗产。生态红线是我国继"18 亿亩耕地红线"后，另一条被提升到国家层面的"安全线"，体现了党和国家加强自然生态系统保护的坚定意志和决心。一是科学划定生态红线。生态红线就是保障和维护国土生态安全、人居环境安全、生物多样性安全的底线。生态红线一旦失去，难以拯救。林地和森林红线：全国林地面积不低于 3.12 亿 hm^2，森林面积不低于 2.49 亿 hm^2，森林蓄积量不低于 200 亿 m^3，维护国土生态安全。二是严格守住生态红线。制定最严格的生态红线管理办法。确定生态红线区划技术规范和管制原则与措施，将生态空间保护和治理纳入政府责任制考核，坚决打击破坏红线行为。运用法律手段严守生态红线。森林、自然保护区等红线，必须强化依法、守法、执法力度，确保达到和守住红线。

加强重点林木良种基地建设和种质资源保护。完成全国林木种质资源调查，建设国家和省级林木种质资源保存库，培育一批优良品种和优良无性系，实现全国造林良种使用率达 75%以上，商品林造林全部使用良种。建设和完善国家重点林木良种基地，实现造林全部由基地供种。建立和完善国家、省、市、县四级林木种苗管理机构和质量检验机构，夯实造林绿化质量基础。

加快国家木材战略储备基地建设。在东南沿海地区、长江中下游地区、黄淮海地区、东北内蒙古地区、西南适宜地区和其他适宜地区，着力培育和保护乡土珍贵树种资源，大力营造和发展珍贵树种、大径材和短周期工业原料林、中长周期用材林。划定国家储备林，研究国家储备林运行、动用、轮换模式和管理机制，逐步构建起总量平衡、树种多样、结构稳定和可持续经营的木材安全保障体系。

发展木本粮油。木本粮油树种资源丰富，适生性广，单产提高潜力巨大，而且不与农争地，既可以置换出耕地种植粮食，又可以改善居民膳食结构，提升健康水平、释放消费潜力，对维护国家粮油安全、拉动内需意义重大。加大高产稳产木本粮油树种的培育和推广，重点建设油茶、核桃、油橄榄、板栗、枣等木本粮油生产基地。

加强生物能源建设。充分发挥生物质能源绿色、可再生等优势，充分挖掘我国能源树种潜力，大力发展木质能源林、油料能源林和淀粉能源林，研发能源林新品种和原料林高效培育技术，建立一批能源林示范基地，为保障我国能源安全作出贡献。

加强森林经营。着力推进造林绿化和森林抚育经营，增加森林面积，提高森林质量和效益。科学谋划全国森林中长期经营，稳步推进全国森林抚育经营样板基地建设。加快推进依据森林经营方案编制采伐限额的改革进程，鼓励各类经营主体按照森林经营方案开展森林经营活动。加强森林经营基础能力建设，推进森林立地分类和相关数表体系建设，建立和完善森林经营技术标准体系，开展森林认证，全面提升森林经营水平。

强化森林保护。加强森林防火，落实森林防火行政首长负责制，加快实施《全国森林防火中长期发展规划》，严格管理野外用火。加快推进专业森林消防队伍和武警森林部队正规化建设，扩大森林航空消防范围。加强林业有害生物防治，落实地方政府目标责任制，加强松材线虫病、美国白蛾等重大有害生物灾害监测预报、检疫和防控工作，建立林业有害生物检疫责任追溯制度，推进社会化防治工作。建立林业外来有害生物防范体系。

（五）湿地保护

1. 战略目标

总体目标：全面加强中国湿地及其生物多样性保护，不断完善湿地保护体系，科学修复退化湿地，着力推动湿地法制建设，逐步理顺体制机制，到21世纪中叶，使我国退化湿地基本得到修复和恢复，湿地退化趋势得到遏制，并建成完备的湿地生态保护与合理利用的保障体制，实现湿地资源的有效管理和永续利用，最大限度发挥湿地生态功能与效益，形成人与湿地和谐发展的现代化建设新格局，实现生态文明，建设美丽中国。

到2020年，确保8亿亩湿地红线，并基本遏制人为因素导致的自然湿地数量下降趋势；建设各级湿地自然保护区 600 个。保障湿地最小生态需水，保障湿地基本生态特征及功能。遵循自然规律合理利用湿地资源，遏制湿地生物多样性急剧下降趋势。完善管理体系、推进管理机构改革，建立湿地生态系统保护网络。以保护自然湿地为主，在此基础上加强对退化湿地的生态恢复、重建。

到 2050 年，确保自然湿地面积不减少，自然湿地有效保护面积将达到 100%，人工湿地面积较 2020 年增长 10%。促进退化湿地恢复与治理，使天然湿地生态质量有所改善，湿地各项生态功能及其效益明显提高。构建比较完善的湿地保护、管理与合理利用的法律、政策和监测科研体系，形成较为完整的湿地保护、管理、建设体系，使我国成为湿地保护和管理的先进国家。全面提高我国湿地保护、管理和合理利用水平，形成完善的自然湿地保护网络体系，使绝大多数的自然湿地得到良好的保护，实现我国湿地保护和合理利用的良性循环。初步建立湿地保护与合理利用的良好管理秩序，保持和最大限度地发挥湿地生态系统的各种功能和效益。

2. 战略任务

建立湿地生态红线制度。根据第二次全国湿地资源调查的结果，制定满足国家生态安全的湿地保护"红线"，确保现有的 8 亿亩湿地不减少，与我国现有湿地面积基本持平。建立湿地红线制度，各级政府根据当地的湿地资源情况划定地区湿地保护红线。提出生态红线的划定范围和技术流程，特别关注重要湿地生态功能区、湿地环境敏感区、湿地脆弱区等区域。湿地红线制定要充分考虑湿地植被、鸟类、污染状况以及周边条件等，由政府相关部门发布"湿地红线保护公告"。我国目前湿地状况远不能满足经济发展的需要和人民群众的期盼，要牢固树立红线意识和底线思维，采取一切措施，加大保护力度，避免生态破坏，坚决守住维护国家生态安全、保障人民基本生态需求的底线。

遏制湿地减少趋势。抓紧湿地的抢救性保护，把一切应该保护的湿地都尽快保护起来，使更多的自然湿地尽快纳入保护管理范围。采取有效措施，加大对已建的各级湿地自然保护区、湿地保护小区和湿地公园保育区的监管和投入力度，改善保护区及湿地公园的硬件和软件条件，提高湿地保护管理能力，解决因保护管理水平低下导致的湿地生态功能受损等问题，使湿地资源得到最大保护，有效改善湿地管护效果。湿地公园和湿地保护小区是湿地保护的重要形式，严格遵循"保护优先、科学修复、适度开发、合理利用"的基本原则，合理推进湿地保护小区、湿地公园建设工作，尽可能地扩大湿地保护的范围。

保护湿地生物多样性。以预防湿地及其生物多样性遭受破坏为出发点，采用直接、有效和经济的就地保护方式，保护湿地及其生物多样性，保持湿地的自然或近自然状态。以保护我国天然湿地生态系统和维持湿地野生动植物种多样性为重点，在生态脆弱地区，具有代表性、典型性并未受破坏的湿地区域或湿地生物多样性丰富区域等地建立不同级别、不同规模的湿地自然保护区，形成湿地自然保护区网络。加强濒危动植物的保护，高度重视湿地资源开发对湿地生物的影响，积极实施湿地恢复及保育工程，保护和恢复湿地动植物的重要栖息地及其生态状况，维持并提高湿地生物多样性。

减少湿地污染。积极转变水污防治思路，从末端治理向流域水环境综合治理转变，从单纯水质管理向流域水生态管理转变，从目标总量控制向容量总量控制转变。将湿地污染管理纳入流域治污体系，统筹经济发展与生态保护的关系。强化流域内水环境污染源的综合治理，实行容量总量控制。推进湿地恢复与综合治理工程的实施，有效改善生态质量。

保证湿地可持续利用。以调整产业结构为契机，以正确处理湿地保护与利用的关系为前提，选择好本地区既有经济效益，又确保可持续发展的支柱产业；制定科学的湿地资源利用规划、建立湿地生态影响评价制度，实现统一规划指导下的湿地资源保护与合理利用的分类管理；制止过度利用与不合理开发，使湿地资源逐步恢复，形成良性循环。

3. 重点工程

全国湿地保护工程。实施《全国湿地保护工程规划（2002～2030年）》，全面加强对湿地的抢救性保护和对自然湿地的保护监管。重点建设国际和国家重要湿地、各级湿地保护区、国家湿地公园以及相关的流域湿地生态系统，并对滨海湿地、高原湿地、鸟类迁飞网络和跨流域、跨地区湿地给予优先考虑，形成国家层面的示范效果。加强对一些生态退化严重的湿地采取水资源调配与管理、污染治理、生态恢复与修复、有害生物防治等综合治理。加强湿地资源监测、管理等支撑体系建设。

图5.14　西藏湿地保护一角（林逸摄）

（六）荒漠化防治

1. 战略目标

我国荒漠化防治的目标是，到 21 世纪中叶，使我国适宜治理的荒漠化土地基本得到整治，并建成稳定高效的生态防护体系、发达的沙产业体系、完备的生态保护与资源开发利用保障体系，区域经济蓬勃发展，东西部差距明显缩小，荒漠化地区将呈现生态稳定、环境优美、经济繁荣、人民安居乐业的景象。

到 2020 年，荒漠化扩展的趋势得到逆转，荒漠化地区生态状况初步改善，力争使荒漠化地区生态明显改观。这一时期的主要奋斗目标是：荒漠化地区 50% 以上适宜治理的荒漠化土地得到不同程度整治，重点治理区的生态环境开始走上良性循环的轨道。

到 2050 年，荒漠化地区建立起基本适应可持续发展的良性生态系统。主要奋斗目标是：荒漠化地区适宜治理的荒漠化土地基本得到整治，宜林地全部绿化，林种、树种结构合理，陡坡耕地全部退耕还林、缓坡耕地基本实现梯田化，"三化"草地得到全面恢复。

2. 战略任务

根据全国荒漠化防治形势，立足沙区特殊区位和比较优势，提出构建"一线两带三区"的总体战略构思。一线是指"荒漠化防治的国防生态线"，即沿我国北方边境线，在我国一侧设立宽 50～100km 的国防林带，防风固沙、保家卫国、守护国防。两带分别是指"青藏铁路生态防护带"和"新丝绸之路生态经济带"。针对青藏铁路沿线土壤沙化严重的问题，在青藏铁路沿线两侧各设立 50～100km 的生态防护带，缓解风沙对铁路安全运行造成的威胁；从陕西到新疆设立新丝绸之路生态经济带，深化我国与中亚国家的战略伙伴关系，保障新丝路的生态安全。三区是指在荒漠化地区分别设立"经济特区、文化特区和国防特区"。例如在敦煌设立国际文化特区，在内蒙古正蓝旗设立蒙古族文化特区，在新疆喀什设立维吾尔族文化特区，在西藏日喀则设立藏族文化特区等，促进西北地区民族文化传承和繁荣；在内蒙古满洲里、鄂尔多斯、阿拉善，新疆喀什克拉玛依、伊犁，甘肃武威，青海格尔木，宁夏沙坡头等地设立经济特区，促进荒漠化防治与经济繁荣；在新疆罗布泊、甘肃金塔、酒泉卫星发射基地等地设立国防特区，为国防和国家安全提供战略保障。

制定上下兼修的荒漠生态系统生态红线。实现退化土地年度零净增长；沙区植被恢复面积在 56 万 km^2 以上；沙化土地总体控制在 150 万 km^2 以内；荒漠化土地总量控制在 250 万 km^2 以内。

完成《全国防沙治沙规划》任务。2013 年，国务院批准的《全国防沙治沙规划（2011～2020 年）》分两个阶段实施，其中：2011～2015 年为第一阶段，2016～2020 年为第二阶段。《规划》的目标任务是：划定沙化土地封禁保护区，加大防沙治沙重点工程建设力度，全面保护和增加林草植被，积极预防土地沙化，综合治理沙化土地，完成沙化土地治理任务 2000 万 hm²，其中第一阶段 1000 万 hm²，第二阶段 1000 万 hm²，到 2020 年，全国一半以上可治理沙化土地得到治理，沙区生态状况进一步改善。

完成《西南岩溶地区石漠化综合治理规划纲要》任务。国务院批准的《西南岩溶地区石漠化综合治理规划纲要（2008—2015 年）》提出，到 2015 年完成石漠化土地治理任务 942.15 万 hm²。目标任务：工程建设要实现生态、经济、社会三大目标，争取到 2015 年，控制住人为因素可能产生的新的石漠化现象，生态恶化的态势得到根本改变；人民生活水平持续稳步提高；工程区土地利用结构和农业生产结构不断优化，特色产业得到发展，步入稳定、协调、可持续发展的轨道。

3. 重点工程

京津风沙源治理二期工程（图 5.15）。根据国务院批复的《京津风沙源治理二期工程规划（2013～2022 年）》，工程区范围将扩大至包括北京、天津、河北、山西、内蒙古、陕西在内的 6 个省份的 138 个县（旗、市、区），面积扩大至 70.6 万 km²。到 2022 年，工程区内可治理的沙化土地得到基本治理，总体上遏制沙化土地扩展的趋势，基本建成京津及华北北部地区的绿色生态屏障，京津地区的沙尘天气明显减少，风沙危害进一步减轻；工程区经济结构继续优化，可持续发展能力稳步提高，林草资源得到合理有效利用，全面实现草畜平衡，草原畜牧业和特色优势产业向质量效益型转变取得重大进展，工程区农牧民收入稳定在全国农牧民平均水平以上，生产生活条件全面改善，走上生产发展、生活富裕、生态良好的发展道路。

图 5.15　京津风沙源治理工程一角（林逸摄）

岩溶地区石漠化综合治理工程。实施范围包括贵州、云南、广西、湖南、湖北、四川、重庆、广东 8 个省份的 451 个县（市、区），在试点的基础上全面启动实施。一是对南方石漠化土地通过封山育林（草）、退耕还林（草）、人工造林种草等措施进行综合治理，逐步恢复林草植被；二是加强石漠化地区基本农田建设和农村能源以及人畜饮水工程建设，并在石漠化危害极其严重地区有计划、有步骤地开展生态移民；三是在不破坏生态的前提下，积极发展经济林、中药材等生态经济型特色产业和岩溶地区生态旅游，增加农民收入。当前主要任务是开展人工造林、封山育林育草等。

（七）草原治理

1. 战略目标

到 2020 年，全面完成牧草种质资源体系建设和草原自然保护区的基本建设，草原遗传资源得到有效的保存和利用，草原自然保护区的建设和管理达到国际先进水平，草原资源调查定期普查列入国家计划，草原资源保护利用的国家系统形成有效体制并进入高效运行。进一步深入实施国家草原工程，草地"三化"趋势得到基本遏制，草原资源保护和建设进入历史最好阶段。到 2020 年，全国累计草原围栏面积达到 1.5 亿 hm^2，改良草原 6000 万 hm^2，人工种草面积达到 3000 万 hm^2。优良草种繁育基地达 80 万 hm^2，年产草种达 30 万 t 以上。新建草原自然保护区 30 处。全国 60% 的可利用草原实施轮牧、休牧和禁牧措施，天然草原基本实现草畜平衡，草原植被明显恢复，基本草场的植被覆盖度达率 60% 以上。

2. 战略任务

依据农业部草地生态建设总体规划，中国草地依据地理类型和水分条件划分为四大片，即北方干旱半干旱草原；青藏高原高寒草原；东北华北湿润半湿润草原；南方草地。

北方干旱半干旱草原区。本区涉及内蒙古、新疆、宁夏自治区以及河北省坝上承德地区、张家口地区，山西省大同市、忻州地区、雁北地区，陕西省榆林地区、延安地区，甘肃省部分地区（甘南州、天祝县、肃南县除）外，黑龙江省的大庆市、齐齐哈尔市，吉林省的白城地区 9 个县以及辽宁省阜新市、朝阳市等两个市 8 个县。全区涉及十省区，现有草原面积 15 994.86 万 hm^2，可利用草原面积 13244.58 万 hm^2。到 2020 年，累计草原围栏面积达到 9700 万 hm^2，治理风沙源面积达到 1800 万 hm^2，人工种草保留面积达到 1400 万 hm^2，改良草原面积达到 2640 万 hm^2。牧草良种繁育面积达到 54 万 hm^2，草种产量达 20.2 万 t。禁牧休牧划区轮牧面积达 12 000 万 hm^2，其中禁牧 1800 万 hm^2，休牧 8400 万 hm^2，划区轮牧 1800 万 hm^2。建立草原自然保护区 12 个。

青藏高寒草原区。本区域涉及西藏全区、青海省除海东地区的大部分县市，四川甘孜州、阿坝州，甘肃省的甘南州及天祝县、肃南县，云南省迪庆州包括德钦、中甸、维西 3 县以及丽江市的丽江、宁蒗、永胜、华坪等 4 县。全区共含 5 省份 378 个县市，该区域有草原面积为 13 908.45 万 hm²，可利用草原面积 12060.93 万 hm²。到 2020 年，累计草原围栏面积达到 4100 万 hm²，人工种草保留面积达到 330 万 hm²，草原改良面积达到 2100 万 hm²。牧草良种繁育面积达到 9 万 hm²，草种产量达 3.4 万 t。禁牧休牧划区轮牧面积达 6300 万 hm²，其中禁牧 1300 万 hm²，休牧 4200 万 hm²，划区轮牧 800 万 hm²。建立草原自然保护区 8 个。

东北华北湿润半湿润草原区。本区域涉及河南省、山东省、北京市、天津市的全部以及黑龙江省大部（除大庆市、齐齐哈尔市外）、吉林省大部（除白城地区外）、辽宁省除阜新市、朝阳市外的大部、河北省除承德地区、张家口地区外的大部、山西省大部（除大同市、忻州地区、雁北地区外）和陕西省大部（除榆林地区、延安地区外）等，共计 10 个省份，本区草原面积 2960.82 万 hm²，可利用草原面积 2546.12 万 hm²。到 2020 年，累计草原围栏面积达到 700 万 hm²，人工种草保留面积达到 650 万 hm²，草原改良面积达到 840 万 hm²。牧草良种繁育面积达到 7 万 hm²，草种产量达 2.6 万 t。禁牧休牧划区轮牧面积达 900 万 hm²，其中禁牧 150 万 hm²，休牧 600 万 hm²，划区轮牧 150 万 hm²。建立草原自然保护区 6 个。

南方草地区。本区域涉及江苏、安徽、上海、湖北、湖南、江西、浙江、福建、广东、海南、广西、贵州和台湾省的全部以及云南除迪庆、丽江二地区的大部分地区和四川除甘孜、阿坝二州的大部分地区。总计涉及 15 个省份 1529 个县市。草原面积 6419.12 万 hm²，可利用草原面积 5247.92 万 hm²。到 2020 年，累计草原围栏面积 500 万 hm²，人工种草保留面积达到 620 万 hm²，草原改良面积达到 420 万 hm²。牧草良种繁育面积达到 10 万 hm²，草种产量达 3.8 万 t。禁牧休牧划区轮牧面积达 660 万 hm²，其中禁牧 100 万 hm²，休牧 360 万 hm²，划区轮牧 200 万 hm²。建立草原自然保护区 4 个。

图 5.16　内蒙古草原治理一角（林逸摄）

（八）水土保持与工矿废弃地修复

1. 战略目标

到 2020 年，对水土流失严重地区实现有效治理，扭转治理速度抵不过人为水土流失速度的局面，江河泥沙量减少 10%（与 2012 年年底相比），监督管理实现制度化、规范化，基本实现水土保持的信息化管理，建立水土流失地区各级政府的水土保持目标考核制度；大中型项目水土保持"三率"（方案编报率、实施率和验收率）达到 90%，小型项目"三率"达到 60%。

到 2050 年，水力侵蚀地区水土流失强度控制在中度以内，江河泥沙量减少 50%（与 2012 年年底相比），基本实现水土流失极端事件监测及预报。实现完善的水土保持的管理、考核、投资等管理和制度体系，大中型项目水土保持"三率"达到 100%，小型项目"三率"达到 100%。

2. 战略任务

水土流失重点治理。在长江上中游、黄河中上游、东北黑土区、西南溶岩等人口密度相对大的水土流失严重地区，统筹实施全国坡耕地水土流失综合治理试点工程、国家水土保持重点建设工程、国家农业综合开发水土保持项目等国家重点工程。

水土保持生态修复。西北地区的江河源区、内陆河流域下游及绿洲边缘、草原、重要水源、长城沿线风沙源等区域，主要包括北方风沙区，黄土高原西部，青藏高原区。把构筑生态屏障、维系生态安全作为首要任务，大力推进以封育保护、封山禁牧为主要内容的生态自然修复工程，实施人工治理，采取舍饲养畜、生态移民、能源替代等措施，为大范围实施封育保护创造条件。"三江源"等江河源头地区要严格限制或禁止可能造成水土流失的生产建设活动。同时做好西北部风沙地区植被恢复与草场管理；加强能源重化工基地的植被恢复与土地整治。

加强面源污染防治及人居环境改善。在东部地区、重要水源区和城镇周边，主要包括北方土石山区和南方红壤区。

生产建设项目损毁土地恢复。结合各地的区域发展规划，综合土地整理、土地复垦、生态环境建设、造林绿化等项目，植被恢复与开发利用相结合，编制历史遗留损毁土地的植被恢复工程规划，多方筹资，有步骤、有计划地实施植被恢复规划，尽快完成历史遗留损毁土地的植被恢复任务。

（九）野生动植物保护及自然保护区建设

1. 战略目标

到 2020 年，努力使生物多样性的丧失与流失得到基本控制。进一步加强国家、省级和地市级行政主管部门的管理能力建设，使指挥、查询、统计、监测等管理工作实现网络化，健全野生动植物保护的管理体系，完善绩效监督与评估机制，完善科研体系和进出口管理体系，基本建成布局合理、功能完善的自然保护区体系，国家级自然保护区功能稳定，主要保护对象得到有效保护，使95%的国家重点保护野生动植物种和所有典型生态系统类型，并使60%的国家重点保护物种资源得到恢复和增加。

到2050年，将使生物多样性得到切实保护。全面提高野生动植物保护管理的法制化、规范化和科学化水平，实现野生动植物资源的良性循环，生态系统、物种和遗传多样性得到有效保护，并使85%的国家重点保护物种资源得到恢复和增长。建成具有中国特色的自然保护区保护、管理、建设体系，提高管理有效性，禁止开发各类自然保护区，使保护生物多样性成为公众的自觉行动。自然保护区的功能得到全面发挥，管理效率和有效保护水平不断提高。

2. 战略任务

野生动植物生态保护红线的划定。一是划定目标：即确保野生动植物种的最小可存活种群；确保野生动植物种最小可存活种群栖息地的最小动态面积；确保野生动植物种重要栖息地的安全，其在自然保护区内的应严禁破坏，在自然保护区外的也应进行严格保护；确保野生动植物种保持基因多样性。二是划定方法：通过种群生存力分析，确定野生动植物种的最小可存活种群；通过DNA分析，确定野生动植物种的基因多样性；结合环境容纳量分析，确定该最小可存活种群所需的最小动态面积的栖息地；通过栖息地适宜度评价，结合空间叠加分析，确定野生动植物种的关键栖息地位置与范围；位于关键位置的最小动态面积的栖息地是必须采取强制性保护措施。

现存野生动植物资源的调查与编目。西南石灰岩地区、横断山脉地区等生物多样性关键地区野生动植物资源调查与编目；全国生物多样性保护优先区域野生动植物资源调查与编目；全国国家级自然保护区野生动植物资源调查与编目；全国特有珍贵林木树种、药用生物、观赏植物、竹藤植物等资源调查与编目；中国特有动物和特殊生态区及干旱、半干旱地区动物资源调查与编目；西南地区相关传统知识（民族传统作物品种资源、民族医药、乡土知识、传统农业技术）的调查、文献化编目及数据库建立；制定各类生物物种资源清单目录（包括禁止交易类、限制交易类、自由交易类），加强对进出口贸易的监督与管理。

自然保护区建设。一是自然保护区网络化建设。优化自然保护区网络，确定一批亟待抢救性保护的物种和具有重要意义的生态关键区域，在最需要保护的地区有重点地抓紧建立一批自然保护区；科学整合现有自然保护区，从系统和网络的角度来考虑扩大保护面积，建立保护区间相互联系的生境廊道，或按山系、流域整合，建立跨行政区域的自然保护区网络。二是自然保护区科学化建设。三是自然保护区信息化建设。四是自然保护区规范化建设。五是自然保护区标准化建设。

自然保护小区建设。建立激励机制，通过乡规民约等协议保护形式，划定自然保护小区，明确保护责任，维护好对物种保存和乡俗文化有重要影响的自然生境。

合理开展迁地保护。坚持以就地保护为主，迁地保护为辅，两者相互补充。对于自然种群较小和生存繁衍能力较弱的物种，采取就地保护与迁地保护相结合的措施。

极度濒危野生动物的拯救与保护。极度濒危物种种群保护：对包括大熊猫、虎、长臂猿、朱鹮等 30～40 种极度濒危野生动物实施专项拯救，在其自然保护区以外的分布区优先建立保护监测站，在其分布的自然保护区内优先实施栖息地改造与修复。扩建、新建极度濒危野生动物拯救繁育基地：突破 5～10 种极度濒危野生动物人工繁育技术，并维持现有约 30 种极度濒危野生动物人工繁育种群，对繁育成功的野生动物开展放归自然的探索与试验。重要栖息地修复：实施栖息地改造与修复，改善野生动植物生境；在国家级自然保护区以外的野生动物重要分布区的 500～800 处重要栖息地，建设基层保护管理站，有效防止盗猎野生动物、侵占栖息地的非法行为。

极小种群野生植物的拯救与保护。对 120 种极小种群野生植物全部编目、挂牌。对 30 种极小种群野生植物开展近地保护试验示范；对 15 种以上极小种群野生植物实施野外回归；对 80 种以上极小种群野生植物保护显现效果。建设国家级就地保护点 412 个，恢复和营造适生生境。规划建设近地保护基地 50 处，近地保护点 200 个，近地保护种群 500 个，以扩大种群数量和面积，为科研迁地保护中心移栽提供缓冲和实验，为原生地野外回归提供经验。

推进野生动植物资源可持续利用。因地制宜、合理布局、统筹兼顾，切实强化对产业的指导，继续实施以利用野外资源为主向利用人工繁育资源为主的战略转变。加大对野生动植物种源繁育基地等建设投入，完善野生动植物种源繁育体系。积极研究和争取对野生动植物繁育利用的种源补助、税费调控、信贷优惠等政策和保险政策。开展野生动植物繁育利用示范试点。强化野生动植物及其产品流通监管和产业服务，完善特许经营、许可、限额及认证制度。加强对野生动植物资源的发掘、整理、检测、筛选和性状评价，筛选优良野生动植物遗传基因，推进相关生物技术在林业、生物医药等领域的应用。

3. 重点工程

野生动植物保护及自然保护区建设工程。实施《全国野生动植物保护及自然保护区建设工程总体规划》，拯救大熊猫、朱鹮、虎、金丝猴、藏羚羊、亚洲象、长臂猿、麝、野生雉类、苏铁、兰科植物等 15 大珍稀濒危野生动植物种（图 5.17）；拯救和恢复极度濒危的 40 种野生动物和 120 种极小种群野生植物及其栖息地，强化就地、迁地和种质资源保护，对人工繁育成功的 30 种野生动物和 20 种极小种群野生植物实施野外回归，加强野生动植物科研、种质资源收集保存、救护繁育。加强重点地区自然保护区、自然保护小区和保护点建设，进一步完善自然保护区网络，推进 51 处全国示范自然保护区和自然保护区示范省建设，加强国家级自然保护区基础设施及能力建设。三是加强野生动植物调查监测体系和保护管理体系建设。

图 5.17　卧龙自然保护区大熊猫保护（林逸摄）

全国极小种群野生动植物拯救保护工程。对极小种群野生动植物进一步开展就地保护、近地保护、迁地保护，建设人工种群保育基地和种质资源基因库。

（十）城镇绿化及城市林业

1. 战略目标

紧紧围绕建设美丽中国宏伟目标，以保障城市生态安全、建设生态文明、推进新型城镇化建设为总体战略目标。配合我国"两横三纵"城镇化战略格局，使绿色空间成为城镇建设的本底，构建以城镇群为结构单元，以城镇为建设单元的中国城镇绿化和城市森林建设体系；城镇建成区和郊区绿化建设统筹协调，各具特色，形成建成区外以森林为主体的城市森林体系及建成区内园林造景为主体的城市绿地体系，两部分充分衔接，共同促进城镇与自然的交融，构建布局合理、功能完善、健康美丽的城镇绿地空间格局，优化城镇化布局形态，最终提高城镇化建设水平。

到 2020 年，制定和完善各级城镇绿化发展规划，实现城镇建成区内外绿化统筹建设。通过建立城市森林生态效益补偿机制，推动森林资源的有效保护，完善林木的生态涵养功能，并进一步推动园林绿地的建设，实现公园绿地的服务半径覆盖 90%的居住用地，满足城镇居民出行见绿和休闲游憩的基本要求。

到 2030 年，建立以大型片林和主干森林廊道为骨架，各种类型防护林为补充的比较完备的城市森林体系；搭建合理的城市绿地结构，增加各类公园绿地，完善城市绿地结构，实现城市绿地的合理布局，满足市民的游憩活动需求，突出地域文化特色，改善城市景观形象，实现城镇生态得到极大改善，基本实现"天蓝、水清、地绿"的阶段性目标。

到 2050 年，将建立功能完备的城镇森林生态体系，城镇绿地体系配置合理，绿地品质大幅提升；绿地建设中自然和文化景观特色鲜明，传统优秀文化得到保护和弘扬，城市历史文脉得以延续。城镇建设与山水自然融为一体，城镇生态趋于良性循环，整体实现我国新型城镇化所提出的"顺应自然、天人合一"的建设理念。

2. 战略布局与任务

根据我国不同区域类型将城镇绿化发展划分为全国范围、地域范围、城市区域 3 个不同层面。

国家层面上城镇绿化发展（"两横三纵"）。综合考虑《全国主体功能区规划》、《国家新型城镇化规划》、《中国可持续发展林业战略研究》和《全国林业发展区划》等成果，结合中央城镇化工作会议确定的城镇化战略格局，确定国家城镇绿化"两横三纵"的战略布局。城镇绿化和城市森林建设是国家生态建设的重要组成部分，与我国目前的天然林保护工程、退耕还林工程、京津风沙源治理、重点地区防护林体系建设工程等生态工程应并列成为全国布局的重点生态工程。从全国生态建设的角度，本着在全国建立起完整的城市森林生态体系来构思和设计，使城市生态建设由绿化、生态层面向生态、经济层面提升。在城镇绿化建设中起到改善区域生态质量、提高居民生活水准和实现城镇建设可持续发展的要求，城镇绿化区成为城市群景观的本底，构建以城市群为结构单元，以城市为建设单元的中国城镇绿化体系。

区域范围上城镇绿化发展。根据"两横三纵"的城镇绿化战略格局，结合各地的自然条件和经济发展水平，将我国城镇绿化发展战略布局具体落实到不同地区：

东部区域（东线）——提高质量，突出地域特色。包括北京、天津、河北、辽宁、黑龙江、吉林、上海、江苏、浙江、福建、山东、广东、广西和海南等 14 个省份，涉及哈长地区、环渤海地区、东陇海地区、长江三角洲地区、海峡西岸经济区、珠江三角洲地区等城市群区域。城镇绿化和城市林业的发展方向应注重城镇绿化质量的提高，打造精品，突出特色，将自然景观与人文景观相结合，传统文化和现代文化相结合，结合城镇绿化发展目标，以生态理念为指导，以市场手段为推动，以科技创新为支撑，以现代制度为保障，不断扩大特色林业发展走城乡一体化道路，在城市周边区建设城市"绿肺"。突出城市森林的休闲娱乐和美化净化功能。该区域应考虑资源禀赋，环渤海地区等区域应以发展节水型城镇绿化体系为主。

中部区域（中线）——生态与经济条件并重。包括山西、河南、安徽、江西、湖北和湖南等6个省，涉及中原经济区、皖江城市带、长江中游地区、冀中南地区、太原城市群、北部湾地区等城市群区域。该区域经济条件中等，南方区域自然条件较好，北方区域已经进入400mm降雨线以内。该区域城镇绿化和城市林业建设应适度发展，北方城镇绿化建设要考虑水资源承载力，南方则应考虑经济条件。围绕保障生态安全、美化人居环境、促进林农增收、结合林业分类经营的目的。城市森林要结合自然地形灵活布局，通过道路、河流沿线的防护林建设，形成绿色通道，使城市森林与当地山水相结合，将森林、生态、文化交融在一起。结合生态防护林网，建立工业原料林区和其他优质农产品生产区，对生态林保护区将保护与改造相结合，提高森林健康水平，充分发挥城市森林的经济价值和生态价值。

西部地区（西线）——生态安全为主，经济效益为辅。包括重庆、四川、贵州、云南、西藏、陕西、甘肃、宁夏、新疆、青海、内蒙古等11个省份，涉及呼包鄂榆地区、宁夏沿黄经济区、兰州–西宁地区、关中–天水地区、天山北坡地区、藏中南地区、黔中地区、滇中地区等城市群区域。结合西部大开发区域发展战略，城市绿地建设要将保护和建设相结合，建设应立足本区的生态状况，着眼于突出的生态问题。如在西部干旱地区，突出城市绿地的水源涵养功能，着重建设水源涵养林，城镇绿化建设以改善生态，实现区域生态安全为主要目的，同时兼顾城市绿地的生产功能和经济效益。

城市层面上城镇绿化的发展。单个城市城镇绿化布局结构应形成两个圈层：建成区内以园林绿化为主体的城市绿地体系建设圈层和建成区外以森林为主体的城郊森林体系建设圈层。依托城镇绿化这两个圈层，形成建成区内部园林绿化建设与建成区外部城郊森林系统建设相互支撑、相互融合、相互渗透的统一体系，构建城镇绿化一体化发展模式。

（十一）国家公园体系建设

按照保护优先、适度利用、依法管理、试点先行的原则，积极探索和建立国家公园体制。以自然资源和自然生态系统为基础，以资源资产产权部门为主体，配合"生态保护红线"和自然资源资产产权制度改革，以国有资源资产为主体的自然保护区等区域开展国家公园建设，逐步形成归属清晰、红线落地、用途管制、定位发展、权责明确、监管有效的国家公园体系。

针对我国国家公园建设管理中存在的问题，广泛汲取国际社会的成功经验和失败教训，整合、改革和完善我国现行的国家公园体系，有效保护具有国家或国际重要意义的自然资源和生态系统，同时发挥其科研、教育、游憩和社会发展等功能，建立符合中国国情的国家公园体系（图5.18）。

图 5.18 三江源国家公园（林逸摄）

八、美丽生态建设战略对策

推进美丽生态建设，观念转变是前提，生产发展是基础，制度建设是保证，科技发展是动力，协同推进是途径和方略。美丽生态建设要树立尊重自然、顺应自然和保护自然的理念，把经济规律、社会规律与自然规律统一起来；推动绿色发展、低碳发展和循环发展，发展生态经济；推进法律制度建设，建设法治国家、法治社会、法治政府；坚持科教兴国战略和人才强国战略，充分发挥科技在美丽生态建设中的作用；整体、协同和统筹发展，把国内发展与国际合作相结合，走和平发展、合作共赢之路。总之，要实行"德治"、"法治"、"金治"、"慧治"、"共治"等五大战略。

（一）实行"德治"战略，打造生态思维

1. 转变发展观念，树立美丽生态意识

美丽生态建设要尊重自然规律、社会规律，要处理好人与自然、人与人、人与社会之间的关系，要走全面协调可持续发展之路，要实施绿色低碳循环发展模式，需要全球全社会共同合作，实现这些转变，理念和意识转变是前提。其中，树立生态伦理意识、提升规则意识和树立永续发展理念等是理念和意识转变的重点。

道法自然，树立生态伦理意识。道家生态伦理对于现代社会保护生态环境，走可持续发展之路具有重要的借鉴意义。在人与自然的关系问题上，道家主张道法自然、天人合一、物我为一。"道法自然"是道家生态伦理的基本原则，其基本要求有二：一是顺

应自然，二是勿强行妄为。以此为根据，道家提出了一些具体的生态伦理规范，其主要内容可概括为：慈爱利物、俭啬有度，知和不争。人与自然的关系不是单纯地利用和被利用、征服和被征服的关系，而是将人与自然视为整体来谋求人与自然和谐相处、互动共存。它要求人们充分认识生态自然对人类存在的价值，将生态系统纳入人类生存与发展的空间，在肯定人的价值和权利的同时，承认自然界的价值和权利，以求得经济、社会、资源、生态环境之间和谐共存、协调发展，建立起包括自然界在内的新的伦理道德秩序。"天人合一"是中国传统文化在深入思考人与自然关系时提出的十分重要的生态伦理思想，是中国传统道德追求的最高境界。

尊重自然规律，提升规则意识。目前我国正处于社会经济转型期，是各种矛盾的突发期，是经济发展的换挡器，在这样的形势下，尊重自然规律尤为重要。建设美丽中国包含着既要处理好人与自然的关系，又要在国际交往中遵守国际规则，以期共享经济发展带来的福利。多年来，我们恰恰忽视了人与自然的和谐问题，因而在经济发展中出现了很多生态问题。随着我国人口总量和消费需求的增加，经济增长越来越受到资源状况、能源供给和生态环境承受能力的严重制约，因此建立节约资源能源的生产和生活方式，保护好脆弱的生态环境，成为构建社会主义和谐社会的重要一环，因而效法古人与自然和谐相处也就显得更有意义（图 5.19）。

图 5.19　奥林匹克森林公园的生态廊道
（资料来源：http://www.weather.com.cn/index/lssj/07/13698.shtml）

以人为本，树立永续发展理念。建设生态文明，是关系人民福祉、关乎民族未来的长远大计。面对资源约束趋紧、环境污染严重、生态系统退化的严峻形势，必须树立尊重自然、顺应自然、保护自然的生态文明理念，把生态文明建设放在突出地位，融入经济建设、政治建设、文化建设、社会建设各方面和全过程，努力建设美丽中国，实现中华民族永续发展。坚持节约资源和保护生态环境的基本国策，坚持节约优先、保护优先、自然恢复为主的方针，着力推进绿色发展、循环发展、低碳发展，形成节约资源和保护生态环境的空间格局、产业结构、生产方式、生活方式，从源头上扭转生态环境恶化趋势，为人民创造良好生产生活生态环境，为全球生态安全作出贡献。世界的发展归根结底是人的发展，只有以人为本，时时处处想到人的基础性地位，充分考虑人的需求，符合人的特性，才能赢得支持，获得永续生命力。

2. 抓好顶层设计，确定"生态兴国"方针

"生态兴则文明兴，生态衰则文明衰"。为推进生态文明建设，我国应确立生态兴国的战略方针。

确认"改善生态"为基本国策，形成"节约资源，保护环境，改善生态"三位一体的生态文明建设基本国策。关于生态文明建设，我国曾先后出台了多项基本国策，主要有两项：一是保护环境：1990年《国务院关于进一步加强环境保护工作的决定》："保护和改善生产环境与生态环境、防治污染和其他公害，是我国的一项基本国策"。二是节约资源：1997年全国人大通过、2007年修订的《节约能源法》第4条规定："节约资源是我国的基本国策。国家实施节约与开发并举、把节约放在首位的能源发展战略"。这些基本国策的制定和实施，对于缓解我国人口与自然之间在环境污染、资源紧缺等方面的矛盾，推进生态文明建设，已经发挥并将继续发挥巨大的作用。然而，在新的形势下，湿地萎缩、水土流失、季节性旱涝、河湖缩减、森林锐减、荒漠化、石漠化、草场退化、生物多样性减少、气候变暖等生态安全问题，正日益成为我国经济社会实现可持续发展的关键约束和重大障碍，亟待破解。为此，通过顶层设计，增设"改善生态"为我国的基本国策，是推进我国生态文明建设的迫切需要。

增列建设"生态安全型"社会，形成"资源节约型、环境友好型、生态安全型"三位一体型社会。生态文明建设的基本要求有三：一是环境良好；二是资源永续；三是生态安全。2005年，党的第十六届五中全会强调，要加快建设"资源节约型、环境友好型"社会，并首次把建设资源节约型和环境友好型社会确定为国民经济与社会发展中长期规划的一项战略任务。然而，建设"资源节约型、环境友好型"社会的努力，并不能有效解决日益严峻的生态安全问题。换言之，生态文明建设，还必须有新的建设路径和保障措施，这就是通过生态建设，实现生态安全。实践证明，生态建设是生态文明建设的必要环节和重要内容。这是因为，生态建设是保障生态产品供给和维护生态安全的关键所在，是优化国土空间开发的基本手段，是确保人居环境良好和自然资源丰富的持续源泉和坚实后盾，其在整个生态文明建设中处于基础性和保障性地位。为此，有必要在政策上将建设"资源节约型、环境友好型"两型社会，扩展为建设"资源节约型、环境友好型、生态安全型"三型社会。

制订《全国生态建设规划》行动计划。同资源短缺和环境污染这两类问题不同，生态退化问题往往不容易引起社会各界的高度重视和应有关注，为此，加强生态建设必须

进行系统的设计和细致的计划，借鉴外域和本土经验，制订实施《全国生态建设规划》行动计划，将生态建设规划赋予切实的可操作性，真正把规划落实到位。

3. 加强领导，优化生态文明建设体制机制

优化生态建设的监督管理体制。组建统一的生态建设管理部门，主要负责所有国土空间生态保护建设职责，统管森林、草原、湿地、荒漠等陆地生态系统关于植树造林、植被保护、湿地保育、水土保持、生物多样性保护和景观建设等方面的生态保护监管工作，对山水林田湖进行一体化保护和建设，确保生态环境的健康和活力。为此，可以考虑以国家林业局为基础，将环保、水利、海洋、旅游、建设等有关部门的生态保护建设职能集中整合起来，建成生态保护建设部。在部门之间，可建立高位阶的部门协调机构，如在中央或国务院设立生态保护建设委员会或生态文明建设委员会。

健全生态建设的配套机制。包括协调（联动）机制、监督机制、考评机制、矫正（纠错）机制以及问责机制，保障生态建设工作的顺利实施。特别是通过经济与生态环境的综合决策强化跨部门的规则协同。具体来说，在制定与绿色经济相关的法律时，要引入"无知之幕"下的第三方立法和决策，确保立法、决策和标准制定超越部门利益而具有更强的中立性。在约翰·罗尔斯（John Rawls）的《正义论》中，有一个重要的理论"无知之幕（Veil of ignorance）"，意思就是在人们商量给予一个社会或一个组织里的不同角色的成员的正当对待时，最理想的方式是把大家聚集到一个幕布下，约定好每一个人都不知道自己在走出这个幕布后将处于什么样的角色，然后讨论针对某一个角色大家应该如何对待他，无论是市长还是清洁工，这样的好处是大家不会因为自己的既得利益而给出不公正的意见，即可以避免"屁股决定脑袋"的情况，因为每个人都不知道自己将来的位置，因此这一过程下的决策一般能保证将来最弱势的角色能得到最好的保护，当然，它也不会得到过多的利益，因为在定规则的时候幕布下的人们会认同那是不必要的。

完善生态保护建设的市场机制和社会机制。完善市场机制，培育资源市场，开放生产要素市场，使资源资本化、生态资本化，积极探索资源使用权交易等市场化模式。完善资源合理配置和有偿使用制度，加快建立资源使用权出让、转让和租赁的交易机制。充分运用社会的力量，开展生态建设宣传教育；完善公众参与生态建设的有效机制，充分调动各种社会力量参与生态建设的积极性。

（二）实行"法治"战略，推进治理法治化

1. 推进生态文明立法建设，健全生态文明法律体系

中国已经制定了 36 部与生态建设相关的法律和大量的生态、生态环境、资源方面的行政法规、地方法规、部委和地方行政规章等。此外还颁布了 800 多项国家生态建设标准。从总体看，中国的生态法制建设取得巨大成就，为生态文明建设提供了有力的法

律保障。然而，也应该看到，随着生态文明建设的不断深入，现行的生态保护法律法规不能完全适应我国生态文明建设的迫切需要。

制定生态文明建设的基本法——《生态安全法》。受历史传统和主观认识的影响，我国现行的生态文明建设法律体系，存在"重污染防治，轻生态保护"的突出问题，而且现有法律法规大都是针对某一特定生态要素制定的，如《森林法》《草原法》《水法》《水土保持法》《防沙治沙法》《野生动物保护法》等，没有考虑到自然生态的有机整体性和各生态要素的相互依存性，这种分散性立法在系统性、整体性和协调性上存在重大的缺陷和明显的不足。为此，生态文明法治建设的首要任务是，在保留以污染防治为重心的《环境保护法》的基础上，另行制定与之并列的《生态安全法》，对生态建设进行综合性的系统规定。事实上，我国已有地方率先制定了这样的地方性法规，如《贵州省生态文明建设促进条例》（2014 年 7 月 1 日实施）和《珠海经济特区生态文明建设促进条例》（2013 年 12 月 26 日制定）等。制定作为生态建设基本法的《生态安全法》，最重要的是要确立关于生态建设的基本原则和基本制度。基本原则为：生态协调原则，预防优先原则，政府主导原则，公众参与原则和生态正义原则等。主要的制度为：自然资源产权制度、生态建设规划制度、生态影响评价制度、生态监测预警制度（生态红线）、生态保育资金制度、生态突发事件应急处置制度、生态补偿制度、生态建设考评制度（生态 GDP）、生态公益诉讼制度。

完善生态文明建设的配套性立法。强化生态保护方面的立法，除了要制定综合法的《生态安全法》外，还需健全和完善生态建设的专门性和配套性立法。一是制定和修改有关法律。重点是制定《全国主体功能区规划法》《生态税法》《生物多样性保护法》和《长江法》《黄河法》《鄱阳湖法》《洞庭湖法》等专门性立法；修改《土地管理法》《森林法》《草原法》《水法》《水土保持法》《防沙治沙法》《矿产资源法》《野生动物保护法》《海洋环境保护法》等。二是制定和修改有关行政法规。重点是制定《天然林保护条例》《生态补偿条例》《湿地保护条例》《水功能区管理条例》《生态工程管理条例》《生态移民条例》《生态文明建设资金管理条例》《生物安全管理条例》《古树名木保护条例》，修改《城市绿化条例》《水土保持法实施条例》《自然保护区条例》《河道管理条例》《退耕还林条例》等。三是制定和修改相关技术规范。技术规范是生态文明建设立法体系中的重要内容，尽管它们大多并不具备法律文件和法律条文的形式，也未经过严格的立法程序，但实际上却发挥着法律的作用，不可忽视。当前，最重要的是修改《土地利用现状分类》（2007 年）国家标准，将具有重要生态调节功能的湿地、公益林地、草地作为生态用地予以单列，而不是将其划入"其他土地"类型，与裸地、空闲地、盐碱地等未利用地划归一类。还须制定和修改《中幼林抚育技术规程》、《野生动物驯养繁殖技术规程》等技术规范。由于当前国家级标准、技术规程等都比较宏观、原则性的，各地可以根据当地的实际，在不违背国家级标准和规程的前提下，制定关于生态建设的地方性标准和技术规程。

加强对传统立法的生态化改造。生态文明法制建设是一项系统工程，除了加强生态立法外，还须运用生态系统管理的理念，对宪法、民法、行政法、刑法、经济法和社会法等传统部门法进行生态化的改造，确认和保护生态利益，使所有的法律都握指成拳，形成生态文明法治建设的整体合力。须特别指出的是，对传统部门法的生态化，并不仅仅指在立法形式上规定生态保护的法律条款，而是要求在内在精神上能遵循生态系统管理的基本准则，并真正确认和有效保护基于生态系统服务功能而蕴含的生态利益。首先，修改《刑法》，将生态利益全面纳入犯罪的客体。尽管我国的《刑法》在生态建设方面作出了诸多重大规定，然而，对于侵占湿地、河道等生态用地的，即使数量巨大、危害严重也无法入罪，这显然不利于对湿地、河道的保护。为此，应修改刑法，规定侵占湿地、河道等生态用地的罪名。其次，急需民事立法尤其是《侵权责任法》确认生态利益，建立包含救济生态利益在内的生态侵权责任制度，真正追究危害生态者赔偿自然资源和生态效益损失等方面的民事责任，建议《行政诉讼法》在《民事诉讼法》第 55 条关于生态民事公益诉讼制度的基础上，规定生态行政公益诉讼制度。再次，证券法、保险法、劳动法、安全生产法、消防法、教育法等所有其他传统领域的法律法规也应进行生态化的改造，修改不利于生态建设的法律规定。

2. 依法行政，建设法治服务型政府

坚持依法行政，规范执法行为，严格执行生态建设和资源管理的法律、法规，严厉打击破坏生态环境的犯罪行为。加大执法力度，提高执法效果，实行重大生态环境事故责任追究制度，坚决改变有法不依、执法不严、违法不究的现象。克服并纠正生态环境执法中的地方和部门保护主义，遏制行政干预执法的现象，打击权法交易、钱法交易行为，维护生态法制的统一和尊严。

建设法治型服务政府，强化生态环境保护法律执行力，应该坚持行政首长负总责，实行生态环境责任问责制。其中，重点是强化领导干部的法治和服务意识，提高运用法治思维和法治方式的能力。对于重大生态环境案件，要让领导干部通过旁听案件，甚至是参与应诉，并能亲自审理行政复议案件。行政机关工作人员特别是领导干部要自觉养成依法办事的习惯，切实提高运用法治思维和法律手段解决经济社会发展中突出矛盾和问题的能力。完善公众参与政府环境立法的程序与机制，让人民群众的意见能够得到充分表达，合理诉求和合法利益能得到充分体现。要把公众参与、专家论证、风险评估、合法性审查和集体讨论决定作为重大环境决策的必经程序。严格环境行政问责，对因有令不行、有禁不止、行政不作为、失职渎职、违法行政等行为，导致一个地区、一个部门发生重大环境责任事故、事件或者严重违法行政案件的，要依法依纪严肃追究有关领导直至行政首长的责任，督促和约束行政机关及其工作人员严格依法行使权力、履行职责。

3. 加强生态文明司法建设，推动生态文明建设的法制化

随着生态保护纠纷案件的增多，特别是生态环境侵权案件的增多，可以在司法处理

程序中，将生态环境纠纷案件从一般的民事案件中区分出来，设立专门审理生态环境保护案件的合议庭，由经过生态环境法律专门培训的法官担任审判员，并注意总结生态环境诉讼的经验。法院在审理专业性较强的案件时，视案情需要，还可以聘请生态环境保护领域的专家担任人民审判员。这样，更能加大执法力度，提高执法水平。

建立生态环境领域的法律援助制度（图 5.20）。污染受害者往往是弱者，国家需保护弱势群体的利益，开设权利保护中心，建立生态环境维权律师援助队伍，帮助受害者维权，实现社会的公平与公正。

图 5.20　贵州省清镇市生态保护法庭
（资料来源：http://www.cac.gov.cn/2017-07/10/c_1121295632.htm）

诉讼制度需要增加生态环境公益诉讼的规定。公益诉讼，是指公民或组织不是因自己的权利和利益受到直接损害而提起的诉讼，其诉讼的目的是为了"公益"。我国的民事诉讼制度和行政诉讼制度的基础都是"不告不理"，即只有"与本案有直接利害关系"的人才能提起诉讼，同时，又将"直接利害关系"限制为公民的财产和人身利益。这种制度设计在传统社会并没有什么问题，但在现代社会，尤其是在生态环境损害领域，受害人往往人数众多，并且往往找不到特别明确的、传统意义上的受害人，如果坚持传统的诉讼制度，那么，对生态环境的严重损害，就没有人可以提起公益诉讼，无疑这将损害全社会的利益。优美的自然生态环境如同优裕的经济生活一样，是人们社会生活质量的重要组成部分，不能因为许多人都遭受了同一种损害而简单地否定受害人中某一人的诉讼资格。就生态环境保护而言，建立公益诉讼制度是非常必要的。应当通过修改民事诉讼法和行政诉讼法，建立生态环境公益诉讼制度，明确公益诉讼的原告资格及其权利。

这对促进公众监督和参与生态环境保护，充分发挥公众在生态建设中的积极作用，具有重要意义。

（三）实行"金治"战略，优化财政货币政策

建设美丽生态，需要一定的物质基础作支撑，财政货币政策在构建美丽生态的物质基础方面有着不可替代的作用。运用税收手段，通过开征增值税、消费税，进行资源税改革，可引导企业向绿色低碳循环经济方向转型；加大对绿色产业的财政投入力度，加大向生态建设的财政转移力度，可以发挥财政的引导作用，支持企业朝资源节约生态环境友好方向发展；绿色信贷在促进企业的绿色化转型方面有着重要的推动作用，应积极树立绿色理念，完善相关法律法规，规范和引导绿色信贷的运作，从而支持绿色产业的发展，为美丽生态的建设做出贡献。

1. 运用税收手段促进绿色低碳循环发展

当前由于人们越来越多的燃烧化石燃料、破坏森林等原因使得 CO_2 等温室气体日益增多，全球气候变暖日趋严重，进而危害自然生态系统的平衡，威胁人类的生存。所以发展低碳经济，减少碳排放成为人们关注的焦点。要实现低碳经济，促进绿色低碳循环发展，改善人类的居住生态环境，就要充分发挥税收的宏观调控功能，促进资源的优化配置，引导低碳生产与消费，实现经济的可持续发展。税收政策是国家宏观调控的重要手段，对低碳经济发展具有重要作用。

对与低碳经济发展相关的行业实行增值税和企业所得税的结构性减税。在增值税方面，扩大与低碳经济发展相关领域的增值税抵扣范围，减少高能耗、高污染产品可抵扣的进项税，取消高能耗、高污染产品的出口退税待遇。对于积极从事新能源开发、节能投资的企业，给予企业增值税税收减免待遇。在所得税方面，对于积极从事新能源开发、节能投资的企业，降低企业所得税税率，给予企业所得税税收减免待遇，允许其采用加速折旧法计提折旧；鼓励企业进行废弃物再利用，给予税收抵免；对高污染排放企业制定较高的企业所得税率，限制其发展。

完善消费税制度，扩大消费税征税范围。将部分严重污染生态环境、大量消耗资源的产品纳入征收范围。适当提高污染生态环境产品的消费税税率，并对不同产品根据其对生态环境的影响程度，设计差别税率。对于采用低污染排放技术的企业，可给予一定的减免税，增加企业参与减排的积极性。

进一步推进资源税改革。扩大资源税的征税范围，把森林、湖泊、牧场、土地、海洋等都列入征税范围，按对生态环境的污染程度实行累进税率。制定必要的鼓励资源回收利用、开发利用替代资源的税收优惠政策，提高资源的利用率。资源税税款应全额上缴国库，由中央统一管理，这样有利于防止地方出于私利导致对资源的过度浪费，能够提高资源的利用率，做到税款的专款专用。

开征与生态环境保护建设相关的生态环境税种。开征排污税，在税基选择上，以污染物的排放量课税，规定一个起征点，当企业实际排污量低于起征点时不征税，当企业实际排污量高于起征点时全额征收排污税。这样可以刺激企业改进治污技术，减少污染物的排放。对不同地区、不同部门、不同污染程度的企业实行差别税率。开征碳税，碳税通过对燃煤和石油下游的汽油、航空燃油、天然气等化石燃料产品按其碳含量的比例征税，来实现减少化石燃料消耗和 CO_2 排放。在税率方面，采用有差别的定额税率。

2. 加大绿色产业的财政投入力度

绿色产业就是以绿色资源能源开发和生态建设为基础，以实现经济社会可持续发展，从事绿色产品生产、经营，并能获取较高经济与社会效益的综合性产业。其中，绿色设计和绿色能源是绿色产业的核心产业，起主导作用。绿色设计是指在产品及其寿命周期全过程设计中，充分考虑对资源和生态环境的影响，在充分考虑产品功能、质量、开发周期和成本的同时，更要优化各种相关因素，使产品制造及其使用过程中对生态环境的总体负影响减到最小，使产品的各项指标符合绿色生态环保的要求。对工业设计而言，绿色设计的核心是"3R"（reduce、recycle、reuse），不仅要减少物质和能源的消耗，减少有害物质的排放，而且要使产品及零部件能够方便地分类回收并再生循环。绿色能源指非化石、可再生能源，包括太阳能、风能、潮汐能、海浪能、生物质能、清洁能源。其中太阳能包括光热和光伏两种能源。为鼓励和支持绿色发展，在财政投入方面可从以下几个角度入手：

实施政府绿色购买制度政策，提高政府绿色产品采购比例。在购买性支出的消费性支出方面，政府可制定相关的采购政策来促进绿色产业发展。在政府采购政策中确定购买绿色产品的法定比例，推动政府绿色采购行为。规定各级政府机构优先采购具有绿色标志的、通过 ISO14000 体系认证的、非一次性的、包装简化的、用标准化配件生产的产品，引导整个社会的生产和消费，从而促进绿色的发展。设立绿色产业发展目录或者评定绿色企业，生态环境保护等有关部门评审"生态环境保护企业标志""绿色产品标志"，对于"生态环境保护企业标志""绿色产品标志"的产品可实行优质优价。

实施政府绿色投资政策，增加绿色产业项目投资比例。在购买性支出的投资性支出方面，我国政府应增加投入，促进有利于绿色经济发展的配套公共设施建设。例如，大型水利工程、城市地下管道铺设、绿色园林城市建设、公路修建等。由于以上公共设施建设的承建企业经济负担较重，所以政府通过投资性的支出，既可以为企业创造公平的竞争环境，同时也可以调动企业建设绿色经济的积极性。对污染治理、废旧物品回收处理和再利用技术的研究与开发等公用性事业，政府也应加大投入力度。支持绿色产业相关技术的研发工作，以弥补追求短期利润最大化的企业对绿色技术研发投入的不足。通过有效的激励手段，促进相关科技研发成果的推广，以使科学技术转化为生产力，促进经济发展。对于跨地区的绿色产业项目应在每年的财政预算中给予一定的资金扶持。

实施绿色产业补贴，促进社会资本绿色产业投资。在转移性支出方面，主要涉及财政补贴。例如采取物价补贴、企业亏损补贴、财政贴息、可再生能源上网电价补贴等。目前，许多发达国家在发展绿色产业过程中，都通过财政补贴对于相关企业予以支持。重点在绿色建筑、绿色交通、新能源、机电设备再制造、废旧物资再利用方面（图 5.21），加大补贴力度，迅速扭转绿色产业投资不足的状况，促进社会资本投资绿色产业。

图 5.21　北京绿色交通建设

3. 加大向生态环境建设的财政转移力度

财政政策作为政府调控经济的最直接手段，在促进生态环境保护中被各国政府广泛运用，对生态环境保护有着极为重要的推动作用。加大财政转移力度，扩大公共支出，对生态建设具有重要意义。公共支出主要指政府满足纯公共需要的一般性支出，它包括购买性和转移性支出两大部分。国家可以通过增减购买支出、转移支出发挥公共支出的杠杆作用，调节总供给和总需求，保证财政目标的实现。购买性支出，包括商品和劳务的购买，它是政府的直接消费支出。转移性支出，通过"财政收入—国库—政府支付"这一过程将货币收入从一方转移到另一方。推行纵向、横向并存的转移支付制度，加大财政转移支付力度。转移支付实质上是市场经济条件下，政府运用财政手段干预国民经济的一项财力均衡制度。建立转移支付有利于地区间经济优势互补。为加大向生态建设生态建设的财政转移力度，可以从以下两个方面进行努力：

增强纵向转移支付。增加税收返还，提高税收返还系数，考虑未来在部分地区获得的生态环境税（或碳税）全部留给地区专款专用于生态恢复与建设。调整一般性转移支付，为保障资金来源稳定，在"均衡性转移支付"与"地区转移支付"中专列地区生态补偿项目，并进一步提高均衡性转移支付的规模和比例，充分发挥其在均衡地区财政能力方面的作用，适当提高转移支付的资金绝对数额及所占比例，细化标准和测算方法，确保各地区有动力与有能力进行对生态环境建设。加强专项转移支付的倾斜力度，对各地生态项目采用非配套拨款形式进行拨款，确保生态项目资金具有长期性保障。

建立生态补偿的横向转移支付制度。确定横向转移支付生态补偿标准，参考生态保护者的投入、受益者的获利、生态破坏的恢复成本以及生态环境服务价值等因素，量化保护地所要达到的生态指标，具体标准数值可以依据受益者的经济承受能力、实际支付意愿和保护者的需求通过协商确定，最低标准的下限应为生态保护者的投入及生态破坏的恢复成本。确保横向生态转移支付资金的专款专用，对区域内重大生态环境保护工程或项目进行可行性论证，聘请有资质的中介环评机构作生态环境影响评价，制定严格、规范的基金缴纳、使用和绩效评价制度，建立顺畅的区域生态环境合作对话机制和信息系统机制等。建立具有法律保障的横向生态转移支付监督体系，重点监察基金的实际用途、使用效率，以及资金使用后生态项目的生态效益与社会效益是否达标等。把政府间横向转移支付生态补偿的基本原则、具体方式、计算依据及监管办法、责任追究等内容以法律形式确定，形成横向转移支付制度的监督约束机制，确保横向转移支付制度的有效实施。

4. 开展绿色信贷，促进企业的绿色化转型

绿色信贷对企业的绿色化转型具有重要的推动作用，绿色信贷可以帮助和促使企业降低能耗，节约资源，将生态环境要素纳入金融业的核算和决策之中，扭转企业污染生态环境、浪费资源的粗放经营模式，避免陷入先污染后治理、再污染再治理的恶性循环。金融业作为开展绿色信贷的重要机构应密切关注生态保护产业、生态产业等"无眼前利益"产业的发展，注重人类的长远利益，以未来的良好生态经济效益反哺金融业，促成金融与生态的良性循环。开展绿色信贷，提高了企业贷款的门槛，在信贷活动中，把符合生态环境检测标准、污染治理效果和生态保护作为信贷审批的重要前提。经济杠杆引导生态环境保护，可以使企业将污染成本内部化，从而达到事前治理，而不是以前惯用的事后污染治理。

发展绿色信贷，强化绿色理念。绿色信贷将生态环境检测和生态保护作为信贷的参考依据，可以促使人们转变观念，从生态环境利益和自身受益角度综合考虑，重视发展绿色产业，自觉减少环境污染行为，发展理念的转变，有助于从源头上解决生态污染和生态环境破坏问题，由人们内心的重视而衍生出对自然的尊重，反映到产业发展上即是注重发展绿色产业，减少环境污染和资源消耗等行为。

发展绿色信贷，促进绿色低碳产业的稳步发展。信贷政策中对资源消耗低的环境友好型企业给予优惠政策，将绿色低碳企业作为重点安排对象，优先贷款，从而解决绿色企业发展的资金需求，为绿色企业发展提供动力。

发展绿色信贷，打造绿色产业。从长远来看，发展绿色信贷有利于形成一批绿色产业，拓宽绿色企业的服务渠道，扩大绿色理念的影响范围，从而从生产上、源头上逐步减少能源消耗，降低环境污染程度，最终达到共建绿色美丽家园的目的。

（四）实行"慧治"战略，坚持科教兴国

科教兴国，就是要全面落实科学技术是第一生产力的思想，坚持教育为本，把科技和教育摆在经济社会发展的重要位置，增强国家的科技实力，提高科技成果转化的能力，提高全民族的科学文化素质，把经济建设转移到依靠科技进步和提高劳动者的素质的轨道上来。充分认识和发挥科技在推进绿色增长和实现可持续发展中的作用，依靠科技进步和科技创新，为建设美丽家园提供不竭的动力。

1. 提高自主创新能力，建设创新型国家

创新是一个民族进步的灵魂，是一个国家兴旺发达的不竭动力。提高我国的自主创新能力，坚持走中国特色自主创新道路，有利于提高我国产品的科技含量，降低单位能耗，调整产业结构，发展低碳循环经济，实现经济增长方式由粗放到集约的转变，推进美丽生态建设。

推动美丽生态建设一个重要途径是高技术、高端产业的培育发展，这与产业结构调整是结合在一起的。从传统农业向生态农业的转型，并非是回归简单、原始的有机农业，需要技术的进步。工业生产能耗的降低、污染的减排离不开新产品的设计、新技术的应用推广。而要将服务业培育为绿色生产的主导产业，需要各类生态友好型服务产业的蓬勃发展。这些都离不开自主创新的推动。

生产技术的绿色革新不仅是走可持续发展道路的要求，也是增强产品世界市场竞争力的要求。绿色技术已经逐渐成为中国产品走向世界市场的新贸易壁垒。欧盟颁布的《废弃电气电子设备指令》和《电气电子设备中限制使用某些有害物质指令》，要求电子电气设备生产商在法律意义上负责报废产品的回收、处理费用，并且要求产品中不能包含铅、汞等6种有害物质。这两项指令涉及了我国出口机电产品10大类、20万种产品。要突破绿色贸易壁垒，确保国家技术竞争力的领先地位，抢占未来竞争的制高点，就需要加快绿色技术创新。技术创新能够为绿色生产提供可行性，是有效降低绿色生产成本，提高生产效率的现实途径。因此，应该提高全社会的科技意识，加大科技投入、创新研发的资金投入，为自主创新的发展提供物质保障；完善科技创新奖励机制，对各行各业中为创新作出贡献的组织和个人给予奖励和表彰，提高科技创新积极性；从国家长远需要出发，制定符合实际的科技发展规划；防止创新民族主义，应具有国际化的战略眼光，有选择地引进国外先进技术，增强自主创新能力，重视运用最新技术成果，实现技术发展的跨越。

2. 加强基础研究，推动基础与应用科学同步发展

基础研究是指认识自然现象、揭示自然规律，获取新知识、新原理、新方法的研究活动。主要包括：科学家自主创新的自由探索和国家战略任务的定向性基础研究；对基础科学数据、资料和相关信息系统地进行采集、鉴定、分析、综合等科学研究基础性工作。基础研究是科学之本和技术之源，也是技术创新的根本驱动力，加强基础研究是推进我国科技进步、实现国家发展战略目标的重要途径（图 5.22）。

图 5.22　林业一号卫星 2017 年初发射升空

基础研究是关键技术突破的先决条件。从节能减排技术领域看，中国目前在该领域基础研究上与世界先进水平相比，有 7～10 年甚至更长的差距。加强基础研究，加快自主研发，尽快掌握核心技术是迫切需要解决的问题。在可再生能源发展方面，中国除水力发电、太阳能热利用和沼气外，技术水平都还比较低。例如，尽管整个风电行业发展迅速，至 2010 年年底投入运营的风力发电装机总容量已经超过美国，达到 41 800MW，并已具备整机和部分零件的生产能力，成为全球最大风电设备制造国，然而在关键技术方面，包括控制系统、叶片设计、叶片材料等方面中国仍然依赖进口。在节能技术方面，中国虽是半导体照明技术（LED）产品的生产大国，但仍然停留在产业链下端。

基础研究是应用研究的先决条件和催化剂，推动基础研究与应用科学同步发展，让研究发挥实际效益。由于基础性研究周期长、探索性强等特点，企业缺乏对基础研究投入的积极性，投资只能依靠政府。基础研究尽管取得较大成就，但很多学科与世界先进水平的差距有进一步扩大的趋势。应切实增加基础研究持续、稳定的投入，促进基础研

究和人才培养紧密结合。完善研究项目体系，提高经费的使用效益。加强实验室等国家科学基础设施建设，以及大科学工程的前期培育。在已有技术的研发上，中国面临着追赶世界先进水平的任务。然而，在尚处于探索阶段的前瞻技术领域，例如核聚变、海洋能、天然气水合物等领域，中国与世界先进水平差距并不大，这提供了很好的发展契机，也为基础研究指明了方向。如果中国能够在这些技术领域率先取得突破，将有助于积极应对挑战，引领国际前沿技术发展。并且，中国能给绿色技术基础研究提供一些得天独厚的条件：如潜在的广阔市场空间，经济发展转型的内在需要，相对较低的企业建设成本，较为充裕的资金投入等，这些都是中国发展绿色技术方面的优势。

3. 抢占以智慧化为代表的科技制高点，推动产业技术变革

智慧化技术是指运用 0 和 1 两位数字编码，通过计算机、光缆、通信卫星等设备来表达、传输和处理所有信息的技术，它是信息革命的通用核心技术。人工智能、泛在计算、大数据、移动互联网、嵌入式传感器等是智慧化的重要技术，将成为未来科技日新月异发展的动力（图 5.23）。

图 5.23　机器人将推动社会经济发展变革

（资料来源：http://www.ce.cn/xwzx/photo/gdtp/201009/03/t20100903_21787587_1.shtml）

智慧化生存是未来社会的生存方式。当今信息时代，智慧化技术浪潮正以"10 倍速"改变着世界的秩序，从农业、工业到服务业，从产品研发和生产到营销，从信息生成和传输到信息处理，从科技研究和教育到人际交往、居家生活，智慧化技术都以指数级速度推动经济社会的进步，智慧化和基于计算机的设备渗透至生产生活的各个角落，改变

着产业行业发展模式和人们生存生活生产方式，成为社会进步的创新动力。在过去 10 余年里，智慧化技术在各个领域的进步已经远远超出了我们的想象。它的体量、种类和速度已经发生了"大爆炸"，使获取知识的思路更多，创新的速度更快。如计算机和网络的发展，使"信息是天价生产、廉价复制"；智慧化造就的大数据时代，正彻底改变着我们对世界的认识。正如《第二次机器革命》所说，智慧化技术将改变我们的经济和社会，"抓住了，你就赢了"。

从计算机到网络，从人工智能到自动驾驶汽车，再到机器人的崛起，无一不以智慧化技术为基础。智慧化技术是产品创新和制造技术创新的共性使能技术，并将深刻改变生产模式和产业形态。智慧化技术将带来"数控一代"和"智能一代"机械产品，如数码相机、三维打印机；智慧化集成制造技术，如波音 777/787 与 ARJ21 飞机的全智慧化设计；同时以智慧化技术为基础，在互联网、物联网等技术的强力支持下，制造服务业将得到全面而快速发展，大中型企业正在走向"产品+服务+管理"的模式，正在从产品制造商向系统集成和服务商转变。以婴儿空间的智慧化为例现在可以在婴儿髋骨上配备陀螺仪、数字温度传感器、话筒等设备，并通过传感器相连接。通过测量婴儿呼吸的速率，可以告知父母，婴儿是否睡着，及其所在的环境温度。通过话筒，父母可以听到婴儿是否在哭。所有信息通过与蓝牙、手机互联，均实时获得传递给父母。

智慧化技术是第 4 次技术革命，必将带来各行各业永久性、颠覆性的改变，经济社会都将发生重大转折，我们能否抓住这次大变革，引领技术革命的浪潮，对我国现代化建设和中华民族伟大复兴意义重大。

4. 加强科技伦理建设，推动科技的绿色化转型

生态科技是对近现代科学技术反思之后的科技生态化转向。它以协调人与自然之间的关系为最高准则，以不断解决人类发展与自然界和谐演化之间的矛盾为宗旨，以生态保护和生态建设为目标。应该认识到，科技是协调人与自然和谐发展的直接手段和重要工具。科学研究和技术应用要能够促使整个生态系统保持良性循环，能为优化生态系统提供智力支撑。科学技术活动，最基本的要求就是要服从自然本身的属性，接受自然科学所认识规律的限制。

近年来，科技取得了长足的进步与发展，社会生活的各个方面也发生了深刻的变化，科技是一把双刃剑，在带来社会、经济效益的同时，社会问题、生态环境问题也随之而来。网络、基因、核技术、医疗技术等科技的发展，引发了诸多伦理问题的探讨。建设美丽家园是一项长期而稳定的战略，不仅需要科技的支撑，更需要伦理的保障。在发展科学技术的同时必须走可持续发展道路，促进经济建设、政治建设、文化建设、社会建设、生态文明建设协调统一。因此，人们应该积极预防科技应用可能引发的负面效应，着力突破制约生态文明建设和可持续发展的重大科学问题和关键技术，大力开发和推广节约、替代、循环利用资源和治理污染的先进适应技术，不断为美丽中国建设提供科学

依据和技术支撑。在加强科技伦理建设方面应该注意对科技工作者、管理决策者进行科技伦理理念的培养，树立正确的科技伦理理念；充分发挥公众的监督作用，提高公众的参与热情，并进行科技伦理宣传；通过正确的政策和科学的管理、加强科技立法等方式促使科技的绿色化转型，使人类社会和自然生态环境协调发展，使科学、技术、经济、社会协调发展，最大限度地减弱和避免在科学技术的实际应用中可能带来的负面效应。

5. 坚持人才强国战略，发挥人力资源的优势

在创造社会财富的要素中，人才是其中最重要的资源。当今世界激烈的国际竞争，归根结底是人才的竞争。我国人口基数、劳动力总量大，坚持人才强国战略，培养高素质人才，显得尤为重要。如何立足国情、放眼世界，坚持以人为本、全面协调可持续发展，通过致力于人力资源能力建设，特别是加大人力资源教育开发力度和建立健全人力资源市场化配置机制，来为美丽中国可持续发展提供强有力的人文生态环境和人力资源能力支撑，是一个具有重大理论和现实意义的问题。

坚持人才强国战略，应该真正秉承以人为本的核心理念，坚决破除行政本位主义和精英主义意识形态。坚持党一贯倡导的相信群众、依靠群众、走群众路线，彻底放开绿色教育，降低绿色教育办学门槛。发动群众，真正依托社会力量和民间资本，以市场机制为基础，面向社会、面向世界、面向未来，大力发展多层次、多元化的绿色教育，实现绿色人力资源市场一体化有效配置，从而使美丽中国建设全面、协调、可持续发展自始至终建立在扎实的人力资源支撑能力基础上。发挥人力资源优势，应大力发展绿色教育，建立新型国民素质教育体系。培育发展人力资源，关键在于教育开发。建设美丽生态，需要有高素质、专业化的人力资本支撑，需要开发、培养和塑造出一大批绿色科学技术人才、绿色技术工人、绿色企业家和职业经理人队伍。

加强绿色人才培养，为建设美丽生态奠定坚实人才基础。绿色人才培养应该着眼于绿色经济价值链、产业链的全过程，瞄准国家经济社会重点发展领域，着力加强新能源、新材料、绿色农业、绿色交通、绿色建筑、装备制造、工程管理等领域的人才队伍建设，建立起专业全面、基础扎实、梯度适当的人才储备，为经济社会的可持续发展奠定人才基础。在绿色人才培养方面，还要避免重高等教育、轻职业教育，重科技研究人才、轻职业技能人才的偏误，注意各类中等职业技术人才的开发和培养。与传统能源产业动辄百万千瓦级的规模相比，新能源自身分布不均衡、规模相对要小得多，最大量的人才需求还是在传统低端部门。因此，绿色人才教育培养体系，既要注意培养从事科技开发的领军研究人才，也要重视培养产业急需的使用技能人才。学校与企业双轨并行、彼此联手，尽快培养出一大批动手能力强、上手快的专业技能型绿色人才。

绿色教育不仅仅是一个绿色专业技术培养的问题，还涉及更为广泛的文化传承、精神素质修炼、生活习性和社会生态环境维护等一系列活动。从根本上看，绿色教育还要从娃娃抓起，要上升到应试教育制度改革层面乃至整个国民素质再造的战略层面来认识

（李晓西，2010）。只有在这样一种绿色的教育土壤上，才可以塑造出具有全面、协调、可持续发展的高素质绿色专业技术人才，为美丽中国建设提供不竭动力。

6. 推进科技体制改革，创造健康有序的科技生态环境

我国的科技体制改革从 1985 年开始，经历了几次重大变革，科技工作取得显著进展，经济和社会也得到快速发展。科技创新能力在优化产业结构、提升综合国力方面的作用越来越明显，必须坚持深化科技体制改革，建立科研、开发、生产、市场相结合的科技体制，以创造健康有序的科技生态环境，推进我国科技事业的发展。

科技体制改革关系到我国科技事业发展的长远和大局，是一项复杂的系统工程。坚持政府为主导，提高科技投入、完善法律法规建设，完善社会监管机制。发挥高校、科研机构的学术权威作用，推进产学研一体化发展。提高个人、企业、社会团体等多元主体的积极参与，发挥群众的智慧，更好地推进科技体制改革。科技体制改革过程中，应注重与政治体制、经济体制、教育体制相协调，遵循市场经济的原则，区分政府与市场在科技发展中的职能作用，整合各种社会资源进行有效的配置。在科研管理方向，应理顺科研管理体制，改变多头管理现状，要区分人文社会科学和自然科学，给人文社会科学以应有的重视，因为这是国家的软实力，非常重要，应当加大对人文社会科学的投入，给人文社会科学工作者应有的社会地位和尊重。中国的改革不光是靠自然科学家，也要靠人文社会科学家。要从重立项投入转向重成果产出，"以成果论英雄"，不是以争到多少项目、拿到多少经费来论英雄，不要引导大家都做"短、平、快"项目，要有制度确保一部分人能够静下心来深入研究大项目，只有重视成果产出，才能让科研工作者真正静心研究。

通过推进改革，建立和完善符合科技自身发展规律的科研人才、项目和成果评价体系以及资源分配体系，完成科学设计和精心筹划科技基础平台建设，充分发挥科技投入的效率，加快建设中国特色国家创新体系，创造健康有序的科技生态环境，发挥科技效用，推动美丽生态的建设。

（五）实行"共治"战略，共同应对全球问题

20 世纪 90 年代以后，全球经济和科学技术的发展，使全球化的进程日益加快，世界日益成为相互联结的有机整体。在国际舞台上逐渐呈现出"我中有你、你中有我"的态势，面对新形势，各国开始思考作为整体的人类的存在方式和未来发展方向。现实情况告诉我们，越来越多的问题触及到整个人类的利益，这为国际问题的合作解决提出了现实要求和挑战。总的来说，国际合作是各国应对全球问题的重要手段。全球化将世界各国联系成一个有机整体，其积极成果需要通过国际合作加以维持和巩固，消极影响需要通过国际合作来克服和避免。与此同时，全球化的发展要求各国转变思维方式：以和平取代战争，以合作取代冲突，谋求人类共同利益与互利共赢。国际合作成为解决全球

问题的必要手段。

1. 全球思维与世界视野，共同应对国际生态环境问题

生态环境问题日益复杂和严峻，对生态环境问题的国际合作提出了现实要求和挑战。众所周知，随着全球化进程的发展，生态环境问题全球性的特征越来越明显，全球生态环境危机越来越紧迫。这也使得国际生态环境合作越来越成为国际合作的重点和优先领域。国际生态环境问题的复杂性和严峻性，使国际生态环境合作成为解决生态环境问题的必要手段。生态环境问题的国际化表现日益突出，如臭氧空洞、土地沙漠化、温室气体、生物多样性锐减、海洋环境污染等。这些都表明生态环境问题已不再是单个国家的内部矛盾，而是越来越成为影响全球的一大公害和国际社会的重要威胁（图5.24）。

图5.24　2015年9月25日，2030年可持续发展议程在"联合国可持续发展峰会"获得一致通过
（资料来源：http://www.un.org/sustainabledevelopment/zh/2015/09/sdg-agenda-approval/#prettyPhoto）

第一，不断增强生态环境问题国际合作意识，为国际生态环境合作提供思想基础。生态环境问题的兴起，世界各国生态环境意识逐步提高，同时也越来越认识到国际生态环境问题的频繁性和严重性，在处理国际生态环境问题时，单一国家能力单薄和有限，国际合作才是解决生态环境问题的重要手段。从另一个角度来说，国际生态环境问题的解决有益于国际社会和全人类的发展，是对人类共同利益的追求。在生态环境问题全球性的大背景下，生态环境国际合作的意识和愿望深入人心，人们生态环境国际合作意识的提高为我们运用全球思维处理国际生态环境问题奠定了重要的思想基础，且为各国具

体实践的转化提供了一种共识。

第二，建立健全国际生态环境法律体系，为国际生态环境问题的解决提供法律依据。国际社会日益走向法治化，法律法规成为处理各项事务尤其是公共事务的重要依据。现阶段国际生态环境法获得了迅速的发展，并逐渐成为国际法治体系的重要组成部分，这为国际生态环境问题的解决奠定了法律基础。国际生态环境法，是各国处理国际生态环境问题和开展国际生态环境合作的法律依据，同时也制定了不少国际生态环境合作的指导原则和必要行为准则。值得一提的是，国际生态环境法也要相应规定国际生态环境合作的约束范围，国际生态环境合作不能超越相应约束范围，否则将破坏整个国际法律秩序的稳定性。

第三，不断提高生态环境科学技术，为国际生态环境合作提供技术支撑。生态环境问题的形成原因、运行机制、变化规律等都需要科学技术的支持。近年来，随着生态环境恶化的加剧，国际上生态环境科学技术不断发展，为国际生态环境合作提供了越来越坚实的技术基础。科学技术是第一生产力，生态环境科学技术将成为生态环境领域的生产力，推动生态环境事业的发展。

第四，积极发展国际生态环境组织，为国际生态环境合作提供行为主体。全球生态环境治理不能仅靠政府间合作实现，还应包括国家与公民的合作、政府与非政府的合作、公共机构与私人机构的合作等各类形式。当前，国际非政府组织的活动已经对全球生态环境问题的解决发挥着越来越大的作用，在全球生态环境治理中的参与和呼声越来越强，同时也很大程度上引导着公众舆论导向。相对于主权国家，国际生态环境组织处理国际生态环境问题的作用日益凸显。国际生态环境组织的发展将不断充实国际生态环境合作的行为主体力量，有利于各主体为了全人类的共同利益通力协作，共同治理全球生态环境。

从这几个维度来看，经济全球化不断深化的时代，各国唯有开拓国际思维，放眼世界，通过国际生态环境合作，才能真正实现全球生态环境的治理。对世界各国来说，国际生态环境合作是实现美丽生态的必由之路。各国可在合作对话的基础上，不断丰富国际生态环境合作的方式。

2. 坚持共同但有区别原则，积极履行国际责任

全球问题日益增多，尤其是全球生态环境问题。世界范围内的生态环境状况日益恶化，一方面使得国际生态环境政治关系日趋紧张；另一方面也使得共同但有区别责任原则的作用不断凸显，成为处理国际生态环境问题的重要原则之一。各国的国情不一，尤其是发展中国家和发达国家所处的阶段和历史背景存在着很大的差异，使得这一原则在运行的过程中遇到了种种的障碍。为更好地发挥该原则的重要作用，各国需要对其重新进行认识，以便更好地理清各自在国际生态环境中的职责，为美丽生态建设作出应有的贡献。

各国要深入认识共同但有区别责任原则的具体内涵。共同责任绝不是责任相同或是责任平分，而是要对生态环境责任进行定性、定量的划分。在共同责任和区别责任中，共同责任是基础和前提，区别责任是核心和关键，也是对共同责任的有益补充。可以从两方面理解共同责任和区别责任：面临生态无界、生态环境问题的全球化等现状，只有各国在创新合作理念、创新合作方式的前提下，共同承担生态环境治理的责任，才能保护好人类唯一的地球。如果说共同责任体现的是人类代际之间的平等，那区别责任体现的则是代内之间的平等，它要求综合考虑各国历史背景和现实发展等基本情况，在听取各国共同心声的基础上，将生态环境责任在国际社会上进行公平分担（刘志仁等，2012）。

转变发达国家和发展中国家的实践方式。各国的实践方式成为阻碍共同但有区别的责任原则发展的重要因素之一。为保证这一原则的贯彻落实，有必要对两类国家实践方式进行调整。首先是发达国家应积极履行国际生态环境责任和义务。众所周知，发达国家在发展历史上，对生态有所破坏，发达国家要敢于承认这一事实并勇于承担相应责任。具体来说，发达国家要严格履行生态建设义务，先于发展中国家采取相应行动，给发展中国家树立良好的榜样；同时发达国家要在尊重发展中国家发展权益的基础上，给予发展中国家必要的生态建设国际援助，如生态环境治理的资金、技术支持，生态意识的培养和提升等。其次发展中国家要积极坚持可持续发展的理念。（刘志仁等，2012）根据有区别责任原则，发展中国家可暂缓承担相应的生态环境责任，但其不能过分依赖有区别原则，也要积极承担保护全球生态环境的相应义务。坚持可持续发展战略，在发展经济的同时注重生态效益，实现经济发展和生态环境友好的双赢。

3. 坚持和平发展与合作共赢原则，加强国际合作

我国提出的和平发展的观点，已经在国际上有近 30 年的实践经历，目前这一概念已经被赋予新的时代内涵，并成为国际发展的基本趋势。和平与发展仍是当今时代的两大主题，但国际生态环境的复杂化，影响这两大主题的不确定因素越来越多。在新形势下，各国要认识到全球正迎来了积极变革之风，为和平发展创造了良好的机遇期，但全球范围内还有很多不和谐的因素，阻碍着世界和平发展及美丽生态的建设。机遇与挑战并存，和平发展任重道远。在全球化不断增强的今天，坚持走和平发展及国际合作的道路，是各国维护国家核心利益的关键所在。

面对国际生态环境的新变化，我们要对和平发展和合作共赢进行重新的定位与思考。第一，科学技术的迅猛发展和全球化进程的推进，使得世界各国的共同利益逐渐增多、各国之间的相互依赖程度也逐步加深，为国际合作奠定了时代背景。发展事关各国人民的切身利益，也事关消除全球安全威胁的根源。没有普遍发展和共同繁荣，世界难享太平。经济全球化趋势的深入发展，使各国利益相互交织，各国发展与全球发展日益密不可分。经济全球化应该使各国特别是广大发展中国家普遍受益，而不应造成贫者愈

贫、富者愈富的两极分化。这更加说明各国只有加强合作，才能实现双赢、多赢，推进共同发展。第二，全球性问题日益增多，加强国际合作势在必行。在全球经济发展的同时，各种全球问题逐渐凸显，如气候变化、生态环境恶化、能源短缺、流行性疾病传播、核扩散、国际恐怖主义等，而全球问题需要全球性的合作才能够解决。在全球问题当中，以全球生态环境问题尤为突出。这对国际合作提出了新的要求，各国应在平等协商的基础上，共同制定国际合作的原则，探讨国际合作的新型方式，拓宽国际合作的渠道，实现国际合作的最大效益。全球问题需要全球共同来解决，面对国际问题，加强国际协调与合作势在必行。

总的来说，和平发展是时代发展的潮流，各国应结合国家利益和基本国情，开展多元化的国际合作，是各国建设美丽生态的优选道路。

参 考 文 献

阿诺德·汤因比. 2002. 人类与大地母亲. 上海: 上海人民出版社

埃里克·布莱恩, 安德鲁·迈克菲. 2014. 第二次机器革命. 北京: 中信出版社

鲍姆嘉通. 1987. 美学. 王旭晓译. 北京: 文化艺术出版社

鲍姆嘉通. 1987. 诗的哲学默想录. 王旭晓译. 北京: 文化艺术出版社

陈平骊. 2006. 社会美学中的人之美重探. 湖北社会科学, (9): 25-28

陈学明. 2000. 苏联东欧剧变后国外马克思主义趋向. 北京: 中国人民大学出版社

陈颜. 2011. 现代国家的理论变迁与国家建设. 中共杭州市委党校学报. (5): 9-11

陈应发. 2014. 老子是生态文明的先驱. 林业经济, (12): 33-36

成晓叶. 2014. 英国文化软实力: 理论与启示. 理论研究, (1): 55

慈龙骏. 2005. 中国的荒漠化及其防治. 北京: 高等教育出版社

戴维·佩珀. 2012. 生态社会主义——从深生态学到社会正义. 济南: 山东大学出版社

邓伟志. 2005. 和谐社会是知识社会. 人民日报海外版, 2005-8-2

邓伟志. 2005. 如何构建一个和谐社会. 文汇报, 2005-1-11

段晓男, 王效科, 逯非等. 2008. 中国湿地生态系统固碳现状和潜力. 生态学报, 282: 463-469

段新桂. 1997. 内容美与形式美. 学习论坛, (10): 36-37

法国驻华使馆. 2015. 法国概况. 法国驻华使馆网站. http://www.ambafrance-cn.org, 2015-1-14

法国驻华使馆. 2016. 法国概况. 法国驻华使馆网站. http://www.ambafrance-cn.org, 2016-4-14

范正美. 2004. 经济美学. 北京: 中国城市出版社

方展画, 吴岩. 2004. 南非国家课程的实施调整及启示. 课程. 教材. 教法, (10): 91-96

弗吉尼亚·波斯特莱尔. 2013. 美学的经济 2: 美国社会变迁的 32 个微型观察. 北京: 中信出版社

郭柯, 刘长成, 董鸣. 2011. 我国西南喀斯特植物生态适应性与石漠化治理[J]. 植物生态学报, 35: 991-999

郭正林. 2003. 地方政府与地方政治. 广州: 中山大学地方治理研究所

国家发展改革委. 2014. 全国生态建设规划(2013-2020 年). http://www.ndrc.gov.cn/fzgggz/ncjj/zhdt/201411/t20141119_648523.html. 2014-11-19

国家林业局. 2009. 全国湿地保护工程规划(2002~2030). http://www.forestry.gov.cn/portal/main/s/218/content-452820. html. 2009-3-18

国家林业局. 2010. 全国防沙治沙规划(2011-2020 年). http://www.forestry.gov.cn/portal/main/s/218/content-452803. html. 2010-09-22

国家林业局. 2010. 三北防护林体系工程五期规划(2011~2020 年). http:// www.forestry.gov.cn/portal/main/s/218/content-452801. html. 2010-11-9

国家林业局. 2010. 珠江流域防护林体系建设三期工程规划技术方案. http://www.forestry.gov. cn/portal/main/s/198/content-444938.html. 2010-9-30

国家林业局. 2011. 中国荒漠化和沙化状况公报. http://www.greentimes. com/green/econo/hzgg/ggqs/content/2011-01/05/content_114232.htm. 2011-1-5

国家林业局. 2013. 长江流域防护林体系工程三期规划(2011～2020 年). http://www.forestry.gov.cn/portal/main/s/72/content-594998. html. 2013-4-10

国家林业局. 2013. 全国平原绿化三期工程规划(2011-2020 年). http://www.forestry.gov.cn/portal/main/s/72/content-598566. html. 2013-4-27

国家林业局. 2013. 推进生态文明建设规划纲要(2013—2020 年). http://www.forestry.gov.cn/portal/xby/s/1277/content-636413. html. 2013-10-25

国家林业局. 2015. 第二次全国湿地资源调查报告. http://www.forestry.gov.cn/portal/main/s/65/content-758154. html. 2015-8-12

国家林业局. 2016. 中国林业数据库. 中国林业网 http://cfdb.forestry.gov.cn/lysjk/indexJump.do?url=view/moudle/index.2016-5-5

国家林业局. 2015. 中国林业数据库. 中国林业网 http://cfdb.forestry.gov.cn.2015-3-5

国家统计局. 1985. 中国统计年鉴(1985 等). 北京: 中国统计出版社

国家统计局. 2008. 国家统计局关于印发全面建设小康社会统计监测方案的通知. 统计研究, (7)

国家统计局. 2014. 中华人民共和国国家数据. http://data.stats.gov.cn/workspace/index?m=fsnd2014-12-31

国家统计局. 2016. 中国统计年鉴 2016. http://www.stats.gov.cn/tjsj/ndsj/2016/indexch. htm 2016-7-21

国家统计局. 2016. 中华人民共和国国家数据. http://data.stats.gov.cn 2016-7-14

国务院. 2008. 全国土地利用总体规划纲要(2006-2020 年). http://www.gov.cn/ zxft/ft149/content_1144625. htm. 2008-10-24

国务院. 2011. 全国主体功能区规划. http://www.gov.cn/zwgk/2011-06-08/ content_ 1879180. htm. 2011-6-8

哈肯. 1988. 协同学——自然成功的奥秘. 上海: 上海科学普及出版社

哈耶克. 1997. 自由秩序原理. 北京: 三联书店

哈耶克. 2000. 法律、立法与自由. 北京: 中国大百科全书出版社

何传启. 1999. 第二次现代化——人类文明进程的启示. 北京: 北京大学出版社

何传启. 2010. 中国现代化报告摘要 2001-2010. 北京: 北京大学出版社

贺明. 2010. 走遍南非. 北京: 时事出版社

黑格尔. 1979. 朱光潜译. 美学. 北京: 商务印书馆

侯艳. 2003. 白云之乡——新西兰. 武汉: 武汉大学出版社

胡孚琛. 2005. 全球化浪潮下的民族文化——再论 21 世纪的新道学文化战略. 东方论坛, (4): 28-31

胡经之. 2001. 走向文化美学. 学术研究, (1): 28-30

胡适. 1991. 中国哲学里的科学精神与方法. 见《胡适学术文集 中国哲学史》, 北京: 中华书局

环境保护部. 2014. 2012 年中国环境状况公报. http://www.mep.gov.cn/gkml/hbb/qt/201407/W020140707496640197649. pdf. 2014-7-7

黄湘, 李卫红. 2006. 荒漠生态系统服务及其价值研究. 环境科学与管理, 31(7): 64-70

暨军民. 2014. "节约" 出来的和谐——北欧经济社会考察有感. 杭州通讯, (2): 26-28

贾治邦. 2011. 生态文明建设的基石——三个系统一个多样性. 北京: 中国林业出版社

姜春云. 2007. 偿还生态欠债——人与自然和谐探索. 北京: 新华出版社

姜春云. 2012. 拯救地球生物圈. 北京: 新华出版社

金惠敏. 2006. 消费时代的社会美学. 文艺研究, (12): 29-31

康德. 1990. 逻辑学讲义. 许景行译. 北京: 商务印书馆

李桂花. 2006. 现代科技发展对伦理建设的新要求. 西南师范大学学报, (2): 49-54

李培林. 2003. 中国小康社会. 北京: 社会科学文献出版社.

李荣刚. 2007. 新西兰生态立国的启示. 江苏农村经济, (1): 64-65

李世东. 2004. 中国退耕还林研究. 北京: 科学出版社

李世东. 2006. 生态综合指数与生态状况基本判断. 北京: 科学出版社

李世东. 2011. 现代林业与生态文明. 北京: 科学出版社

李世东. 2015. 美丽国家: 理论探索、评价指数与发展战略. 北京: 科学出版社

李晓西. 2010. 2010 中国绿色发展指数年度报告. 北京: 北京师范大学出版社

李约瑟. 2003. 中国古代科学技术史. 北京: 人民出版社

李泽厚. 1982. 美的历程. 北京: 文物出版社.

联合国环境规划署. 2012. 全球环境展望 5——未来想要的环境. 北京: 中国环境出版社

联合国开发计划署. 2002. 中国人类发展报告 2002——绿色发展必选之路. 北京: 中国财政经济出版社

联合国开发计划署. 2003. 2003 年人类发展报告——千年发展目标: 消除人类贫困的全球公约. 北京:
    中国财政经济出版社

联合国开发计划署. 2005. 中国人类发展报告 2005——追求公平的人类发展. 北京: 中国对外翻译出版
    公司

联合国开发计划署. 2013. 2013 年人类发展报告——南方的崛起: 多元化世界中的人类进步. http://
    www.un.org/zh/development/hdr/2013/pdf/HDR_2013_CH.pdf, 2013-03-14

刘江. 1999. 全国生态环境建设规划. 北京: 中华工商联合会出版社

刘琳. 2009. 没有"主义"的北欧. 北京: 海天出版社

刘强, 彭晓春, 周丽璇. 2010. 巴西生态补偿财政转移支付实践及启示. 地方财政研究, (8): 76-79

刘拓, 周光辉, 但新球等. 2009. 中国岩溶石漠化——现状、成因与防治. 北京: 中国林业出版社

刘志仁, 朱艳丽. 2012. 国际生态环境治理中的共同但有区别责任原则. 探索与争鸣, (3): 50-51, 53

卢琦, 吴波. 2002. 中国荒漠化灾害评估及其经济价值核算. 中国人口·资源与环境, 12(2): 29-33

骆建国. 2007. 澳大利亚、新西兰生态旅游考察启示. 四川林勘设计, (3): 1-4

马克斯·韦伯. 1987. 新教伦理与资本主义精神. 北京: 三联出版社

马岩. 2011. 德国经济稳健增长模式的启示. 调研世界, (4): 18-20

闽东来. 2013. 新西兰、澳大利亚生态文化考察启示. 四川林勘设计, (2): 49-54

摩尔根. 2007. 古代社会(新译本). 北京: 中央编译出版社

浦义俊. 2013. 桑巴足球发展简论. 体育文化导刊, (11): 77-80

钱正英, 沈国舫, 刘昌明等. 2005. 关于"生态环境建设"提法的讨论. 科技术语研究, 7(2): 20-38.

秦德君. 2009. 政治美学的三维空间. 学习时报, 2009-11-9

秦晖. 2013. 南非的启示. 南京: 江苏文艺出版社

任远. 2013. 北欧福利国家体制的启示. 东方早报, 2013-09-24

上海交通大学高等教育研究院世界一流大学研究中心. 2014. 两岸四地百强大学. http://www.
    shanghairanking.org/data2013.html. 2014-11-18

沈国舫. 2007. 中国的生态建设工程: 概念、范畴和成就. 林业经济, 29(11): 3-5

沈国舫. 2008. 天然林保护工程与森林可持续经营. 林业经济, (11): 15-16

沈国舫. 2012. 科学定位育林在生态文明建设中的地位. 中国科学报, 2012-08-25(A3)

沈国舫. 2014. 关于"生态建设"名称和内涵的探讨. 生态学报, 34(7): 1891-1895

沈国舫. 2017. 新时期国家生态建设研究, 北京: 科学出版社

沈永兴, 张秋生, 高国荣. 2014. 列国志·澳大利亚. 北京: 社会科学文献出版社

石元康. 2000. 自发的秩序与无为而治.《当代自由主义理论》. 上海三联书店出版社

世界银行. 2009. 重塑世界经济地理. 北京: 清华大学出版社

水利部. 2008. 中国水土流失与生态安全科学考察报告. 北京: 科学出版社

水利部. 2012. 水土保持"十二五"规划报告. http://www.mwr.gov.cn/slzx/slyw/201211/t20121112_332646.html. 2012-11-12.

水利部. 2013. 2012 年中国水资源公报. http://www.mwr.gov.cn/zwzc/hygb/szygb/qgszygb/201405/t20140513_560838.html. 2013-12-15

水利水电部水文局. 1987. 中国水资源评价. 北京: 水利电力出版社

斯特雷耶. 2011. 现代国家的起源. 上海: 上海人民出版社

四川大学美丽中国研究所. 2013. "美丽中国"省区建设水平(2013)研究报告(简本). http://media.people.com.cn/n/2013/1230/c54431-23975623.htm, 2014-07-20

孙振武. 2009. 政府在社会合作中的作用. 经营与管理, (8): 6-7

泰勒. 1992. 原始文化. 上海: 上海文艺出版社出版

托克维尔. 1991. 论美国的民主(上卷). 北京: 商务印书馆

托姆. 1992. 结构稳定性与形态发生学. 成都: 四川教育出版社

汪高鑫. 1997. 论董仲舒对道家政治思想的吸取. 江淮论坛, (5): 20-24

王立新. 2003. 美国国家认同的形成及其对美国外交的影响. 历史研究, (4): 124-136

王如松, 杨建新. 2002. 产业生态学: 从褐色工业到绿色文明. 上海: 上海科学技术出版社.

王晓萍, 刘 诗. 1987. 审美对象: 自然美、社会美、艺术美. 师范教育, (10): 25-28

王章辉. 2014. 列国志·新西兰. 北京: 社会科学文献出版社

乌尔利希·贝克. 2004. 全球政治与全球治理——政治领域的全球化. 北京: 中国国际广播出版社

吴国庆. 2014. 法国的"大国梦""强国梦"及其受到的质疑和挑战. http://ies.cass.cn/Article/cbw/qt 2014-3-8

吴国庆. 2014. 列国志·法国. 北京: 社会科学文献出版社

吴志华. 2007. 巴西文化产业政策初析. 拉丁美洲研究, (4): 10-15

肖婷, 叶云招, 刘永桃. 2009. 可持续发展下的人与自然的关系. 今日南国(理论创新版), (9): 90

谢岳. 2002. 公共舆论: 美国民主的社会基础. 江苏社会科学, (4): 123-129

谢新松. 2009. 新加坡建设"花园城市"的经验及启示. 东南亚南亚研究, (1): 52-55

徐雅芬. 西方生态伦理学研究的回溯与展望. 国外社会科学, 2009(3)

雅斯贝尔斯. 1989. 历史的起源与目标. 北京: 华夏出版社

严耕, 林震, 杨志华. 2014. 中国省域生态文明建设评价报告(ECI2014). 北京: 社会科学文献出版社

杨从明. 2009. 苗族生态文化. 贵阳: 贵州出版社.

于洪贤, 姚允龙. 2011. 湿地概论. 北京: 中国农业出版社

宇姝. 2009. 挪威-全面生态环境保护的北欧小国. 生态环境与生活, (7): 28-31

约翰·缪尔著. 毛佳玲译. 在上帝的荒野中. 哈尔滨出版社. 2005.

张海军, 张海利, 郭小涛. 2011. 巴西竞技体育发展的赛场文化背景探析. 体育与科学, (1): 33-35

张竞生, 张培忠. 2009. 美的人生观. 北京: 三联书店出版社

张琳力. 2011. 巴西经济发展的历史回顾及经济改革发展的经验启示. 才智, (16): 219-220

张时佳. 2009. 生态马克思主义刍议. 中共中央党校学报, (2): 36-40

张益. 2004. 澳大利亚生态细节. 文化交流, (6): 69-70

赵恒志. 2012. 从巴西足球看中国足球发展的正确思路. 体育学刊, (3): 2-3

赵可金. 2007. 公共外交的理论与实践. 上海: 上海辞书出版社

赵树丛. 2012. 全面开创现代林业的发展新局面——全国林业发展"十二五"规划汇编[M]. 中国林业出版社

郑晓霞, 金云峰. 2013. 新加坡建设花园城市对美丽中国的启示. 广东园林, (3): 4-7

中共中央, 国务院. 2015. 中共中央国务院关于加快推进生态文明建设的意见. 中国绿色时报, 2015年5月 6日(1版)

中国工程院, 环境保护部. 2011. 中国环境宏观战略研究(综合报告卷). 北京: 中国环境科学出版社

中国科学院 "生态文明建设若干战略问题研究" 项目研究组. 2016. 中国生态文明建设若干战略问题研 究, 北京: 科学出版社

中国科学院可持续发展战略研究组. 2013. 未来10年的生态文明之路. 北京: 科学出版社

中国现代化战略研究课题组. 2005. 中国现代化报告2005——经济现代化研究. 北京: 北京大学出版社

中国现代化战略研究课题组. 2007. 中国现代化报告2007——生态现代化研究. 北京: 北京大学出版社

中国现代化战略研究课题组. 2008. 中国现代化报告2008——国际现代化研究. 北京: 北京大学出版社

中国现代化战略研究课题组. 2009. 中国现代化报告2009——文化现代化研究. 北京: 北京大学出版社

Al-Hares, Osama M, Abu Ghazaleh. 2013. Financial Performance And Compliance With Basel III Capital III Standards: Conventional vs. Islamic Banks. Journal of Applied Business Research. V29. No 4: 1031

CIA. 2014. The World Factbook. https://www. cia. gov/library/publications/the-world-factbook/, 2014-07-18

COW. 2014. National Material Capabilities(v4. 0). http://correlatesofwar. org/COW2%20Data, 2014-07-19

CSIC. 2014. Countries arranged by Number of Universities in Top Ranks. http://www. webometrics. info/ en/node/54, 2014-08-02

Ewing et al. 2010. Calculation methodology for the national footprint accounts. http://www. footprintnetwork. org/images/uploads/National_Footprint_Accounts_Method_2010. pdf, 2014-07-24

FAO. 2014. FAOSTAT. http://faostat. fao. org/site/291/default. aspx, 2014-07-20

FAO. 2015. FAOSTAT. http://faostat. fao. org/site/291/default. aspx

Hewitt, et. Al. 2012. Peace and conflict 2012——Executive summary. Boulder: Paradigm Publishers

J. J. 克拉克. 1997. 来自东方的启蒙: 亚洲与西方的思想邂逅. 纽约: 劳特利奇(Routledge)出版社

J. J. 克拉克. 2000. 西方人的道: 道家思想的西方化. 伦敦: 劳特利奇(Routledge)出版社

J. M. 霍布森. 2004. 西方文明的东方起源. London: Cambridge University Press

Marshall, et. Al. 2011. Global Report 2011——Conflict, Governance, and State Fragility. http://www. systemicpeace.org/GlobalReport2011. pdf, 2014-07-26

OCED. 2014. Better Life Index. http://stats. oecd. org/Index. aspx?DataSetCode=BLI, 2014-07-22

OCLC. 2014. OCLC Global Library Statistics. http://www.oclc.org/content/dam/oclc/globallibrarystats, 2014-07-25

Singer, J. David, Stuart Bremer, and John Stuckey. 1972. Capability Distribution, Uncertainty, and Major Power War, 1820-1965. in Bruce Russett(ed)Peace, War, and Numbers, Beverly Hills: Sage, 19-48

Transparency International. 2013. Corruption Perceptions Index 2013. http://www.transparency.org/ whatwedo/publication/cpi_2013, 2014-07-26

UNDIO. 2014. World Productivity Database. http://www.unido.org/data1/wpd/Index.cfm, 2014-07-21

UNDIO. 2015. World Productivity Database. http://www.unido.org/data1/wpd/Index.cfm

UNEP. 2014. Environmental Data Explorer. http://geodata. grid. unep. ch/, 2014-07-28

UNEP. 2015. Environmental Data Explorer. http://geodata. grid. unep. ch/

UNESCO. 2014. World Heritage List. http://whc.unesco.org/en/list/, 2014-07-28

UNESCO. 2015. World Heritage List. http://whc.unesco.org/en/list/

UNPAN. 2012. 2012年联合国电子政务调查报告——面向公众的电子政务. http: //unpan3. un. org/egovkb/Portals/egovkb/Documents/un/2012-Survey/Complete-Survey-Chinese, 2014-08-04

WEF. 2013. The Global Competitiveness Report 2013–2014. http: //www3. weforum. org/docs, 2014-08-06

WEF. 2014. The Global Information Technology Report 2014: Rewards and Risks of Big Data. http://www3. weforum.org/docs/WEF_GlobalInformationTechnology_Report_2014. pdf, 2014-08-06

World Bank. 2014. World Bank Open Data. http://data.worldbank.org/, 2014-07-20

World Bank. 2015. World Bank Open Data. https://data.worldbank.org.cn/indicator

WRI. 2005. The World Resources 2005(Biodiversity). http://multimedia.wri.org/wr2005/071.htm, 2014-08-08

YCELP. 2014. Statistical Weightings Used for the 2014 Environmental Performance Index(EPI). http://epi.
yale.edu/files/2014epi_weightings. xls, 2014-08-15

YCELP. 2015. Statistical Weightings Used for the 2015Environmental Performance Index(EPI). http://epi.
yale.edu/files/2015epi_weightings.xls